Go语言从入门到进阶实战

（视频教学版）

徐波◎编著

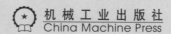

机械工业出版社
China Machine Press

图书在版编目（CIP）数据

Go语言从入门到进阶实战：视频教学版/徐波编著. —北京：机械工业出版社，2018.5
（2020.10重印）

ISBN 978-7-111-59824-4

Ⅰ. G… Ⅱ. 徐… Ⅲ. 程序语言－程序设计 Ⅳ. TP312

中国版本图书馆CIP数据核字（2018）第086983号

Go 语言从入门到进阶实战（视频教学版）

出版发行：机械工业出版社（北京市西城区百万庄大街 22 号 邮政编码：100037）
责任编辑：欧振旭 李华君 责任校对：姚志娟
印 刷：中国电影出版社印刷厂 版 次：2020 年 10 月第 1 版第 5 次印刷
开 本：186mm×240mm 1/16 印 张：26.25
书 号：ISBN 978-7-111-59824-4 定 价：99.00 元

凡购本书，如有缺页、倒页、脱页，由本社发行部调换
客服热线：（010）88379426 88361066 投稿热线：（010）88379604
购书热线：（010）68326294 读者信箱：hzit@hzbook.com

配套学习资源

本书提供了配套教学视频等超值学习资料，下面将分别介绍。

1. 同步配套教学视频

作者为本书中的一些重点例子录制了同步配套教学视频，以帮助读者高效学习，如图 1 所示。

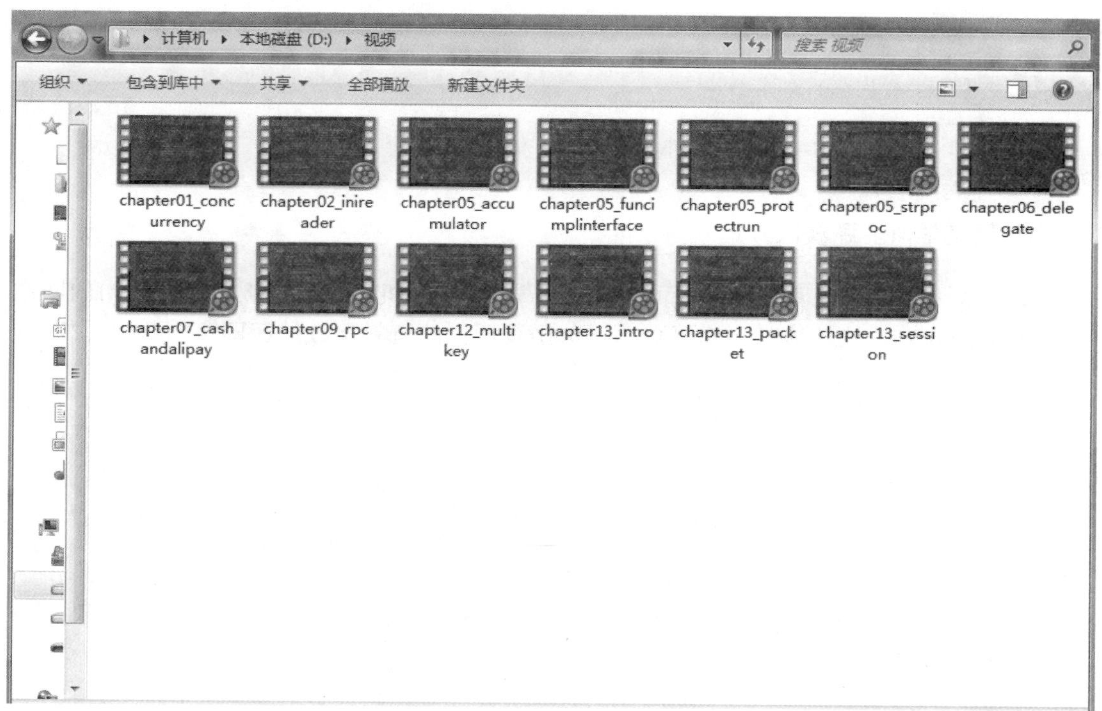

图 1　本书教学视频

2. 书中案例源文件

本书提供了书中涉及的案例源代码文件，如图 2 所示。读者可以边看视频边参考提供的源代码自己动手实现书中的例子，这样能迅速学会每个 Go 语言的语法特性，也能迅速提高自己的编程能力。

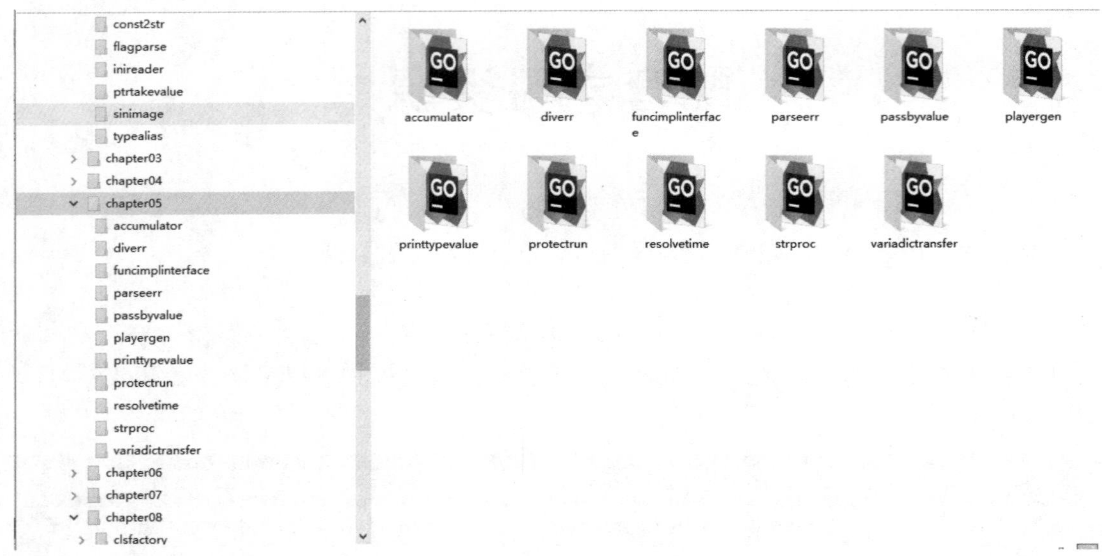

图 2　本书案例源文件

3．配套学习资源获取方式

本书提供的配套学习资源需要读者自行下载。请登录机械工业出版社华章公司的网站 www.hzbook.com，然后搜索到本书页面，单击页面上的资料下载按钮即可下载。

前言

现今，多核 CPU 已经成为服务器的标配。但是对多核的运算能力挖掘一直由程序员人工设计算法及框架来完成。这个过程需要开发人员具有一定的并发设计及框架设计能力。虽然一些编程语言的框架在不断地提高多核资源使用效率，如 Java 的 Netty 等，但仍然需要开发人员花费大量的时间和精力搞懂这些框架的运行原理后才能熟练掌握。

Go 语言在多核并发上拥有原生的设计优势。Go 语言从 2009 年 11 月开源，2012 年发布 Go 1.0 稳定版本以来，已经拥有活跃的社区和全球众多开发者，并且与苹果公司的 Swift 一样，成为当前非常流行的开发语言之一。很多公司，特别是中国的互联网公司，即将或者已经完成了使用 Go 语言改造旧系统的过程。经过 Go 语言重构的系统能使用更少的硬件资源而有更高的并发和 I/O 吞吐表现。

Go 语言简单易学，学习曲线平缓，不需要像 C/C++语言动辄需要两到三年的学习期。Go 语言被称为“互联网时代的 C 语言”。互联网的短、频、快特性在 Go 语言中体现得淋漓尽致。一个熟练的开发者只需要短短的一周时间就可以从学习阶段转到开发阶段，并完成一个高并发的服务器开发。

面对 Go 语言的普及和学习热潮，本书使用浅显易懂的语言，介绍了 GO 语言从基础的语法知识到并发和接口等新特性知识，从而带领读者迅速熟悉这门新时代的编程语言。

本书特色

1. 提供同步配套的教学视频

为了让读者更好地学习本书，作者为书中的重点内容录制了配套教学视频，借助这些视频，读者可以更轻松地学习。

作者曾经为慕课网的专业视频制作提供指导，并在慕课网做过多期 Go 语言、Unity 3D 游戏引擎和 Cocos 游戏引擎等网络教学培训，受到众多开发者的青睐及好评。希望读者能够通过作者录制的视频轻松地学习 Go 语言。

2. 来自一线的开发经验及实战例子

本书中的大多数例子及代码都来自于作者多年的口述教学和技术分享会等实践，受到了众多开发者的一致好评。同时，作者本人也是一名开源爱好者，编写了业内著名的 cellnet 网络库。本书将为读者介绍 cellnet 的架构和设计思想，以帮助读者剖析 cellnet 内部的运行机制，从而让读者能方便地使用 cellnet 快速实现业务逻辑。

3. 浅显易懂的语言、触类旁通的讲解、循序渐进的知识体系

本书在内容编排上尽量做到通俗易懂；在讲解一些常见编程语言特性时，将 Go 语言和其他多种语言的特性进行对比，让掌握多种编程语言的开发者能迅速理解 Go 语言的特性。无论是初学者，还是久经“沙场”的老程序员，都能通过本书快速学习 Go 语言的精华。

4. 内容全面，实用性强

本书详细介绍了作者精心挑选的多个实用性很强的例子，如 JSON 串行化、有限状态机（FSM）、TCP 粘包处理、Echo 服务器和事件系统等。读者既可以从例子中学习并理解 Go 语言的知识点，还可以将这些例子应用于实际开发中。

本书内容

第1章　初识Go语言

本章主要介绍了以下内容：

（1）Go 语言的特性；

（2）使用 Go 语言的开源项目；

（3）安装 Go 语言开发包和搭建其开发环境。

第2章　Go语言基本语法与使用

本章主要介绍了 Go 语言的基本语法，如变量、各种常见数据类型及常量，此外还介绍了 Go 1.9 版本中新添加的特性，即类型别名。

第3章　容器：存储和组织数据的方式

本章介绍了 Go 语言编程算法中常用的容器，如数组、切片、映射，以及列表的创建、设置、获取、查询和遍历等操作。

第4章　流程控制

本章主要介绍了常见的条件判断、循环和分支语句，包括以下内容：

（1）条件判断（if）；

（2）条件循环（for）；

（3）键值循环（for range）；
（4）分支选择（switch）；
（5）跳转语句（goto）；
（6）跳出循环（break）和继续循环（continue）。

第5章　函数（function）

本章首先介绍了Go语言中较为基础的函数声明格式及命名返回值特性；然后介绍了Go语言中较为灵活的特性，即函数变量和匿名函数；还介绍了一个展示操作与数据分离的示例：字符串的链式处理，从而引出函数闭包概念；之后介绍了Go语言中最具特色的如下几个功能：

（1）延迟执行语句（defer）——将语句延迟到函数退出时执行；
（2）宕机（panic）——终止程序运行；
（3）宕机恢复（recover）——让程序从宕机中恢复。

第6章　结构体（struct）

本章介绍了Go语言中最重要的概念：结构体。首先讲解了结构体多种灵活的实例化和成员初始化方法；接着使用面向对象和面向过程等思想，逐步介绍了Go语言中的方法及新的概念接收器；然后使用游戏中经典的位置移动例子，展现了结构体的实际使用方法；最后，使用大量例子介绍了结构体内嵌和类型内嵌内容，并在JSON数据的分离实例中体验Go语言的内嵌结构体的强大功能。

本章中的经典例子：使用事件系统实现事件的响应和处理——展现Go语言的方法与函数的统一调用过程。

第7章　接口（interface）

本章介绍了Go语言接口的如下几个知识点：

（1）声明接口；
（2）实现接口的条件；
（3）接口的嵌套组合；
（4）接口的转换；
（5）接口类型断言和类型分支——判断接口的类型；
（6）空接口。

本章中涉及的例子有：便于扩展输出方式的日志系统；使用接口进行数据的排序；使用空接口实现可以保存任意值的字典及实现有限状态机（FSM）等。

第8章　包（package）

本章首先介绍了构建工程的基础概念GOPATH，接着介绍了包（package）的创建和导入过程与方法，以及能控制访问权限的导出包内标识符的方法。

本章给出了一个典型的工厂模式自动注册示例，介绍了多个包的定义和使用方法。

第9章　并发

本章讲解了 Go 语言中并发的两个重要概念：轻量级线程（goroutine）和通道（channel）。首先介绍了 goroutine 的创建方法及一些和并发相关的概念，便于读者理解 goroutine 和线程的区别与联系；然后介绍了通道的声明、创建和使用方法，使用 3 个示例，即模拟远程过程调用（RPC）、使用通道响应计时器事件和 Telnet 回音服务器，来展示通道的实际使用方法；最后介绍了在并发环境下的同步处理方法，如使用互斥锁和等待组等，以及使用竞态检测提前发现并发问题。

第10章　反射

本章按照反射的类别分为两部分：反射类型对象（reflect.Type）和反射值对象（reflect.Value）。首先介绍了反射类型的获取及遍历方法，同时介绍了反射类型对象获取结构体标签的方法；接着介绍了反射值对象获取及修改值和遍历值等；最后通过使用反射将结构体串行化为 JSON 格式字符串的示例，介绍了反射在实际中的运用。

第11章　编译与工具

本章介绍了 Go 语言中常用的编译及工具指令，例如：

（1）go build/go install——编译及安装源码；

（2）go get——远程获取并安装源码；

（3）go test——单元测试和基准测试框架；

（4）go pprof——性能分析工具。

第12章　“避坑”与技巧

本章首先介绍了作者多年使用 Go 语言的开发经验和技巧总结，以及一些使用 Go 语言中可能发生的错误及优化建议，例如合理使用并发、在性能与灵活性中做出取舍后再使用反射等；接着介绍了 Go 语言中一个不为人知的特性——map 的多键索引，利用该特性可以方便地对数据进行多个条件的索引；最后介绍了使用 Go 语言的 Socket 处理 TCP 粘包问题。

第13章　实战演练——剖析cellnet网络库设计并实现Socket聊天功能

本章介绍了 cellnet 网络库的基本特性、流程、架构及如下几个关键概念：

（1）连接管理；

（2）会话收发数据流程；

（3）事件队列；

（4）消息编码；

（5）消息元信息；

（6）接收和发送封包。

本章使用 cellnet 网络库实现了带有聊天功能的客户端和服务器。

本书读者对象

- Go 语言初学者；
- Go 语言进阶读者；
- 编程初学者；
- 后端程序初学者；
- 前端转后端的开发人员；
- 熟悉 C/C++、Java 和 C#语言，想了解和学习 Go 语言的编程爱好者；
- 想用 Go 语言快速学习编写服务器端程序的开发者；
- 相关培训学员；
- 各大院校的学生。

关于作者

本书由徐波编写，郭聪和张锐参与审核和校对。感谢我的妻子和家人在我写书期间的大力支持。

另外，在本书编写期间，得到了吴宏伟先生的耐心指导，他一丝不苟、细致入微地对书稿进行了审核和校对，这让本书的条理更加清晰，语言更加通俗易懂。在此表示深深的感谢！

虽然我们对书中所述内容都尽量核实，并多次进行了文字校对，但因时间所限，加之水平所限，书中的疏漏和错误在所难免，敬请广大读者批评指正。联系我们请发 E-mail 到 hzbook2017@163.com。

徐波

目录

第 1 章　初识 Go 语言

Go 语言是一门新生语言，从其出现就备受大家的喜爱。本章会带领读者领略 Go 语言的特性，介绍 Go 语言在国内外公司及项目的应用情况，同时让读者了解这门强大语言背后的三位缔造者及团队成员。为了方便读者跟着本书的步骤进行操作和实践，本章还会介绍如何搭建 Go 语言的开发环境。

1.1　Go 语言特性

Go 语言是 Google 公司开发的一种静态型、编译型并自带垃圾回收和并发的编程语言。

Go 语言的风格类似于 C 语言。其语法在 C 语言的基础上进行了大幅的简化，去掉了不需要的表达式括号，循环也只有 for 一种表示方法，就可以实现数值、键值等各种遍历。因此，Go 语言上手非常容易。

Go 语言最有特色的特性莫过于 goroutine。Go 语言在语言层可以通过 goroutine 对函数实现并发执行。goroutine 类似于线程但是并非线程，goroutine 会在 Go 语言运行时进行自动调度。因此，Go 语言非常适合用于高并发网络服务的编写。

1. 上手容易

很多读者表示自己是在看了介绍后才开始了解这门语言的。他们一般也会使用两到三门编程语言。Go 语言对于他们来说，也就是一到两天的熟悉过程，之后就可以开始使用 Go 语言解决具体问题了。大约一周左右已经可以使用 Go 语言完成既定的任务了。

Go 语言这种从零开始使用到解决问题的速度，在其他语言中是完全不可想象的。学过 C++的朋友都知道，一到两年大强度的理论学习和实战操练也只能学到这门语言的皮毛，以及知道一些基本的避免错误的方法。

那么，Go 语言到底有多么简单？下面从实现一个 HTTP 服务器开始了解。

HTTP 文件服务器是常见的 Web 服务之一。开发阶段为了测试，需要自行安装 Apache 或 Nginx 服务器，下载安装配置需要大量的时间。使用 Go 语言实现一个简单的 HTTP 服务器只需要几行代码，如代码 1-1 所示。

代码1-1　HTTP文件服务器（具体文件：.../chapter01/httpserver/httpserver.go）

```
package main
```

```
02
03 import (
04     "net/http"
05 )
06
07 func main() {
08
09     http.Handle("/", http.FileServer(http.Dir(".")))
10
11     http.ListenAndServe(":8080", nil)
12 }
```

代码说明如下：

- 第 1 行，标记当前文件为 main 包，main 包也是 Go 程序的入口包。
- 第 3～5 行，导入 net/http 包，这个包的作用是 HTTP 的基础封装和访问。
- 第 7 行，程序执行的入口函数 main()。
- 第 9 行，使用 http.FileServer 文件服务器将当前目录作为根目录（“/”）的处理器，访问根目录，就会进入当前目录。
- 第 11 行，默认的 HTTP 服务侦听在本机 8080 端口。

把这个源码保存为 main.go，安装 Go 语言的开发包，在命令行输入如下命令行：

```
$ go run httpserver.go
```

在浏览器里输入 http://127.0.0.1:8080 即可浏览文件，这些文件正是当前目录在 HTTP 服务器上的映射目录。

2．编译输出可执行文件

Go 语言的代码可以直接输出为目标平台的原生可执行文件。Go 语言不使用虚拟机，只有运行时（runtime）提供垃圾回收和 goroutine 调度等。

Go 语言使用自己的链接器，不依赖任何系统提供的编译器、链接器。因此编译出的可执行文件可以直接运行在几乎所有的操作系统和环境中。

从 Go 1.5 版本之后，Go 语言实现自举，实现了使用 Go 语言编写 Go 语言编译器及所有工具链的功能。

使用最经典的 Go 语言版的“hello world”源码来编译输出一个可执行文件，如代码 1-2 所示。

代码1-2　Go语言版的hello world！（具体文件：.../chapter01/helloworld/helloworld.go）

```
package main

import "fmt"

func main() {
    fmt.Println("hello world")
}
```

将这段代码保存为 main.go，确认安装 Go 语言的开发包，使用如下指令可以将这段代码编译为可执行文件：

```
$ go build ./helloworld.go
```

执行 hello world 的可执行文件就可以输出“hello world”。

Go 语言不仅可以输出可执行文件，还可以编译输出能导入 C 语言的静态库、动态库。

同时从 Go 1.7 版本开始，Go 语言支持将代码编译为插件。使用插件可以动态加载需要的模块，而不是一次性将所有的代码编译为一个可执行文件。

3．工程结构简单

Go 语言的源码无须头文件，编译的文件都来自于后缀名为 go 的源码文件；Go 语言无须解决方案、工程文件和 Make File。只要将工程文件按照 GOPATH 的规则进行填充，即可使用 go build/go install 进行编译，编译安装的二进制可执行文件统一放在 bin 文件夹下。

后面的章节会介绍 GOPATH 及 go build/go install 的详细使用方法。

4．编译速度快

Go 语言可以利用自己的特性实现并发编译，并发编译的最小元素是包。从 Go 1.9 版本开始，最小并发编译元素缩小到函数，整体编译速度提高了 20%。

另外，Go 语言语法简单，具有严谨的工程结构设计、没有头文件、不允许包的交叉依赖等规则，在很大程度上加速了编译的过程。

5．高性能

这里以国外的一个编程语言性能测试网站 http://benchmarksgame.alioth.debian.org/为测试基准和数据源。这个网站可以对常见的编程语言进行性能比较，网站使用都是最新的语言版本和常见的一些算法。

进行测试的编程语言包括：C(gcc)、C++、Java、JavaScript 和 Go 语言。性能比较如表 1-1 所示，表中数据的单位为秒，数值越小表明运行性能越好。

表 1-1　常见编程语言的运行性能比较

测试用例 编程语言	reverse-complement	pidigits	fannkuch-redux	fasta	spectral-norm	n-body	k-nucleotide	mandelbrot	binary-trees	regex-redux
C	0.42	1.73	8.97	1.33	1.99	9.96	5.38	1.65	2.38	1.45
C++	0.6	1.89	10.35	1.48	1.99	9.31	7.18	1.73	2.36	17.14
Go	0.49	2.02	14.49	2.17	3.96	21.47	14.79	5.46	35.18	29.29
Java	1.13	3.12	15.09	2.32	4.25	22.56	8.38	6.08	8.58	10.38
JavaScript	4.3	N/A	81.49	9.79	16.17	28.74	66.07	19.04	53.64	4.44

可以看出，Go 语言在性能上更接近于 Java 语言，虽然在某些测试用例上不如经过多

年优化的 Java 语言，但毕竟 Java 语言已经经历了多年的积累和优化。Go 语言在未来的版本中会通过不断的版本优化提高单核运行性能。

6. 原生支持并发

Go 语言的特性就是从语言层原生支持并发，无须第三方库、开发者的编程技巧及开发经验就可以轻松地在 Go 语言运行时来帮助开发者决定怎么使用 CPU 资源。

Go 语言的并发是基于 goroutine，goroutine 类似于线程，但并非线程。可以将 goroutine 理解为一种虚拟线程。Go 语言运行时会参与调度 goroutine，并将 goroutine 合理地分配到每个 CPU 中，最大限度地使用 CPU 性能。

多个 goroutine 中，Go 语言使用通道（channel）进行通信，程序可以将需要并发的程序设计为生产者和消费者的模式，将数据放入通道。通道的另外一端的代码将这些数据进行并发计算并返回结果，如图 1-1 所示。

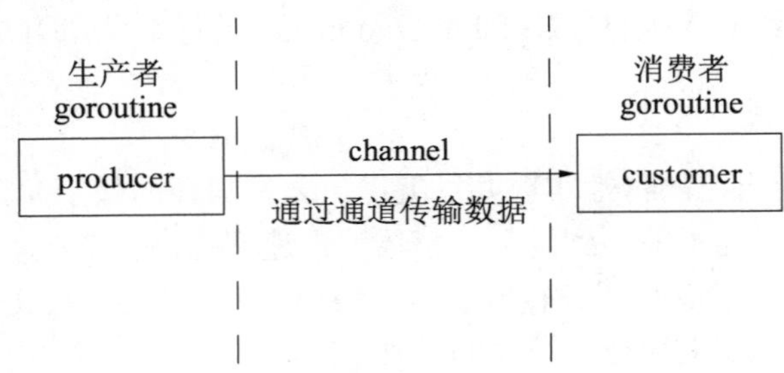

图 1-1　常见编程语言的运行性能

下面代码中的生产者每秒生成一个字符串，并通过通道传给消费者，生产者使用两个 goroutine 并发运行，消费者在 main()函数的 goroutine 中进行处理，如代码 1-3 所示。

代码1-3　生产者、消费者并发处理（具体文件：.../chapter01/concurrency/concurrency.go）

```
package main

import (
    "fmt"
    "math/rand"
    "time"
)

// 数据生产者
func producer(header string, channel chan<- string) {

    // 无限循环，不停地生产数据
    for {
        // 将随机数和字符串格式化为字符串发送给通道
        channel <- fmt.Sprintf("%s: %v", header, rand.Int31())

        // 等待 1 秒
```

```
18            time.Sleep(time.Second)
19        }
20    }
21
22    // 数据消费者
23    func customer(channel <-chan string) {
24
25        // 不停地获取数据
26        for {
27            // 从通道中取出数据，此处会阻塞直到信道中返回数据
28            message := <-channel
29
30            // 打印数据
31            fmt.Println(message)
32        }
33    }
34
35    func main() {
36        // 创建一个字符串类型的通道
37        channel := make(chan string)
38        // 创建 producer()函数的并发 goroutine
39        go producer("cat", channel)
40        go producer("dog", channel)
41        // 数据消费函数
42        customer(channel)
43    }
```

代码输出如下：

```
dog: 2019727887
cat: 1298498081
dog: 939984059
cat: 1427131847
cat: 911902081
dog: 1474941318
dog: 140954425
cat: 336122540
cat: 208240456
dog: 646203300
```

代码说明如下：

- 第 3 行，导入格式化（fmt）、随机数（math/rand）、时间（time）包参与编译。
- 第 10 行，生产数据的函数，传入一个标记类型的字符串及一个只能写入的通道。
- 第 13 行，for{}构成一个无限循环。
- 第 15 行，使用 rand.Int31()生成一个随机数，使用 fmt.Sprintf()函数将 header 和随机数格式化为字符串。
- 第 18 行，使用 time.Sleep()函数暂停 1 秒再执行这个函数。如果在 goroutine 中执行时，暂停不会影响其他 goroutine 的执行。
- 第 23 行，消费数据的函数，传入一个只能写入的通道。
- 第 26 行，构造一个不断消费消息的循环。

- 第 28 行，从通道中取出数据。
- 第 31 行，将取出的数据进行打印。
- 第 35 行，程序的入口函数，总是在程序开始时执行。
- 第 37 行，实例化一个字符串类型的通道。
- 第 39 行和第 40 行，并发执行一个生产者函数，两行分别创建了这个函数搭配不同参数的两个 goroutine。
- 第 42 行，执行消费者函数通过通道进行数据消费。

整段代码中，没有线程创建，没有线程池也没有加锁，仅仅通过关键字 go 实现 goroutine，和通道实现数据交换。

7．性能分析

安装 Go 语言开发包后，使用 Go 语言工具链可以直接进行 Go 代码的性能分析。Go 的性能分析工具将性能数据以二进制文件输出，配合 Graphviz 即可将性能分析数据以图形化的方式展现出来，如图 1-2 所示。

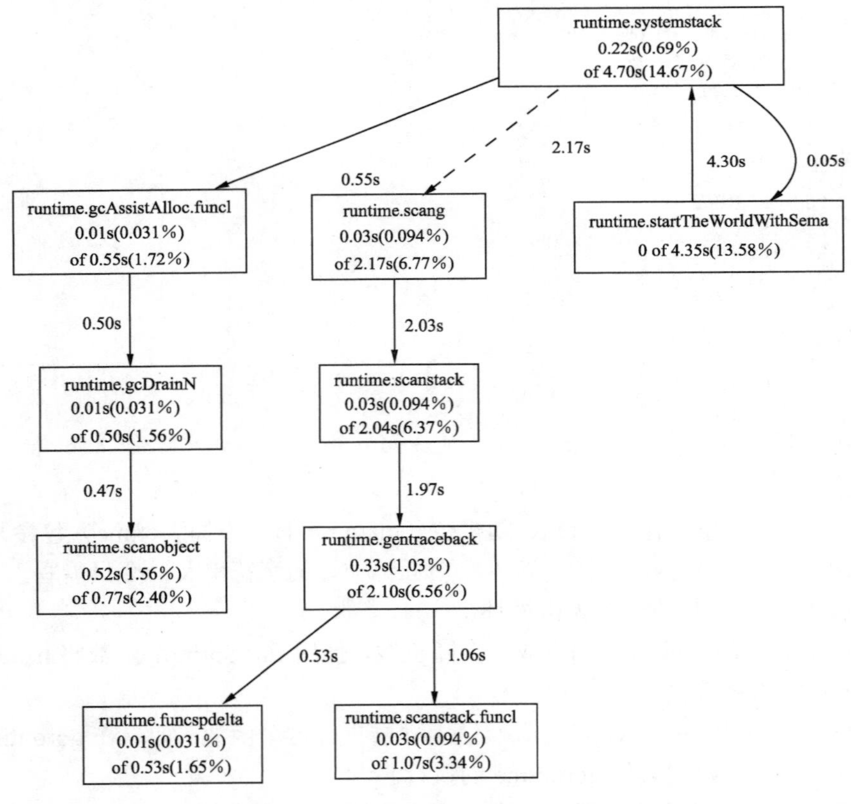

图 1-2　配合 Graphviz 工具生成的性能分析图

图中每个方框代表一个函数的执行流程，Go 语言会通过图连接和数据告知每个执行步骤的耗时，较为耗时的流程执行框会变大。开发人员根据这些直观的图表即可迅速定位问题代码的位置。

8．强大的标准库

Go 语言的标准库覆盖网络、系统、加密、编码、图形等各个方面，可以直接使用标准库的 http 包进行 HTTP 协议的收发处理；网络库基于高性能的操作系统通信模型（Linux 的 epoll、Windows 的 IOCP）；所有的加密、编码都内建支持，不需要再从第三方开发者处获取。Go 语言的编译器也是标准库的一部分，通过词法器扫描源码，使用语法树获得源码逻辑分支等。Go 语言的周边工具也是建立在这些标准库上。在标准库上可以完成几乎大部分的需求。

Go 语言的标准库以包的方式提供支持，如表 1-2 是 Go 语言标准库中常见的包及其功能。

表 1-2　Go语言标准库常用的包及功能

Go语言标准库包名	功　能
bufio	带缓冲的I/O操作
bytes	实现字节操作
container	封装堆、列表和环形列表等容器
crypto	加密算法
database	数据库驱动和接口
debug	各种调试文件格式访问及调试功能
encoding	常见算法如JSON、XML、Base64等
flag	命令行解析
fmt	格式化操作
go	Go语言的词法、语法树、类型等。可通过这个包进行代码信息提取和修改
html	HTML转义及模板系统
image	常见图形格式的访问及生成
io	实现I/O原始访问接口及访问封装
math	数学库
net	网络库，支持Socket、HTTP、邮件、RPC、SMTP等
os	操作系统平台不依赖平台操作封装
path	兼容各操作系统的路径操作实用函数
plugin	Go 1.7加入的插件系统。支持将代码编译为插件，按需加载
reflect	语言反射支持。可以动态获得代码中的类型信息，获取和修改变量的值
regexp	正则表达式封装
runtime	运行时接口
sort	排序接口

（续）

Go语言标准库包名	功　能
strings	字符串转换、解析及实用函数
time	时间接口
text	文本模板及Token词法器

9. 代码风格清晰、简单

Go 语言写起来类似于 C 语言，因此熟悉 C 语言及其派生语言（C++、C#、Objective-C 等）的人都会迅速熟悉这门语言。

C 语言的有些语法会让代码可读性降低甚至发生歧义。Go 语言在 C 语言的基础上取其精华，弃其糟粕，将 C 语言中较为容易发生错误的写法进行调整，做出相应的编译提示。

（1）去掉循环冗余括号

Go 语言在众多大师的丰富实战经验的基础上诞生，去除了 C 语言语法中一些冗余、烦琐的部分。下面的代码是 C 语言的数值循环：

```
// C语言的 for 数值循环
for(int a = 0;a<10;a++){
    // 循环代码
}
```

在 Go 语言中，这样的循环变为：

```
for a := 0;a<10;a++{
// 循环代码
}
```

for 两边的括号被去掉，int 声明被简化为“:=”，直接通过编译器右值推导获得 a 的变量类型并声明。

（2）去掉表达式冗余括号

同样的简化也可以在判断语句中体现出来，以下是 C 语言的判断语句：

```
if (表达式){
   // 表达式成立
}
```

在 Go 语言中，无须添加表达式括号，代码如下：

```
if 表达式{
   // 表达式成立
}
```

（3）强制的代码风格

Go 语言中，左括号必须紧接着语句不换行。其他样式的括号将被视为代码编译错误。这个特性刚开始会使开发者有一些不习惯，但随着对 Go 语言的不断熟悉，开发者就会发现风格统一让大家在阅读代码时把注意力集中到了解决问题上，而不是代码风格上。

同时 Go 语言也提供了一套格式化工具。一些 Go 语言的开发环境或者编辑器在保存时，都会使用格式化工具进行修改代码的格式化，让代码提交时已经是统一格式的代码。

（4）不再纠结于 i++和++i

C 语言非常经典的考试题为：

```
int a, b;
a = i++;
b = ++i;
```

这种题目对于初学者简直摸不着头脑。为什么一个简单的自增表达式需要有两种写法？

在 Go 语言中，自增操作符不再是一个操作符，而是一个语句。因此，在 Go 语言中自增只有一种写法：

```
i++
```

如果写成前置自增“++i”，或者赋值后自增“a=i++”都将导致编译错误。

1.2　使用 Go 语言的项目

Go 语言从发布 1.0 版本以来备受众多开发者关注并得到广泛使用。Go 语言的简单、高效、并发特性吸引了众多传统语言开发者的加入，而且人数越来越多。

使用 Go 语言开发的开源项目非常多。早期的 Go 语言开源项目只是通过 Go 语言与传统项目进行 C 语言库绑定实现，如 Qt、Sqlite 等。后期的很多项目都使用 Go 语言进行重新原生实现，这个过程相对于其他语言要简单一些，这也促成了大量使用 Go 语言原生开发项目的出现。

下面列举的是原生使用 Go 语言进行开发的部分项目。

1．Docker项目

网址为 https://github.com/docker/docker。

介绍：Docker 是一种操作系统层面的虚拟化技术，可以在操作系统和应用程序之间进行隔离，也可以称之为容器。Docker 可以在一台物理服务器上快速运行一个或多个实例。例如，启动一个 CentOS 操作系统，并在其内部命令行执行指令后结束，整个过程就像自己在操作系统一样高效。

2．golang项目

网址为 https://github.com/golang/go。

介绍：Go 语言的早期源码使用 C 语言和汇编语言写成。从 Go 1.5 版本自举后，完全使用 Go 语言自身进行编写。Go 语言的源码对了解 Go 语言的底层调度有极大的参考意义，建议希望对 Go 语言有深入了解的读者读一读。

3．Kubernetes项目

网址为 https://github.com/kubernetes/kubernetes。

介绍：Google 公司开发的构建于 Docker 之上的容器调度服务，用户可以通过 Kubernetes 集群进行云端容器集群管理。

4．etcd项目

网址为 https://github.com/coreos/etcd。

介绍：一款分布式、可靠的 KV 存储系统，可以快速进行云配置。

5．beego项目

网址为 https://github.com/astaxie/beego。

介绍：beego 是一个类似 Python 的 Tornado 框架，采用了 RESTFul 的设计思路，使用 Go 语言编写的一个极轻量级、高可伸缩性和高性能的 Web 应用框架。

6．martini项目

网址为 https://github.com/go-martini/martini。

介绍：一款快速构建模块化的 Web 应用的 Web 框架。

7．codis项目

网址为 https://github.com/CodisLabs/codis。

介绍：国产的优秀分布式 Redis 解决方案。

8．delve项目

网址为 https://github.com/derekparker/delve。

介绍：Go 语言强大的调试器，被很多集成环境和编辑器整合。

1.3 怎样安装 Go 语言开发包

要学 Go 语言，首先要学会 Go 语言开发包的安装和使用。

Go 语言的开发包可以在以下站点下载。

- golang 中国，网址为 https://www.golangtc.com/download；
- Go 语言官方网站，网址为 https://golang.org/dl/。

如图 1-3 所示为 golang.org 官方网站 1.9.1 版本的下载页面。

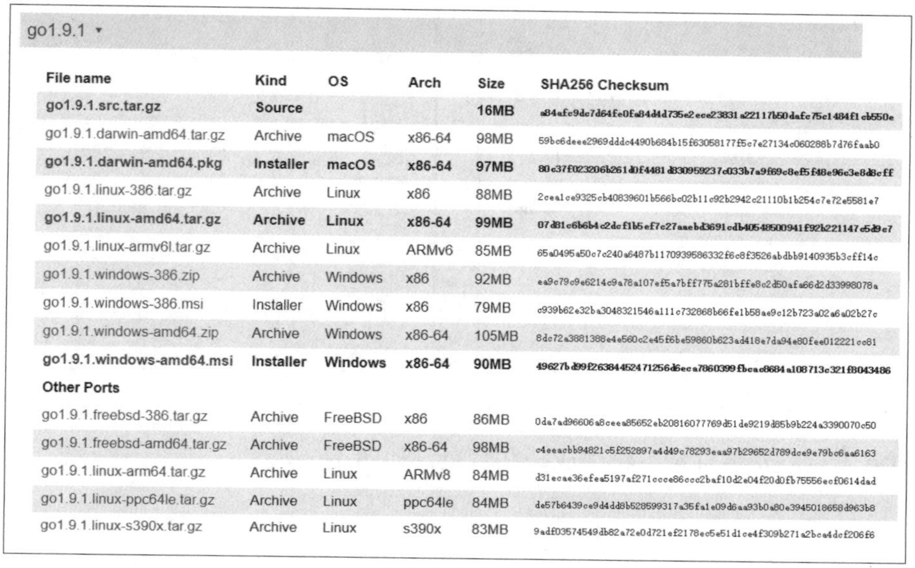

go1.9.1 ▾

File name	Kind	OS	Arch	Size	SHA256 Checksum
go1.9.1.src.tar.gz	**Source**			**16MB**	**a84afc9dc7d64fe0fa84d4d735e2ece23831a22117b50dafc75c1484f1cb550e**
go1.9.1.darwin-amd64.tar.gz	Archive	macOS	x86-64	98MB	59bc6deee2969dddc4490b684b15f63058177f5c7e27134c060288b7d76faab0
go1.9.1.darwin-amd64.pkg	**Installer**	**macOS**	**x86-64**	**97MB**	**80c37f023206b261d0f4481d830959237c033b7a9f69c8ef5f48e96c3e8d8cff**
go1.9.1.linux-386.tar.gz	Archive	Linux	x86	88MB	2cea1ce9325cb40839601b566bc02b11c92b2942c21110b1b254c7e72e5581e7
go1.9.1.linux-amd64.tar.gz	**Archive**	**Linux**	**x86-64**	**99MB**	**07d81c6b6b4c2dcf1b5ef7c27aaebd3691cdb40548500941f92b221147c5d9c7**
go1.9.1.linux-armv6l.tar.gz	Archive	Linux	ARMv6	85MB	65a0495a50c7c240a6487b1170939586332f6c8f3526abdbb9140935b3cff14c
go1.9.1.windows-386.zip	Archive	Windows	x86	92MB	ea9c79c9e6214c9a78a107ef5a7bff775a281bffe8c2d50afa66d2d33998078a
go1.9.1.windows-386.msi	Installer	Windows	x86	79MB	c939b62e32ba3048321546a111c732868b66fe1b58ae9c12b723a02a6a02b27c
go1.9.1.windows-amd64.zip	Archive	Windows	x86-64	105MB	8dc72a3881388e4e560c2e45f6be59860b623ad418e7da94e80fee012221cc81
go1.9.1.windows-amd64.msi	**Installer**	**Windows**	**x86-64**	**90MB**	**49627bd99f263844524712 56d6eca7860399fbcac8684a108713c321f8043486**
Other Ports					
go1.9.1.freebsd-386.tar.gz	Archive	FreeBSD	x86	86MB	0da7ad96606a8ceea85652eb20816077769d51de9219d85b9b224a3390070c50
go1.9.1.freebsd-amd64.tar.gz	Archive	FreeBSD	x86-64	98MB	c4eeacbb94821c5f252897a4d49c78293eaa97b29652d789dce9e79bc6aa6163
go1.9.1.linux-arm64.tar.gz	Archive	Linux	ARMv8	84MB	d31ecae36efea5197af271ccce86ccc2baf10d2e04f20d0fb75556ecf0614dad
go1.9.1.linux-ppc64le.tar.gz	Archive	Linux	ppc64le	84MB	de57b6439ce9d4dd8b528599317a35fa1e09d6aa93b0a80e3945018658d963b8
go1.9.1.linux-s390x.tar.gz	Archive	Linux	s390x	83MB	9adf03574549db82a72e0d721ef2178ec5e51d1ce4f309b271a2bca4dcf206f6

图 1-3　Go 开发包的下载页面

其中加粗部分是官方推荐下载的版本，这些版本的描述如表 1-3 所示。

表 1-3　Go安装包命名及对应的平台

文　件　名	说　　明
go1.9.1.src.tar.gz	源码包，供源码研究，对于日常开发不建议下载此包
go1.9.1.darwin-amd64.pkg	Mac OS平台安装包
go1.9.1.linux-amd64.tar.gz	Linux平台安装包
go1.9.1.windows-amd64.msi	Windows平台安装包

1.3.1　Windows 版安装

Go 语言的 Windows 版安装包一般格式为 MSI 格式，可以直接安装到系统，Go 语言的 Windows 安装包一般命名如下：

```
go1.9.1.windows-amd64.msi
```

- 1.9.1 表示 Go 安装包的版本；
- Windows 表示这是一个 Windows 安装包；
- amd64 表示匹配的 CPU 版本，这里匹配的是 64 位 CPU。

Windows 下 Go 开发包的默认安装路径是 C 盘的 Go 目录下，推荐在这个目录下安装 Go 开发包，使用起来较为方便。Go 开发包安装完毕后占用磁盘空间大概是 300MB 左右。如图 1-4 所示为选择路径的截图。

Go 开发包的安装没有其他选项，接下来是安装程序的文件复制操作，如图 1-5 所示。

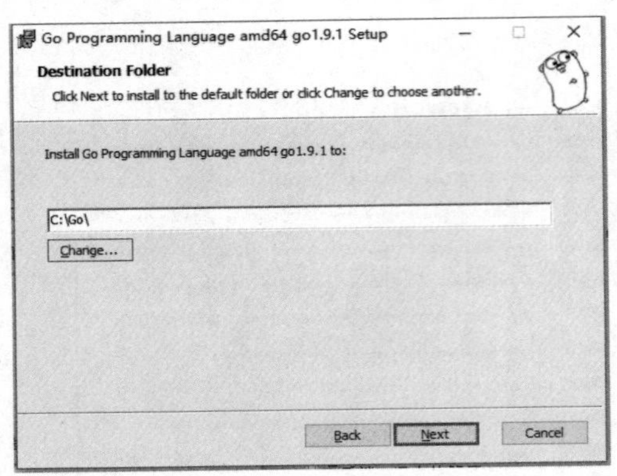

图 1-4　Windows 下 Go 开发包的安装目录选择

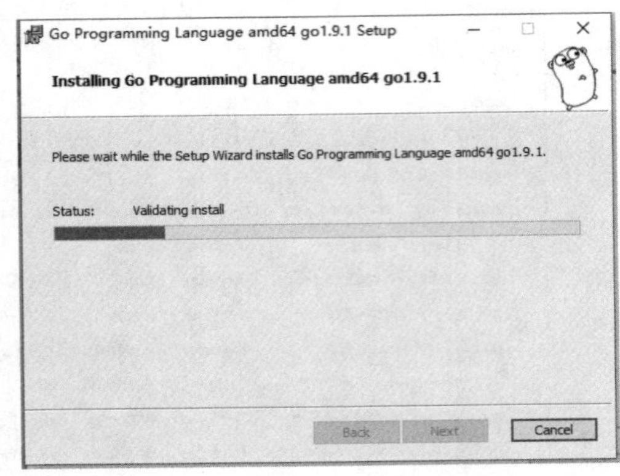

图 1-5　Windows 下 Go 开发包的安装过程

安装完成后，安装目录下将生成一些目录，如图 1-6 所示。

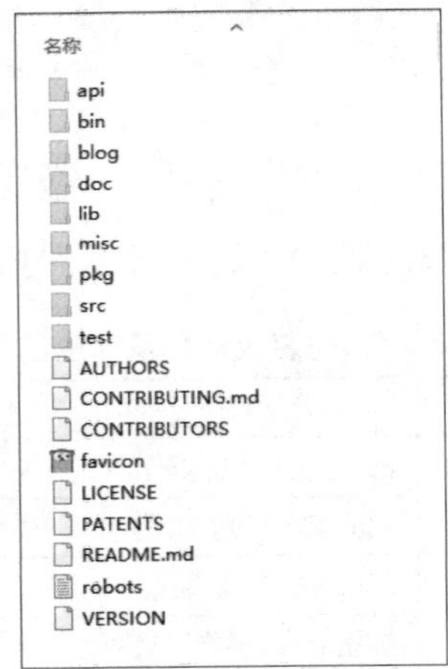

图 1-6　Windows 下 Go 开发包的安装目录及文件

这个目录的结构遵守 GOPATH 规则，后面的章节会提到这个概念。GOPATH 及相关的目录命名是 Go 语言编译的核心规则。

Go 开发包的安装目录的功能及说明如表 1-4 所示。

表 1-4　Go开发包的安装目录的说明

目　录　名	备　　注
api	每个版本的api变更差异
bin	go源码包编译出的编译器（go）、文档工具（godoc）、格式化工具（gofmt）
blog	Go博客的模板，使用Go的网页模板，有一定的学习意义
doc	英文版的Go文档
lib	引用的一些库文件
misc	杂项用途的文件，例如Android平台的编译、git的提交钩子等

（续）

目　录　名	备　　注
pkg	Windows平台编译好的中间文件
src	标准库的源码
test	测试用例

开发时，无须关注这些目录。当读者希望深度了解底层原理时，可以通过上面的介绍继续探索。

1.3.2　Linux 版安装

Linux 版的 Go 语言压缩包格式如下：

```
go1.9.1.linux-amd64.tar.gz
```

需要将这个包解压到/usr/local/go 下，可以用下列命令来完成：

```
tar -C /usr/local -xzf go1.9.1.linux-amd64.tar.gz
```

请根据下载的 Go 语言压缩包的版本进行安装。

接下来，需要将/usr/local/go/bin 目录添加到 PATH 环境变量中，可以使用以下命令来完成：

```
export PATH=$PATH:/usr/local/go/bin
```

使用 go env 指令，可以查看 Go 压缩包是否安装成功：

```
$ go env
GOARCH="amd64"
GOBIN=""
GOEXE=""
GOHOSTARCH="amd64"
GOHOSTOS="linux"
GOOS="linux"
GOPATH="/root/go"
GORACE=""
GOROOT="/usr/local/go"
GOTOOLDIR="/usr/local/go/pkg/tool/linux_amd64"
GCCGO="gccgo"
CC="gcc"
GOGCCFLAGS="-fPIC -m64 -pthread -fmessage-length=0 -fdebug-prefix-map=/
tmp/go-build305492722=/tmp/go-build -gno-record-gcc-switches"
CXX="g++"
CGO_ENABLED="1"
CGO_CFLAGS="-g -O2"
CGO_CPPFLAGS=""
CGO_CXXFLAGS="-g -O2"
CGO_FFLAGS="-g -O2"
CGO_LDFLAGS="-g -O2"
PKG_CONFIG="pkg-config"
```

1.4 搭建开发环境

安装 Go 语言的开发包后，可以选择安装集成开发环境（Integrated Development Environment，IDE）或者编辑器来提高开发效率。

集成开发环境中，推荐使用 Jetbrains 公司开发的 GoLand。Jetbrains 公司拥有很多的开发环境和工具，如 WebStorm（JavaScript 开发环境）、ReSharper（Visual Studio 的.NET 扩展）、CLion（C/C++开发环境）。

微软公司开发的 Visual Studio Code 是一个高定制化的轻量编辑器，能够根据自己的需要定制 Go 语言的开发流程。

1.4.1 集成开发环境——Jetbrains GoLand

GoLand 是 Jetbrains 公司在 IntelliJ 平台上开发的 Go 语言整合工具开发集成环境，提供 Go 语言的编辑、编译、调试、工程管理、重构等各种功能，无论对于学习者还是企业项目研发者来说，都是首选的开发环境。下载地址为 https://www.jetbrains.com/go/。

GoLand 使用 Java 开发，可以在各种平台上运行。下面演示配置 GoLand 的过程。

1. 设置GOROOT

GOROOT 是 Go 语言的安装路径，Go Land 会自动识别，如果编译错误，可以尝试手动设置 GOROOT，步骤如下。

选择菜单 File|Settings|Go|GOROOT，如图 1-7 所示。

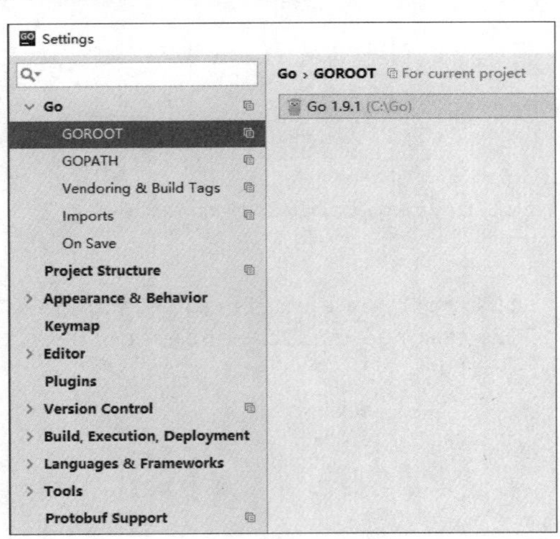

图 1-7 GoLand 中设置 GOROOT

Settings 下的 Go 分支是 Go 语言专属的配置选项。

2．设置GOPATH

GOPATH 是 Go 语言编译时参考的工作路径，类似于 Java 中的 Workspace 的概念，默认选择一个空目录作为 GOPATH 即可，如图 1-8 所示。

3．运行hello world

单击 main 左边的绿色小箭头，并单击 go run main.go，即可运行程序。GoLand 使用 Go 语言会在运行时自动编译，如图 1-9 所示。

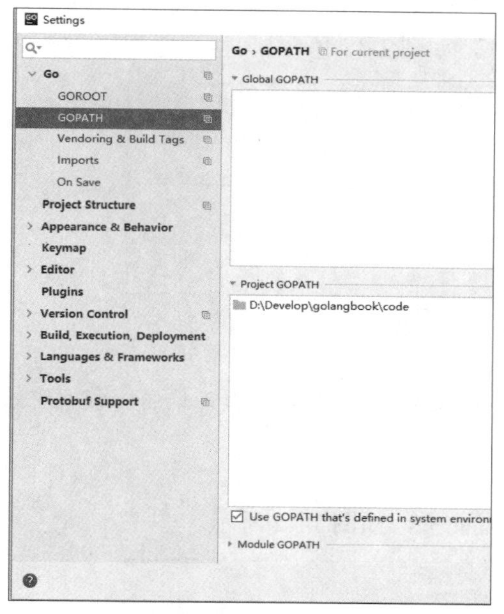

图 1-8　GoLand 中设置 GOPATH

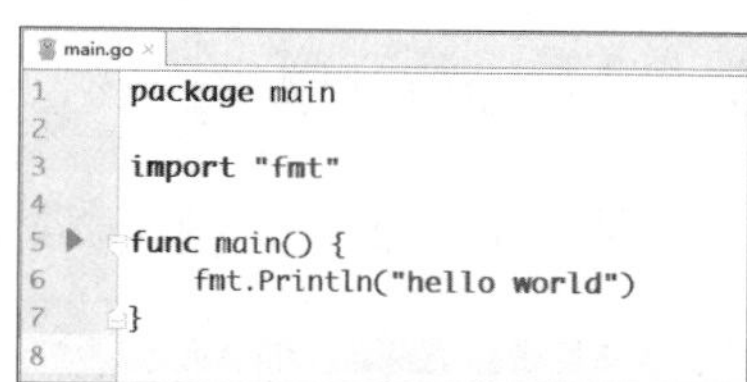

图 1-9　GoLand 中运行 hello world

1.4.2　方便定义功能的编辑器——Visual Studio Code

Visual Studio Code（简称 VS Code）是一款由微软公司开发的，能运行在 Mac OS X、Windows 和 Linux 上的跨平台开源代码编辑器。

VS Code 使用 JSON 格式的配置文件进行所有功能和特性的配置。VS Code 可以通过扩展程序为编辑器实现编程语言高亮、参数提示、编译、调试、文档生成等各种功能。

1．切换语言

中文版的 VS Code 下载好后的命令语言都是中文，这让很多英文指令搜索变得非常困难。这里推荐将 VS Code 的语言切换为英文。

选择 VS Code 的菜单“查看”命令，在打开的面板中输入“配置语言”，弹出如图 1-10 所示的界面。

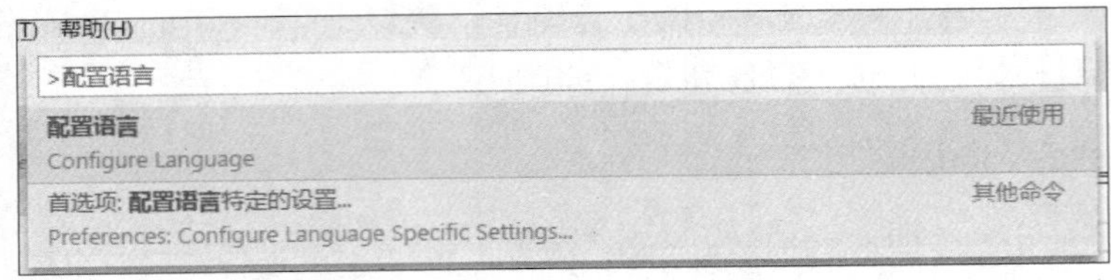

图 1-10　VS Code 中打开配置语言面板

输入信息后按 Enter 键打开 local.json 文件，如图 1-11 所示。

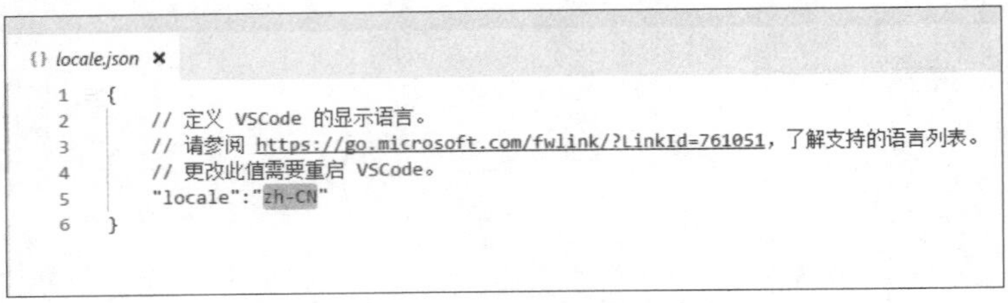

```
{} locale.json ×
1  {
2      // 定义 VSCode 的显示语言。
3      // 请参阅 https://go.microsoft.com/fwlink/?LinkId=761051，了解支持的语言列表。
4      // 更改此值需要重启 VSCode。
5      "locale":"zh-CN"
6  }
```

图 1-11　VS Code 中修改显示语言

将图 1-11 中的 zh-CN 修改为 en-US，关闭 VS Code 后再重新打开，语言修改就生效了。

2．安装Go语言扩展

选择菜单 View|Extensions 命令，打开扩展面板，如图 1-12 所示。

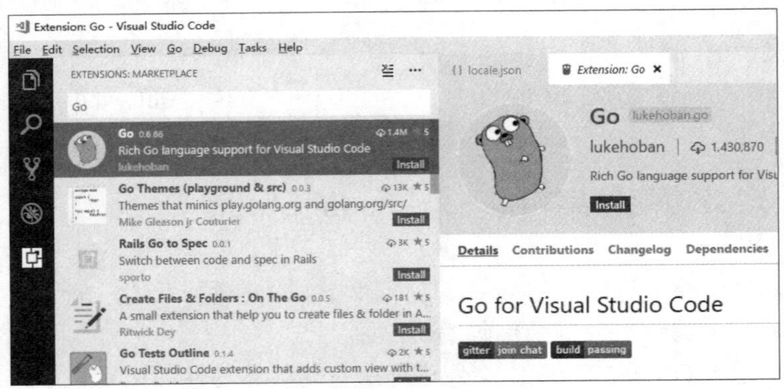

图 1-12　在 VS Code 的 Extensions 中找到 Go 语言扩展

在搜索框中输入 Go，找到 Rich Go language support for Visual Studio Code 字样的扩展，单击右边的绿色按钮 Install 安装 Go 语言扩展。

3. 配置GOPATH

选择菜单 File|Preferences|Settings 命令，打开 User Settings 配置，如图 1-13 所示。

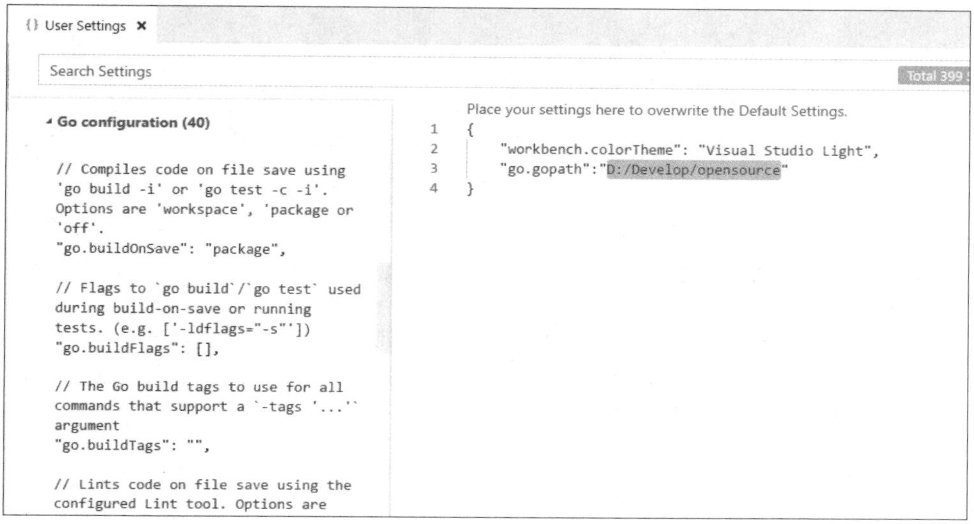

图 1-13　在 VS Code 中设置 GOPATH

图 1-13 的左边窗口在安装 Go 扩展后会增加一个 Go configuration 配置，这里是 Go 语言的各种默认参数，左边窗口里的配置不能修改，只能在右边窗口的配置中修改。没有被修改的选项默认使用左边的系统默认配置。

在图 1-13 右边添加一个 JSON 字段 go.gopath，冒号后面添加用户的源码 GOPATH 路径。注意别忘记在上一行的末尾添加逗号“，”。

4. 安装调试器

在用户的源码的 GOPATH 目录中打开命令行，在命令行中输入以下命令下载 dlv 调试器。

```
set GOPATH=%cd%
go get github.com/derekparker/delve/cmd/dlv
```

编译好的 dlv 会放在 GOPATH 的 bin 目录下。

5. 添加配置

（1）VS Code 中运行 Go 程序需要创建配置。选择菜单 View|Debug，或者单击左边的虫子图标，如图 1-14 所示。

（2）随后在图 1-14 右边的编辑区域会弹出文件，选择 Go:Launch file 文件后，如图 1-15 所示。

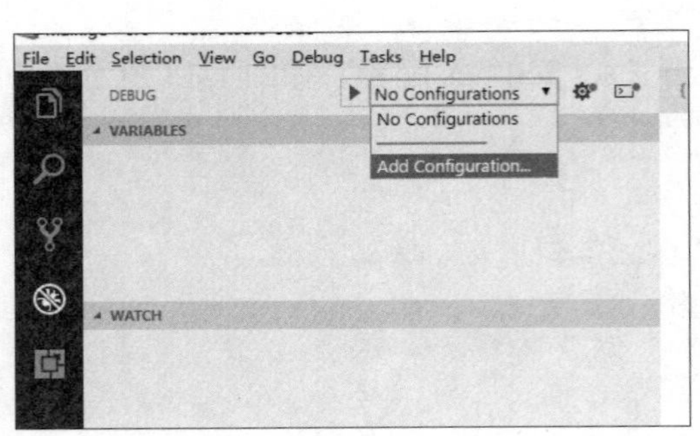

图 1-14　在 VS Code 中添加运行配置

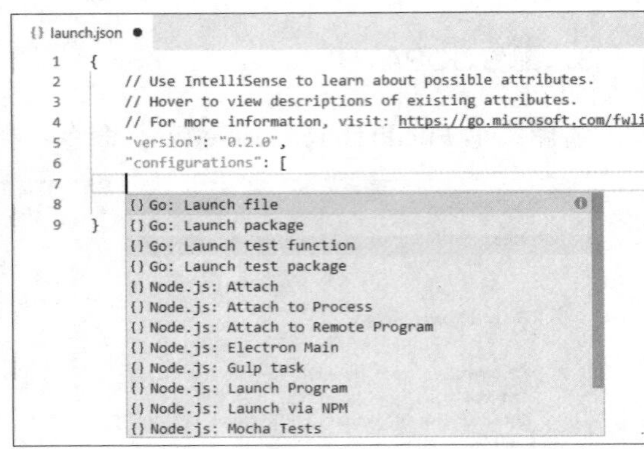

图 1-15　在 VS Code 中选择运行配置种类

此时启动配置会被自动添加到 Launch.json 中，如图 1-16 所示。

（3）准备一段 Go 语言的 hello world 源码，按 F9 键可以在代码上设置断点，按 F5 键运行代码，如图 1-17 所示。

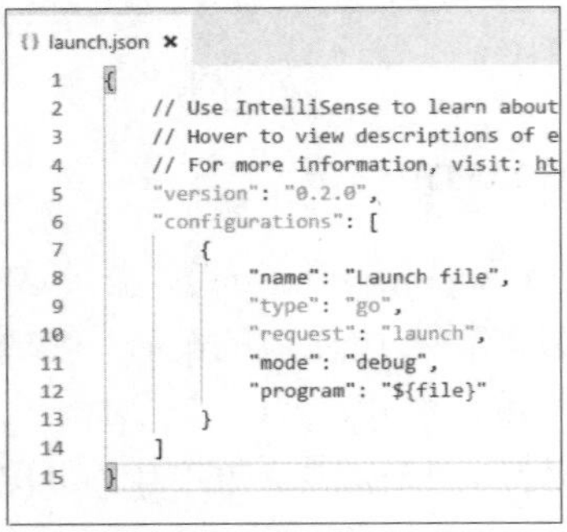

```
{} launch.json ×
{
    // Use IntelliSense to learn about
    // Hover to view descriptions of e
    // For more information, visit: ht
    "version": "0.2.0",
    "configurations": [
        {
            "name": "Launch file",
            "type": "go",
            "request": "launch",
            "mode": "debug",
            "program": "${file}"
        }
    ]
}
```

图 1-16　在 VS Code 中调试 Go 源码的运行配置

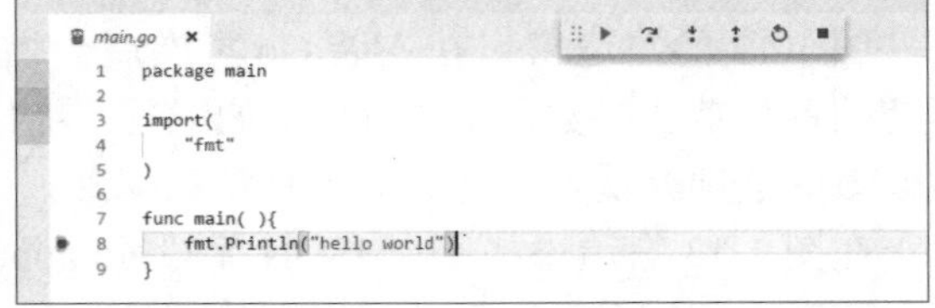

图 1-17　在 VS Code 中调试 Go 源码

第 2 章　Go 语言基本语法与使用

变量、数据类型和常量是编程中最常见，也是很好理解的概念。本章将从 Go 语言的变量开始，逐步介绍各种数据类型及常量。

Go 语言在很多特性上和 C 语言非常相近。如果读者有 C 语言基础，那么本章的内容阅读起来将会非常轻松；如果读者没有 C 语言基础也没关系，因为本章内容非常简单易懂。

2.1　变量

变量的功能是存储用户的数据。不同的逻辑有不同的对象类型，也就有不同的变量类型。经过半个多世纪的发展，编程语言已经形成一套固定的类型，这些类型在不同的编程语言中基本是相通的。常见变量的数据类型有：整型、浮点型、布尔型、结构体等。

Go 语言作为 C 语言家族的新派代表，在 C 语言的定义方法和类型上做了优化和调整，更加灵活易学。

Go 语言的每一个变量都拥有自己的类型，必须经过声明才能开始用。

2.1.1　声明变量

下面先通过一段代码了解变量声明的基本样式。

```
01  var a int
02  var b string
03  var c []float32
04  var d func() bool
05  var e struct{
06          x int
07  }
```

代码说明如下：

- 第 1 行，声明一个整型类型的变量，可以保存整数数值。
- 第 2 行，声明一个字符串类型的变量。
- 第 3 行，声明一个 32 位浮点切片类型的变量，浮点切片表示由多个浮点类型组成的数据结构。
- 第 4 行，声明一个返回值为布尔类型的函数变量，这种形式一般用于回调函数，即将函数以变量的形式保存下来，在需要的时候重新调用这个函数。

- 第 5 行，声明一个结构体类型的变量，这个结构体拥有一个整型的 x 字段。

上面代码的共性是，以 var 关键字开头，要声明的变量名放在中间，而将其类型放在后面。

变量的声明有几种形式，通过下面几节进行整理归纳。

1. 标准格式

Go 语言的变量声明格式为：

```
var 变量名 变量类型
```

变量声明以关键字 var 开头，后置变量类型，行尾无须分号。

2. 批量格式

觉得每行都用 var 声明变量比较烦琐？没关系， 还有一种为懒人提供的定义变量的方法：

```
var (
    a int
    b string
    c []float32
    d func() bool
    e struct {
        x int
    }
)
```

使用关键字 var 和括号，可以将一组变量定义放在一起。

2.1.2 初始化变量

Go 语言在声明变量时，自动对变量对应的内存区域进行初始化操作。每个变量会初始化其类型的默认值，例如：

- 整型和浮点型变量的默认值为 0。
- 字符串变量的默认值为空字符串。
- 布尔型变量默认值为 false。
- 切片、函数、指针变量的默认值为 nil。

当然，依然可以在变量声明时赋予变量一个初始值。

回顾：在 C 语言中，变量在声明时，并不会对变量对应内存区域进行清理操作。此时，变量值可能是完全不可预期的结果。开发者需要习惯在使用 C 语言进行声明时要初始化操作，稍有不慎，就会造成不可预知的后果。

在网络上只有程序员才能看懂的“烫烫烫”和“屯屯屯”的梗，就来源于 C/C++ 中变量默认不初始化。

微软的 VC 编译器会将未初始化的栈空间以 16 进制的 0xCC 填充，而未初始化的堆空间使用 0xCD 填充，而 0xCCCC 和 0xCDCD 在中文的 GB2312 编码中刚好对应“烫”和“屯”字。

因此，如果一个字符串没有结束符“\0”，直接输出的内存数据转换为字符串就刚好对应“烫烫烫”和“屯屯屯”。

1．标准格式

```
var 变量名 类型 = 表达式
```

例如：游戏中，玩家的血量初始值为 100。可以这样写：

```
var hp int = 100
```

这句代码中，hp 为变量名，类型为 int，hp 的初始值为 100。

上面代码中，100 和 int 同为 int 类型，int 可以认为是冗余信息，因此可以进一步简化初始化的写法。

2．编译器推导类型的格式

在标准格式的基础上，将 int 省略后，编译器会尝试根据等号右边的表达式推导 hp 变量的类型。

```
var hp = 100
```

等号右边的部分在编译原理里被称做“右值”。

下面是编译器根据右值推导变量类型完成初始化的例子。

```
01  var attack = 40
02
03  var defence = 20
04
05  var damageRate float32 = 0.17
06
07  var damage = float32(attack-defence) * damageRate
08
09  fmt.Println(damage)
```

代码说明如下：

- 第 1 和 3 行，右值为整型，attack 和 defence 变量的类型为 int。
- 第 5 行，表达式的右值中使用了 0.17。 Go 语言和 C 语言一样，编译器会尽量提高精确度，以避免计算中的精度损失。

默认情况下，如果不指定 damageRate 变量的类型，Go 语言编译器会将 damageRate 类型推导为 float64。由于这个例子中不需要 float64 的精度，所以强制指定类型为 float32。

- 第 7 行，将 attack 和 defence 相减后的数值结果依然为整型，使用 float32()将结果转换为 float32 类型，再与 float32 类型的 damageRate 相乘后，damage 类型也是 float32 类型。
- 第 9 行，输出 damage 的值。

提示： damage 变量的右值是一个复杂的表达式，整个过程既有 attack 和 defence 的运算还有强制类型转换。强制类型转换会在后面的章节中介绍。

代码输出如下：

```
3.4
```

3．短变量声明并初始化

var 的变量声明还有一种更为精简的写法，例如：

```
hp := 100
```

这是 Go 语言的推导声明写法，编译器会自动根据右值类型推断出左值的对应类型。

注意： 由于使用了“:=”，而不是赋值的“=”，因此推导声明写法的左值变量必须是没有定义过的变量。若定义过，将会发生编译错误。

如果 hp 已经被声明过，但依然使用“:=”时编译器会报错，代码如下：

```
// 声明 hp 变量
var hp int
// 再次声明并赋值
hp := 10
```

编译报错如下：

```
no new variables on left side of :=
```

提示，在“:=”的左边没有新变量出现，意思就是“:=”的左边变量已经被声明了。

短变量声明的形式在开发中的例子较多，比如：

```
conn, err := net.Dial("tcp","127.0.0.1:8080")
```

net.Dial 提供按指定协议和地址发起网络连接，这个函数有两个返回值，一个是连接对象，一个是 err 对象。如果是标准格式将会变成：

```
var conn net.Conn
var err error
conn, err = net.Dial("tcp", "127.0.0.1:8080")
```

因此，短变量声明并初始化的格式在开发中使用比较普遍。

注意： 在多个短变量声明和赋值中，至少有一个新声明的变量出现在左值中，即便其他变量名可能是重复声明的，编译器也不会报错，代码如下：

```
conn, err := net.Dial("tcp", "127.0.0.1:8080")
```

```
conn2, err := net.Dial("tcp", "127.0.0.1:8080")
```

上面的代码片段，编译器不会报 err 重复定义。

2.1.3　多个变量同时赋值

编程最简单的算法之一，莫过于变量交换。交换变量的常见算法需要一个中间变量进行变量的临时保存。用传统方法编写变量交换代码如下：

```
var a int = 100
var b int = 200
var t int

t = a
a = b
b = t

fmt.Println(a, b)
```

在计算机刚发明时，内存非常“精贵”。 这种变量交换往往是非常奢侈的。于是计算机“大牛”发明了一些算法来避免使用中间变量：

```
var a int = 100
var b int = 200

a = a ^ b
b = b ^ a
a = a ^ b

fmt.Println(a, b)
```

这样的算法很多，但是都有一定的数值范围和类型要求。

到了 Go 语言时，内存不再是紧缺资源，而且写法可以更简单。使用 Go 的“多重赋值”特性，可以轻松完成变量交换的任务：

```
var a int = 100
var b int = 200

b, a = a, b

fmt.Println(a, b)
```

多重赋值时，变量的左值和右值按从左到右的顺序赋值。

多重赋值在 Go 语言的错误处理和函数返回值中会大量地使用。

例如，使用 Go 语言进行排序时就需要使用交换，代码如下：

```
type IntSlice []int

func (p IntSlice) Len() int           { return len(p) }
func (p IntSlice) Less(i, j int) bool { return p[i] < p[j] }
func (p IntSlice) Swap(i, j int)      { p[i], p[j] = p[j], p[i] }
```

代码说明如下：

- 第 1 行，将[]int 声明为 IntSlice 类型。
- 第 3 行，为这个类型编写一个 Len 方法，提供切片的长度。
- 第 4 行，根据提供的 i、j 元素索引，获取元素后进行比较，返回比较结果。
- 第 5 行，根据提供的 i、j 元素索引，交换两个元素的值。

2.1.4 匿名变量——没有名字的变量

在使用多重赋值时，如果不需要在左值中接收变量，可以使用匿名变量。

匿名变量的表现是一个“_”下画线，使用匿名变量时，只需要在变量声明的地方使用下画线替换即可。

例如：

```
01  func GetData() (int, int) {
02      return 100, 200
03  }
04
05  a, _ := GetData()
06
07  _, b := GetData()
08
09  fmt.Println(a, b)
```

代码输出如下：

```
100 200
```

GetData()是一个函数，拥有两个整型返回值。每次调用将会返回 100 和 200 两个数值。

代码说明如下：

- 第 5 行只需要获取第一个返回值，所以将第二个返回值的变量设为下画线。
- 第 7 行将第一个返回值的变量设为匿名。

匿名变量不占用命名空间， 不会分配内存。匿名变量与匿名变量之间也不会因为多次声明而无法使用。

提示：在 Lua 等编程语言里，匿名变量也被叫做哑元变量。

2.2 数据类型

Go 语言中有丰富的数据类型，除了基本的整型、浮点型、布尔型、字符串外，还有切片、结构体、函数、map、通道（channel）等。Go 语言的基本类型和其他语言大同小异，切片类型有着指针的便利性，但比指针更为安全，很多高级语言都配有切片进行安全和高效率的内存操作。

结构体是 Go 语言基础的复杂类型之一，后面会用单独的一章进行讲解。

函数也是 Go 语言的一种数据类型，可以对函数类型的变量进行赋值和获取，函数特性较多，将被放在独立章节讲解。

map 和切片是开发中常见的数据容器类型，会放在第 3 章进行统一介绍。

通道与并发息息相关，读者会在第 9 章了解通道的细节。

2.2.1　整型

整型分为以下两个大类。

- 按长度分为：int8、int16、int32、int64
- 还有对应的无符号整型：uint8、uint16、uint32、uint64。

其中，uint8 就是我们熟知的 byte 型，int16 对应 C 语言中的 short 型，int64 对应 C 语言中的 long 型。

1．自动匹配平台的int和uint

Go 语言也有自动匹配特定平台整型长度的类型——int 和 uint。

可以跨平台的编程语言可以运行在多种平台上。平台的字节长度是有差异的。64 位平台现今已经较为普及，但 8 位、16 位、32 位的操作系统依旧存在。16 位平台上依然可以使用 64 位的变量，但运行性能和内存性能上较差。同理，在 64 位平台上大量使用 8 位、16 位等与平台位数不等长的变量时，编译器也是尽量将内存对齐以获得最好的性能。

不能正确匹配平台字节长度的程序就类似于用轿车运一头牛和用一辆卡车运送一头牛的情形一样。

在使用 int 和 uint 类型时，不能假定它是 32 位或 64 位的整型，而是考虑 int 和 uint 可能在不同平台上的差异。

2．哪些情况下使用int和uint

逻辑对整型范围没有特殊需求。例如，对象的长度使用内建 len()函数返回，这个长度可以根据不同平台的字节长度进行变化。实际使用中，切片或 map 的元素数量等都可以用 int 来表示。

反之，在二进制传输、读写文件的结构描述时，为了保持文件的结构不会受到不同编译目标平台字节长度的影响，不要使用 int 和 uint。

2.2.2　浮点型

Go 语言支持两种浮点型数：float32 和 float64。这两种浮点型数据格式遵循 IEEE 754 标准。

- float32 的浮点数的最大范围约为 3.4e38，可以使用常量定义：math.MaxFloat32。
- float64 的浮点数的最大范围约为 1.8e308，可以使用一个常量定义：math.MaxFloat64。

打印浮点数时，可以使用 fmt 包配合动词“%f”，代码如下：

```
01  package main
02
03  import (
04      "fmt"
05      "math"
06  )
07
08  func main() {
09
10      fmt.Printf("%f\n", math.Pi)
11
12      fmt.Printf("%.2f\n", math.Pi)
13  }
```

代码说明如下：

- 第 10 行，按默认宽度和精度输出整型。
- 第 12 行，按默认宽度，2 位精度输出（小数点后的位数）。

代码输出如下：

```
3.141593
3.14
```

2.2.3 示例：输出正弦函数（Sin）图像

在 Go 语言中，正弦函数由 math 包提供，函数入口为 math.Sin。正弦函数的参数为 float64，返回值也是 float64。在使用正弦函数时，根据实际精度可以进行转换。

Go 语言的标准库支持对图片像素进行访问，并且支持输出各种图片格式，如 JPEG、PNG、GIF 等。

1. 设置图片背景色

代码2-1　输出正弦图像（具体文件：.../chapter02/sinimage/sinimage.go）

```
// 图片大小
const size = 300

// 根据给定大小创建灰度图
pic := image.NewGray(image.Rect(0, 0, size, size))

// 遍历每个像素
for x := 0; x < size; x++ {
    for y := 0; y < size; y++ {
        // 填充为白色
        pic.SetGray(x, y, color.Gray{255})
    }
```

```
13  }
```

代码说明如下：

- 第 2 行，声明一个 size 常量，值为 300。
- 第 5 行，使用 image 包的 NewGray()函数创建一个图片对象，使用区域由 image.Rect 结构提供。image.Rect 描述一个方形的两个定位点(x1,y1)和(x2,y2)。image.Rect(0,0, size,size)表示使用完整灰度图像素，尺寸为宽 300，长 300。
- 第 8 行和第 9 行，遍历灰度图的所有像素。
- 第 11 行，将每一个像素的灰度设为 255，也就是白色。

灰度图是一种常见的图片格式，一般情况下颜色由 8 位组成，灰度范围为 0～255，0 表示黑色，255 表示白色。

初始化好的灰度图对象内存区域默认值都是 0，对应全是黑色，考虑到显示效果和习惯，将所有像素设置为 255，也就是白色。

2．绘制正弦函数轨迹

正弦函数是一个周期函数。定义域是实数集，值域范围是[-1,1]。用编程的通俗易懂的话来说就是：math.Sin 函数的参数支持任意浮点数范围，函数返回值的范围总是在-1～1 之间（两端包含）。

要将正弦函数放在图片上需要考虑以下一些因素：

- math.Sin 的返回值在-1～1 之间。需要考虑将正弦的输出幅度变大，可以将 math.Sin 的返回值乘以一个常量进行放大。
- 图片的坐标系原点在左上角，而 math.Sin 基于笛卡尔坐标系原点在左下角。需要对图像进行上下翻转和平移。

将这些处理逻辑汇总为代码如下：

```
01  // 从 0 到最大像素生成 x 坐标
02  for x := 0; x < size; x++ {
03
04      // 让 sin 的值的范围在 0~2Pi 之间
05      s := float64(x) * 2 * math.Pi / size
06
07      // sin 的幅度为一半的像素。向下偏移一半像素并翻转
08      y := size/2 - math.Sin(s)*size/2
09
10      // 用黑色绘制 sin 轨迹
11      pic.SetGray(x, int(y), color.Gray{0})
12  }
```

代码说明如下：

- 第 2 行，生成 0 到 size（300）的 x 坐标轴。
- 第 5 行，计算 math.Sin 的定义域，这段代码等效为：

```
rate := x / size
s := rate * 2 * math.Pi
```

x 的范围是 0 到 size，因此除以 size 后，rate 的范围是 0～1 之间，再乘以 2π 后，s 的范围刚好是 0～2π 之间。

float64(x)表示将整型的 x 变量转换为 float64 类型，之后运算的所有表达式将以 float64 类型进行。

- 第 8 行中，math.Sin(s)*size/2 表示将正弦函数的返回值幅度从 1 扩大到二分之一的 size。负号表示将正弦函数图形以图形中心上下翻转。叠加 size/2 表示将图形在 *y* 轴上向下偏移二分之一的 size（图片坐标系的 *y* 向下）。
- 第 11 行将计算好的 *x* 轴和 *y* 轴数据，以灰度为 0（黑色）使用 SetGray()方法填充到像素中。

写入图片的正弦函数图像如图 2-1 所示。

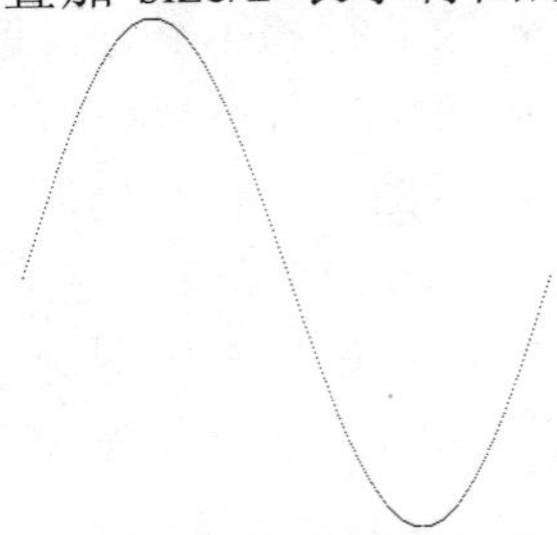

图 2-1　写入图片的正弦函数图像

3. 写入图片文件

内存中的正弦函数图形是不可见的，我们选用 PNG 格式将图形输出为文件。Go 语言提供了文件创建函数和 PNG 格式写入函数，代码如下：

```
01  // 创建文件
02  file, err := os.Create("sin.png")
03
04  if err != nil {
05      log.Fatal(err)
06  }
07  // 使用 PNG 格式将数据写入文件
08  png.Encode(file, pic)              //将 image 信息写入文件中
09
10  // 关闭文件
11  file.Close()
```

代码说明如下：

- 第 2 行，创建 sin.png 的文件。
- 第 4 行，如果创建文件失败，返回错误，打印错误并终止。
- 第 8 行，使用 PNG 包，将图形对象写入文件中。
- 第 11 行，关闭文件。

2.2.4　布尔型

布尔型数据在 Go 语言中以 bool 类型进行声明，布尔型数据只有 true（真）和 false（假）两个值。

Go 语言中不允许将整型强制转换为布尔型，代码如下：

```
var n bool
```

```
fmt.Println(int(n) * 2)
```

编译错误，输出如下：

```
cannot convert n (type bool) to type int
```

布尔型无法参与数值运算，也无法与其他类型进行转换。

2.2.5　字符串

字符串在 Go 语言中以原生数据类型出现，使用字符串就像使用其他原生数据类型（int、bool、float32、float64 等）一样。

提示：在 C++、C#语言中，字符串以类的方式进行封装。

C#语言中在使用泛型匹配约束类型时，字符串是以 Class 的方式存在，而不是 String，因为并没有“字符串”这种原生数据类型。

在 C++语言中使用模板匹配类型时，为了使字符串与其他原生数据类型一样支持赋值操作，需要对字符串类进行操作符重载。

字符串的值为双引号中的内容，可以在 Go 语言的源码中直接添加非 ASCII 码字符，代码如下：

```
str := "hello world"

ch := "中文"
```

1．字符串转义符

Go 语言的字符串常见转义符包含回车、换行、单双引号、制表符等，如表 2-1 所示。

表 2-1　Go语言的常见转义符

转　移　符	含　　义
\r	回车符（返回行首）
\n	换行符（直接跳到下一行的同列位置）
\t	制表符
\'	单引号
\"	双引号
\\	反斜杠

在 Go 语言源码中使用转义符代码如下：

```
package main

import (
    "fmt"
)
```

```
func main() {

    fmt.Println("str := \"c:\\Go\\bin\\go.exe\"")
}
```

代码输出如下：

```
str := "c:\Go\bin\go.exe"
```

这段代码中将双引号和反斜杠“\”进行转义。

2．字符串实现基于UTF-8编码

Go 语言里的字符串的内部实现使用 UTF-8 编码。通过 rune 类型，可以方便地对每个 UTF-8 字符进行访问。当然，Go 语言也支持按传统的 ASCII 码方式进行逐字符访问。

提示：Python 语言的 2.0 版本不是基于 UTF-8 编码设计，到了 3.0 版才改为 UTF-8 编码设计。因此，使用 2.0 版本时，在编码上会出现很多混乱情况。

同样，C/C++语言的 std::string 在使用 UTF-8 时，经常因为没有方便的 UTF-8 配套封装让编写极为困难。

关于字符串的 UTF-8 字符访问的详细方法，将在 2.6 节详细介绍。

3．定义多行字符串

在源码中，将字符串的值以双引号书写的方式是字符串的常见表达方式，被称为字符串字面量（string literal）。这种双引号字面量不能跨行。如果需要在源码中嵌入一个多行字符串时，就必须使用“`”字符，代码如下：

```
const str = ` 第一行
第二行
第三行
\r\n
`
fmt.Println(str)
```

输出如下：

```
第一行
    第二行
    第三行
    \r\n
```

“`”叫反引号，就是键盘上 1 键左边的键，两个反引号间的字符串将被原样赋值到 str 变量中。

在这种方式下，反引号间换行将被作为字符串中的换行，但是所有的转义字符均无效，文本将会原样输出。

多行字符串一般用于内嵌源码和内嵌数据等，代码如下：

```
const codeTemplate = `// Generated by github.com/davyxu/cellnet/
```

```
protoc-gen-msg
// DO NOT EDIT!{{range .Protos}}
// Source: {{.Name}}{{end}}

package {{.PackageName}}

{{if gt .TotalMessages 0}}
import (
    "github.com/davyxu/cellnet"
    "reflect"
    _ "github.com/davyxu/cellnet/codec/pb"
)
{{end}}

func init() {
    {{range .Protos}}
    // {{.Name}}{{range .Messages}}
    cellnet.RegisterMessageMeta("pb","{{.FullName}}",
reflect.TypeOf((*{{.Name}})(nil)).Elem(), {{.MsgID}}) {{end}}
    {{end}}
}

`
```

这段代码只定义了一个常量 codeTemplate，类型为字符串，使用“`”定义。字符串的内容为一段代码生成中使用到的 Go 源码格式。

在“`”间的所有代码均不会被编译器识别，而只是作为字符串的一部分。

2.2.6　字符

字符串中的每一个元素叫做“字符”。在遍历或者单个获取字符串元素时可以获得字符。Go 语言的字符有以下两种：

- 一种是 uint8 类型，或者叫 byte 型，代表了 ASCII 码的一个字符。
- 另一种是 rune 类型，代表一个 UTF-8 字符。当需要处理中文、日文或者其他复合字符时，则需要用到 rune 类型。rune 类型实际是一个 int32。

使用 fmt.Printf 中的“%T”动词可以输出变量的实际类型，使用这个方法可以查看 byte 和 rune 的本来类型，代码如下：

```
var a byte = 'a'
fmt.Printf("%d %T\n", a, a)

var b rune = '你'
fmt.Printf("%d %T\n", b, b)
```

例子输出如下：

```
97 uint8
20320 int32
```

可以发现，byte 类型的 a 变量，实际类型是 uint8，其值为′a′，对应的 ASCII 编码为 97。

rune 类型的 b 变量的实际类型是 int32，对应的 Unicode 码就是 20320。

Go 使用了特殊的 rune 类型来处理 Unicode，让基于 Unicode 的文本处理更为方便，也可以使用 byte 型进行默认字符串处理，性能和扩展性都有照顾。

UTF-8和Unicode有何区别？

Unicode 是字符集。ASCII 也是一种字符集。

字符集为每个字符分配一个唯一的 ID，我们使用到的所有字符在 Unicode 字符集中都有唯一的一个 ID 对应，例如上面例子中的 a 在 Unicode 与 ASCII 中的编码都是 97。“你”在 Unicode 中的编码为 20320，但是在不同国家的字符集中，“你”的 ID 会不同。而无论任何情况下，Unicode 中的字符的 ID 都是不会变化的。

UTF-8 是编码规则，将 Unicode 中字符的 ID 以某种方式进行编码。UTF-8 的是一种变长编码规则，从 1 到 4 个字节不等。编码规则如下：

- 0xxxxxx 表示文字符号 0～127，兼容 ASCII 字符集。
- 从 128 到 0x10ffff 表示其他字符。

根据这个规则，拉丁文语系的字符编码一般情况下，每个字符依然占用一个字节，而中文每个字符占用 3 个字节。

广义的 Unicode 指一个标准，定义字符集及编码规则，即 Unicode 字符集和 UTF-8、UTF-16 编码等。

2.2.7 切片——能动态分配的空间

切片是一个拥有相同类型元素的可变长度的序列。切片的声明方式如下：

```
var name []T
```

其中，T 代表切片元素类型，可以是整型、浮点型、布尔型、切片、map、函数等。

切片的元素使用“[]”进行访问，在方括号中提供切片的索引即可访问元素，索引的范围从 0 开始，且不超过切片的最大容量。代码如下：

```
01  a := make([]int, 3)
02
03  a[0] = 1
04  a[1] = 2
05  a[3] = 3
```

代码说明如下：

- 第 1 行，创建一个容量为 3 的整型切片。
- 第 3～5 行，为切片元素赋值。

切片还可以在其元素集合内连续地选取一段区域作为新的切片，就像其名字“切片”一样，切出一块区域，形成新的切片。

字符串也可以按切片的方式进行操作，看下面的例子：

```
str := "hello world"
fmt.Println(str[6:])
```

例子输出如下：

```
world
```

切片的使用会在第 3 章中详细介绍。

2.3　转换不同的数据类型

Go 语言使用类型前置加括号的方式进行类型转换，一般格式如下：

```
T(表达式)
```

其中，T 代表要转换的类型。表达式包括变量、复杂算子和函数返回值等。

类型转换时，需要考虑两种类型的关系和范围，是否会发生数值截断等，参见下面代码：

```
package main

import (
    "fmt"
    "math"
)

func main() {

    // 输出各数值范围
    fmt.Println("int8 range:", math.MinInt8, math.MaxInt8)
    fmt.Println("int16 range:", math.MinInt16, math.MaxInt16)
    fmt.Println("int32 range:", math.MinInt32, math.MaxInt32)
    fmt.Println("int64 range:", math.MinInt64, math.MaxInt64)

    // 初始化一个 32 位整型值
    var a int32 = 1047483647
    // 输出变量的十六进制形式和十进制值
    fmt.Printf("int32: 0x%x %d\n", a, a)

    // 将 a 变量数值转换为十六进制，发生数值截断
    b := int16(a)
    // 输出变量的十六进制形式和十进制值
    fmt.Printf("int16: 0x%x %d\n", b, b)

    // 将常量保存为 float32 类型
    var c float32 = math.Pi
    // 转换为 int 类型，浮点发生精度丢失
    fmt.Println(int(c))
}
```

代码说明如下：

- 第 16～19 行，输出常见整型类型的数值范围。
- 第 22 行，声明 int32 类型的 a 变量并初始化。
- 第 24 行，使用 fmt.Printf 的“%x”动词将数值以十六进制格式输出。这一行输出 a 在转换前的 32 位的值。
- 第 27 行，将 a 的值转换为 int16 类型，也就是从 32 位有符号整型转换为 16 位有符号整型。由于 16 位变量没有 32 位变量的数值范围大，因此数值会进行截断。
- 第 29 行，输出转换后的 a 变量值，也就是 b 的值。同样以十六进制和十进制两种方式进行打印。
- 第 32 行，math.Pi 是 math 包的常量，默认没有类型，会在引用到的地方自动根据实际类型进行推导。这里 math.Pi 被存到 c 中，类型为 float32。
- 第 34 行，将 float32 转换为 int 类型并输出。

代码输出如下：

```
int8 range: -128 127
int16 range: -32768 32767
int32 range: -2147483648 2147483647
int64 range: -9223372036854775808 9223372036854775807
int32: 0x3e6f54ff 1047483647
int16: 0x54ff 21759
3
```

根据输出结果，16 位有符号整型的范围是-32768～32767，而 a 变量的 1047483647 不在这个范围内。1047483647 对应的十六进制为 0x3e6f54ff，转为 16 位变量后，长度缩短一半，也就是在十六进制上砍掉一半，变成 0x54ff，对应的十进制值为 21759。

浮点数在转换为整型时，会将小数部分去掉，只保留整数部分。

整型截断在类型转换中发生的较为隐性，有些即为难追查的问题，很小一部分是由整型截断造成。

2.4 指针

指针概念在 Go 语言中被拆分为两个核心概念：

- 类型指针，允许对这个指针类型的数据进行修改。传递数据使用指针，而无须拷贝数据。类型指针不能进行偏移和运算。
- 切片，由指向起始元素的原始指针、元素数量和容量组成。

受益于这样的约束和拆分，Go 语言的指针类型变量拥有指针的高效访问，但又不会发生指针偏移，从而避免非法修改关键性数据问题。同时，垃圾回收也比较容易对不会发生偏移的指针进行检索和回收。

切片比原始指针具备更强大的特性，更为安全。切片发生越界时，运行时会报出宕机，并打出堆栈，而原始指针只会崩溃。

提示： 说到指针，会让许多人“谈虎色变”，尤其对指针偏移、运算、转换都非常恐惧。其实，指针是使 C/C++语言有极高性能的根本，在操作大块数据和做偏移时方便又便捷。因此，操作系统依然使用 C 语言及指针特性进行编写。

C/C++中指针饱受诟病的根本原因是指针运算和内存释放。

C/C++语言中的裸指针可以自由偏移，甚至可以在某些情况下偏移进入操作系统核心区域。我们的计算机操作系统经常需要更新、修复漏洞的本质，是为解决指针越界访问所导致的“缓冲区溢出”。

要明白指针，需要知道几个概念：指针地址、指针类型和指针取值，下面将展开细说。

2.4.1　认识指针地址和指针类型

每个变量在运行时都拥有一个地址，这个地址代表变量在内存中的位置。Go 语言中使用“&”操作符放在变量前面对变量进行“取地址”操作。

格式如下：

```
ptr := &v                          // v 的类型为 T
```

其中 v 代表被取地址的变量，被取地址的 v 使用 ptr 变量进行接收，ptr 的类型就为“*T”，称做 T 的指针类型。“*”代表指针。

指针实际用法，通过下面的例子了解：

```
01  package main
02
03  import (
04      "fmt"
05  )
06
07  func main() {
08
09      var cat int = 1
10
11      var str string = "banana"
12
13      fmt.Printf("%p %p", &cat, &str)
14  }
```

代码说明如下：

- 第 9 行，声明整型 cat 变量。
- 第 11 行，声明字符串 str 变量。
- 第 13 行，使用 fmt.Printf 的动词“%p”输出 cat 和 str 变量取地址后的指针值，指针值带有“0x”的十六进制前缀。

代码输出如下：

```
0xc042052088 0xc0420461b0
```

输出值在每次运行是不同的，代表 cat 和 str 两个变量在运行时的地址。

在 32 位平台上，将是 32 位地址；64 位平台上是 64 位地址。

提示：变量、指针和地址三者的关系是：每个变量都拥有地址，指针的值就是地址。

2.4.2 从指针获取指针指向的值

在对普通变量使用“&”操作符取地址获得这个变量的指针后，可以对指针使用“*”操作，也就是指针取值，代码如下。

代码2-2 指针取值（具体文件：.../chapter02/ptrtakevalue/ptrtakevalue.go）

```
01  package main
02
03  import (
04      "fmt"
05  )
06
07  func main() {
08
09      // 准备一个字符串类型
10      var house = "Malibu Point 10880, 90265"
11
12      // 对字符串取地址，ptr 类型为*string
13      ptr := &house
14
15      // 打印 ptr 的类型
16      fmt.Printf("ptr type: %T\n", ptr)
17
18      // 打印 ptr 的指针地址
19      fmt.Printf("address: %p\n", ptr)
20
21      // 对指针进行取值操作
22      value := *ptr
23
24      // 取值后的类型
25      fmt.Printf("value type: %T\n", value)
26
27      // 指针取值后就是指向变量的值
28      fmt.Printf("value: %s\n", value)
29
30  }
```

代码说明如下：

- 第 10 行，准备一个字符串并赋值。
- 第 13 行，对字符串取地址，将指针保存到 ptr 中。

- 第 16 行，打印 ptr 变量的类型，类型为*string
- 第 19 行，打印 ptr 的指针地址，每次运行都会发生变化。
- 第 22 行，对 ptr 指针变量进行取值操作，value 变量类型为 string。
- 第 25 行，打印取值后 value 的类型。
- 第 28 行，打印 value 的值。

代码输出如下：

```
ptr type: *string
address: 0xc0420401b0
value type: string
value: Malibu Point 10880, 90265
```

取地址操作符“&”和取值操作符“*”是一对互补操作符，“&”取出地址，“*”根据地址取出地址指向的值。

变量、指针地址、指针变量、取地址、取值的相互关系和特性如下：

- 对变量进行取地址（&）操作，可以获得这个变量的指针变量。
- 指针变量的值是指针地址。
- 对指针变量进行取值（*）操作，可以获得指针变量指向的原变量的值。

2.4.3　使用指针修改值

通过指针不仅可以取值，也可以修改值。

前面已经使用多重赋值的方法进行数值交换，使用指针同样可以进行数值交换，代码如下：

```
package main

import "fmt"

// 交换函数
func swap(a, b *int) {

    // 取 a 指针的值，赋给临时变量 t
    t := *a

    // 取 b 指针的值，赋给 a 指针指向的变量
    *a = *b

    // 将 a 指针的值赋给 b 指针指向的变量
    *b = t
}

func main() {

    // 准备两个变量，赋值 1 和 2
    x, y := 1, 2
```

```
22
23      // 交换变量值
24      swap(&x, &y)
25
26      // 输出变量值
27      fmt.Println(x, y)
28  }
```

代码输出如下：

```
2 1
```

代码说明如下：

- 第 6 行，定义一个交换函数，参数为 a、b，类型都为*int，都是指针类型。
- 第 9 行，将 a 指针取值，把值（int 类型）赋给 t 变量，t 此时也是 int 类型。
- 第 12 行，取 b 指针值，赋给 a 变量指向的变量。注意，此时“*a”的意思不是取 a 指针的值，而是“a 指向的变量”。
- 第 15 行，将 t 的值赋给 b 指向的变量。
- 第 21 行，准备 x、y 两个变量，赋值 1 和 2，类型为 int。
- 第 24 行，取出 x 和 y 的地址作为参数传给 swap()函数进行调用。
- 第 27 行，交换完毕时，输出 x 和 y 的值。

“*”操作符作为右值时，意义是取指针的值；作为左值时，也就是放在赋值操作符的左边时，表示 a 指向的变量。其实归纳起来，“*”操作符的根本意义就是操作指针指向的变量。当操作在右值时，就是取指向变量的值；当操作在左值时，就是将值设置给指向的变量。

如果在 swap()函数中交换操作的是指针值，会发生什么情况？可以参考下面代码：

```
package main

import "fmt"

func swap(a, b *int) {

    b, a = a, b
}

func main() {

    x, y := 1, 2

    swap(&x, &y)

    fmt.Println(x, y)
}
```

代码输出如下：

```
1 2
```

结果表明，交换是不成功的。上面代码中的 swap()函数交换的是 a 和 b 的地址，在交换完毕后，a 和 b 的变量值确实被交换。但和 a、b 关联的两个变量并没有实际关联。这就像写有两座房子的卡片放在桌上一字摊开，交换两座房子的卡片后并不会对两座房子有任何影响。

2.4.4 示例：使用指针变量获取命令行的输入信息

Go 语言的 flag 包中，定义的指令以指针类型返回。通过学习 flag 包，可以深入了解指针变量在设计上的方便之处。

下面的代码通过提前定义一些命令行指令和对应变量，在运行时，输入对应参数的命令行参数后，经过 flag 包的解析后即可通过定义的变量获取命令行的数据。

代码2-3　获取命令行输入（具体文件：.../chapter02/flagparse/flagparse.go）

```
01  package main
02
03  // 导入系统包
04  import (
05      "flag"
06      "fmt"
07  )
08
09  // 定义命令行参数
10  var mode = flag.String("mode", "", "process mode")
11
12  func main() {
13
14      // 解析命令行参数
15      flag.Parse()
16
17      // 输出命令行参数
18      fmt.Println(*mode)
19  }
```

代码说明如下：

- 第 10 行，通过 flag.String，定义一个 mode 变量，这个变量的类型是*string。后面 3 个参数分别如下。
  - 参数名称：在给应用输入参数时，使用这个名称。
  - 参数值的默认值：与 flag 所使用的函数创建变量类型对应，String 对应字符串、Int 对应整型、Bool 对应布尔型等。
  - 参数说明：使用-help 时，会出现在说明中。
- 第 15 行，解析命令行参数，并将结果写入创建的指令变量中，这个例子中就是 mode 变量。
- 第 18 行，打印 mode 指针所指向的变量。

将这段代码命名为 main.go，然后使用如下命令行运行：

```
$ go run flagparse.go --mode=fast
```

命令行输出结果如下：

```
fast
```

由于之前使用 flag.String 已经注册了一个 mode 的命令行参数，flag 底层知道怎么解析命令行，并且将值赋给 mode *string 指针。在 Parse 调用完毕后，无须从 flag 获取值，而是通过自己注册的 mode 这个指针，获取到最终的值。代码运行流程如图 2-2 所示。

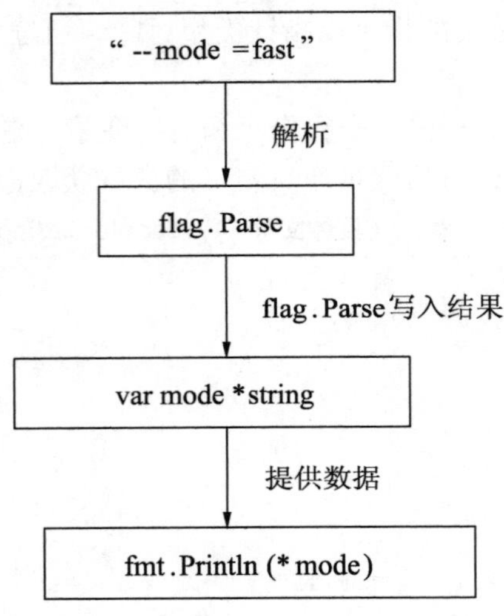

图 2-2　命令行参数与变量间的关系

2.4.5　创建指针的另一种方法——new()函数

Go 语言还提供了另外一种方法来创建指针变量，格式如下：

```
new(类型)
```

一般这样写：

```
str := new(string)
*str = "ninja"

fmt.Println(*str)
```

new()函数可以创建一个对应类型的指针，创建过程会分配内存。被创建的指针指向的值为默认值。

2.5　变量生命期——变量能够使用的代码范围

讨论变量生命期之前，先来了解下计算机组成里两个非常重要的概念：堆和栈。

2.5.1　什么是栈

栈（Stack）是一种拥有特殊规则的线性表数据结构。

1．概念

栈只允许往线性表的一端放入数据，之后在这一端取出数据，按照后进先出（LIFO，Last InFirst Out）的顺序，如图 2-3 所示。

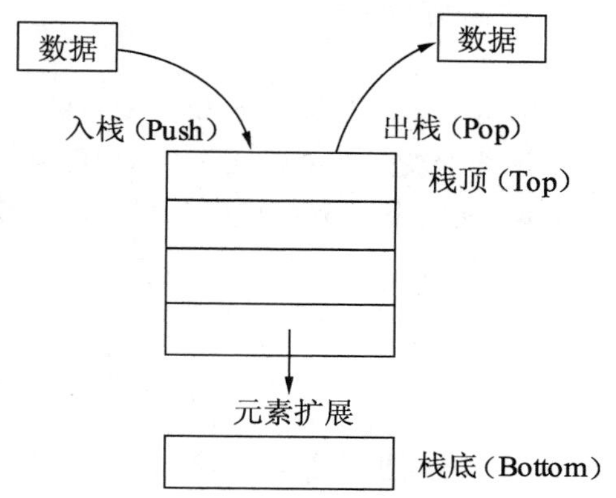

图 2-3　栈的操作及扩展

往栈中放入元素的过程叫做入栈。入栈会增加栈的元素数量，最后放入的元素总是位于栈的顶部，最先放入的元素总是位于栈的底部。

从栈中取出元素时，只能从栈顶部取出。取出元素后，栈的数量会变少。最先放入的元素总是最后被取出，最后放入的元素总是最先被取出。不允许从栈底获取数据，也不允许对栈成员（除栈顶外的成员）进行任何查看和修改操作。

栈的原理类似于将书籍一本一本地堆起来。书按顺序一本一本从顶部放入，要取书时只能从顶部一本一本取出。

2．变量和栈有什么关系

栈可用于内存分配，栈的分配和回收速度非常快。下面代码展示栈在内存分配上的作用，代码如下：

```
func calc(a, b int) int {

    var c int

    c = a * b

    var x int
```

```
08      x = c * 10
09
10      return x
11  }
```

代码说明如下：

- 第 1 行，传入 a、b 两个整型参数。
- 第 3 行，声明 c 整型变量，运行时，c 会分配一段内存用以存储 c 的数值。
- 第 5 行，将 a 和 b 相乘后赋予 c。
- 第 7 行，声明 x 整型变量，x 也会被分配一段内存。
- 第 8 行，让 c 乘以 10 后存储到 x 变量中。
- 第 10 行，返回 x 的值。

上面的代码在没有任何优化情况下，会进行 c 和 x 变量的分配过程。Go 语言默认情况下会将 c 和 x 分配在栈上，这两个变量在 calc()函数退出时就不再使用，函数结束时，保存 c 和 x 的栈内存再出栈释放内存，整个分配内存的过程通过栈的分配和回收都会非常迅速。

2.5.2 什么是堆

堆在内存分配中类似于往一个房间里摆放各种家具，家具的尺寸有大有小。分配内存时，需要找一块足够装下家具的空间再摆放家具。经过反复摆放和腾空家具后，房间里的空间会变得乱七八糟，此时再往空间里摆放家具会存在虽然有足够的空间，但各空间分布在不同的区域，无法有一段连续的空间来摆放家具的问题。此时，内存分配器就需要对这些空间进行调整优化，如图 2-4 所示。

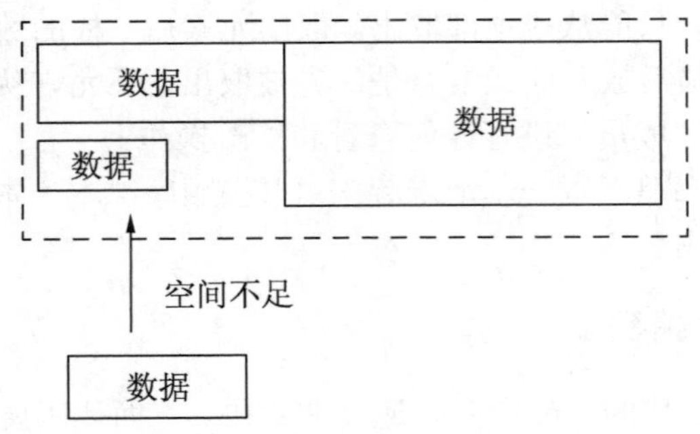

图 2-4　堆的分配及空间

堆分配内存和栈分配内存相比，堆适合不可预知大小的内存分配。但是为此付出的代价是分配速度较慢，而且会形成内存碎片。

2.5.3 变量逃逸（Escape Analysis）——自动决定变量分配方式，提高运行效率

堆和栈各有优缺点，该怎么在编程中处理这个问题呢？在 C/C++语言中，需要开发者自己学习如何进行内存分配，选用怎样的内存分配方式来适应不同的算法需求。比如，函数局部变量尽量使用栈；全局变量、结构体成员使用堆分配等。程序员不得不花费很多年的时间在不同的项目中学习、记忆这些概念并加以实践和使用。

Go 语言将这个过程整合到编译器中，命名为“变量逃逸分析”。这个技术由编译器分析代码的特征和代码生命期，决定应该如何堆还是栈进行内存分配，即使程序员使用 Go 语言完成了整个工程后也不会感受到这个过程。

1. 逃逸分析

使用下面的代码来展现 Go 语言如何通过命令行分析变量逃逸，代码如下：

```
01  package main
02
03  import "fmt"
04
05  // 本函数测试入口参数和返回值情况
06  func dummy(b int) int {
07
08      // 声明一个 c 赋值进入参数并返回
09      var c int
10      c = b
11
12      return c
13  }
14
15  // 空函数，什么也不做
16  func void() {
17
18  }
19
20  func main() {
21
22      // 声明 a 变量并打印
23      var a int
24
25      // 调用 void()函数
26      void()
27
28      // 打印 a 变量的值和 dummy()函数返回
29      fmt.Println(a, dummy(0))
30  }
```

代码说明如下：

- 第 6 行，dummy()函数拥有一个参数，返回一个整型值，测试函数参数和返回值分

析情况。

- 第 9 行，声明 c 变量，这里演示函数临时变量通过函数返回值返回后的情况。
- 第 16 行，这是一个空函数，测试没有任何参数函数的分析情况。
- 第 23 行，在 main()中声明 a 变量，测试 main()中变量的分析情况。
- 第 26 行，调用 void()函数，没有返回值，测试 void()调用后的分析情况。
- 第 29 行，打印 a 和 dummy(0)的返回值，测试函数返回值没有变量接收时的分析情况。

接着使用如下命令行运行上面的代码：

```
$ go run -gcflags "-m -l" main.go
```

使用 go run 运行程序时，-gcflags 参数是编译参数。其中-m 表示进行内存分配分析，-l 表示避免程序内联，也就是避免进行程序优化。

运行结果如下：

```
01  # command-line-arguments
02  ./main.go:29:13: a escapes to heap
03  ./main.go:29:22: dummy(0) escapes to heap
04  ./main.go:29:13: main ... argument does not escape
05  0 0
```

程序运行结果分析如下：

- 输出第 2 行告知“main 的第 29 行的变量 a 逃逸到堆”。
- 第 3 行告知“dummy(0)调用逃逸到堆”。由于 dummy()函数会返回一个整型值，这个值被 fmt.Println 使用后还是会在其声明后继续在 main()函数中存在。
- 第 4 行，这句提示是默认的，可以忽略。

上面例子中变量 c 是整型，其值通过 dummy()的返回值“逃出”了 dummy()函数。c 变量值被复制并作为 dummy()函数返回值返回，即使 c 变量在 dummy()函数中分配的内存被释放，也不会影响 main()中使用 dummy()返回的值。c 变量使用栈分配不会影响结果。

2. 取地址发生逃逸

下面的例子使用结构体做数据，了解在堆上分配的情况，代码如下：

```
package main

import "fmt"

// 声明空结构体测试结构体逃逸情况
type Data struct {
}

func dummy() *Data {

    // 实例化 c 为 Data 类型
    var c Data
```

```
13
14      //返回函数局部变量地址
15      return &c
16  }
17
18  func main() {
19
20      fmt.Println(dummy())
21  }
```

代码说明如下：

- 第 6 行，声明一个空的结构体做结构体逃逸分析。
- 第 9 行，将 dummy()函数的返回值修改为*Data 指针类型。
- 第 12 行，将 c 变量声明为 Data 类型，此时 c 的结构体为值类型。
- 第 15 行，取函数局部变量 c 的地址并返回。Go 语言的特性允许这样做。
- 第 20 行，打印 dummy()函数的返回值。

执行逃逸分析：

```
01  $ go run -gcflags "-m -l" main.go
02  # command-line-arguments
03  ./main.go:15:9: &c escapes to heap
04  ./main.go:12:6: moved to heap: c
05  ./main.go:20:19: dummy() escapes to heap
06  ./main.go:20:13: main ... argument does not escape
07  &{}
```

注意第 4 行出现了新的提示：将 c 移到堆中。这句话表示，Go 编译器已经确认如果将 c 变量分配在栈上是无法保证程序最终结果的。如果坚持这样做，dummy()的返回值将是 Data 结构的一个不可预知的内存地址。这种情况一般是 C/C++语言中容易犯错的地方：引用了一个函数局部变量的地址。

Go 语言最终选择将 c 的 Data 结构分配在堆上。然后由垃圾回收器去回收 c 的内存。

3. 原则

在使用 Go 语言进行编程时，Go 语言的设计者不希望开发者将精力放在内存应该分配在栈还是堆上的问题。编译器会自动帮助开发者完成这个纠结的选择。但变量逃逸分析也是需要了解的一个编译器技术，这个技术不仅用于 Go 语言，在 Java 等语言的编译器优化上也使用了类似的技术。

编译器觉得变量应该分配在堆和栈上的原则是：

- 变量是否被取地址。
- 变量是否发生逃逸。

2.6 字符串应用

在前面的章节中简单介绍了 Go 语言中的字符串类型。字符串类型在业务中的应用可以说是最广泛的，所以本节将详细讲解字符串的常见用法，方便从其他语言转型或者第一次学习 Go 语言的朋友快速上手，搞定业务！

2.6.1 计算字符串长度

Go 语言的内建函数 len()，可以用来获取切片、字符串、通道（channel）等的长度。下面的代码可以用 len()来获取字符串的长度。

```
tip1 := "genji is a ninja"
fmt.Println(len(tip1))

tip2 := "忍者"
fmt.Println(len(tip2))
```

程序输出如下：

```
16
6
```

len()函数的返回值的类型为 int，表示字符串的 ASCII 字符个数或字节长度。

- 输出中第一行的 16 表示 tip1 的字符个数为 16。
- 输出中第二行的 6 表示 tip2 的字符格式，也就是“忍者”的字符个数是 6，然而根据习惯，“忍者”的字符个数应该是 2。

这里的差异是由于 Go 语言的字符串都以 UTF-8 格式保存，每个中文占用 3 个字节，因此使用 len()获得两个中文文字对应的 6 个字节。

如果希望按习惯上的字符个数来计算，就需要使用 Go 语言中 UTF-8 包提供的 RuneCountInString()函数，统计 Uncode 字符数量。

下面的代码展示如何计算 UTF-8 的字符个数。

```
fmt.Println(utf8.RuneCountInString("忍者"))

fmt.Println(utf8.RuneCountInString("龙忍出鞘,fight!"))
```

程序输出如下：

```
2
11
```

一般游戏中在登录时都需要输入名字，而名字一般有长度限制。考虑到国人习惯使用中文做名字，就需要检测字符串 UTF-8 格式的长度。

总结：

- ASCII 字符串长度使用 len()函数。
- Unicode 字符串长度使用 utf8.RuneCountInString()函数。

2.6.2 遍历字符串——获取每一个字符串元素

遍历字符串有下面两种写法。

1. 遍历每一个ASCII字符

遍历 ASCII 字符使用 for 的数值循环进行遍历，直接取每个字符串的下标获取 ASCII 字符，如下面的例子所示。

```
theme := "狙击 start"

for i := 0; i < len(theme); i++ {
    fmt.Printf("ascii: %c  %d\n", theme[i], theme[i])
}
```

代码输出如下：

```
ascii: ç  231
ascii:     139
ascii:     153
ascii: å  229
ascii:     135
ascii: »  187
ascii:    32
ascii: s  115
ascii: t  116
ascii: a  97
ascii: r  114
ascii: t  116
```

这种模式下取到的汉字“惨不忍睹”。由于没有使用 Unicode，汉字被显示为乱码。

2. 按Unicode字符遍历字符串

同样的内容：

```
theme := "狙击 start"

for _, s := range theme {
    fmt.Printf("Unicode: %c  %d\n", s, s)
}
```

程序输出如下：

```
Unicode: 狙  29401
Unicode: 击  20987
Unicode:    32
Unicode: s  115
```

```
Unicode: t  116
Unicode: a  97
Unicode: r  114
Unicode: t  116
```

可以看到，这次汉字可以正常输出了。

总结：

- ASCII 字符串遍历直接使用下标。
- Unicode 字符串遍历用 for range。

2.6.3 获取字符串的某一段字符

获取字符串的某一段字符是开发中常见的操作。我们一般将字符串中的某一段字符称做："子串"，英文对应 substring。

下面例子中使用 strings.Index()函数在字符串中搜索另外一个子串，代码如下：

```
01  tracer := "死神来了，死神 bye bye"
02  comma := strings.Index(tracer, "，")
03
04  pos := strings.Index(tracer[comma:], "死神")
05
06  fmt.Println(comma, pos, tracer[comma+pos:])
```

程序输出如下：

```
12  3 死神 bye bye
```

代码说明如下：

- 第 2 行尝试在 tracer 的字符串中搜索中文的逗号，返回的位置存在 comma 变量中，类型是 int，表示从 tracer 字符串开始的 ASCII 码位置。

strings.Index()函数并没有像其他语言一样，提供一个从某偏移开始搜索的功能。不过我们可以对字符串进行切片操作来实现这个逻辑。

- 第 4 行中，tracer[comma:]从 tracer 的 comma 位置开始到 tracer 字符串的结尾构造一个子字符串，返回给 string.Index()进行再索引。得到的 pos 是相对于 tracer[comma:]的结果。

comma 逗号的位置是 12，而 pos 是相对位置，值为 3。我们为了获得第二个死神的位置，也就是逗号后面的字符串，就必须让 comma 加上 pos 的相对偏移，计算出 15 的偏移，然后再通过切片 tracer[comma+pos:]计算出最终的子串，获得最终的结果："死神 bye bye"。

总结：

字符串索引比较常用的有如下几种方法。

- strings.Index：正向搜索子字符串。
- strings.LastIndex：反向搜索子字符串。
- 搜索的起始位置可以通过切片偏移制作。

2.6.4　修改字符串

Go 语言的字符串无法直接修改每一个字符元素，只能通过重新构造新的字符串并赋值给原来的字符串变量实现。请参考下面的代码：

```
01      angel := "Heros never die"
02
03      angleBytes := []byte(angel)
04
05      for i := 5; i <= 10; i++ {
06          angleBytes[i] = ' '
07      }
08
09      fmt.Println(string(angleBytes))
```

代码说明如下：

- 在第 3 行中，将字符串转为字符串数组。
- 第 5～7 行利用循环，将 never 单词替换为空格。
- 最后打印结果。

程序输出如下：

```
Heros       die
```

感觉我们通过代码达成了修改字符串的过程，但真实的情况是：

Go 语言中的字符串和其他高级语言（Java、C#）一样，默认是不可变的（immutable）

字符串不可变有很多好处，如天生线程安全，大家使用的都是只读对象，无须加锁；再者，方便内存共享，而不必使用写时复制（Copy On Write）等技术；字符串 hash 值也只需要制作一份。

所以说，代码中实际修改的是[]byte，[]byte 在 Go 语言中是可变的，本身就是一个切片。

在完成了对[]byte 操作后，在第 9 行，使用 string()将[]byte 转为字符串时，重新创造了一个新的字符串。

总结：

- Go 语言的字符串是不可变的。
- 修改字符串时，可以将字符串转换为[]byte 进行修改。
- []byte 和 string 可以通过强制类型转换互转。

2.6.5　连接字符串

连接字符串这么简单，还需要学吗？确实，Go 语言和大多数其他语言一样，使用“+”对字符串进行连接操作，非常直观。

但问题来了，好的事物并非完美，简单的东西未必高效。除了加号连接字符串，Go

语言中也有类似于 StringBuilder 的机制来进行高效的字符串连接，例如：

```
hammer := "吃我一锤"

sickle := "死吧"

// 声明字节缓冲
var stringBuilder bytes.Buffer

// 把字符串写入缓冲
stringBuilder.WriteString(hammer)
stringBuilder.WriteString(sickle)

// 将缓冲以字符串形式输出
fmt.Println(stringBuilder.String())
```

bytes.Buffer 是可以缓冲并可以往里面写入各种字节数组的。字符串也是一种字节数组，使用 WriteString()方法进行写入。

将需要连接的字符串，通过调用 WriteString()方法，写入 stringBuilder 中，然后再通过 stringBuilder.String()方法将缓冲转换为字符串。

2.6.6 格式化

格式化在逻辑中非常常用。使用格式化函数，要注意写法：

```
fmt.Sprintf(格式化样式，参数列表…)
```

- 格式化样式：字符串形式，格式化动词以%开头。
- 参数列表：多个参数以逗号分隔，个数必须与格式化样式中的个数一一对应，否则运行时会报错。

在 Go 语言中，格式化的命名延续 C 语言风格：

```
var progress = 2
var target = 8

// 两参数格式化
title := fmt.Sprintf("已采集%d 个药草，还需要%d 个完成任务", progress, target)

fmt.Println(title)

pi := 3.14159
// 按数值本身的格式输出
variant := fmt.Sprintf("%v %v %v", "月球基地", pi, true)

fmt.Println(variant)

// 匿名结构体声明，并赋予初值
profile := &struct {
    Name string
    HP   int
```

```
}{
    Name: "rat",
    HP:   150,
}

fmt.Printf("使用'%%+v' %+v\n", profile)

fmt.Printf("使用'%%#v' %#v\n", profile)

fmt.Printf("使用'%%T' %T\n", profile)
```

代码输出如下：

```
已采集 2 个药草，还需要 8 个完成任务
"月球基地" 3.14159 true
使用'%+v' &{Name:rat HP:150}
使用'%#v' &struct { Name string; HP int }{Name:"rat", HP:150}
使用'%T' *struct { Name string; HP int }C 语言中，使用%d 代表整型参数
```

表 2-2 中标出了常用的一些格式化样式中的动词及功能。

表 2-2　字符串格式化时常用动词及功能

动　　词	功　　能
%v	按值的本来值输出
%+v	在%v基础上，对结构体字段名和值进行展开
%#v	输出Go语言语法格式的值
%T	输出Go语言语法格式的类型和值
%%	输出%本体
%b	整型以二进制方式显示
%o	整型以八进制方式显示
%d	整型以十进制方式显示
%x	整型以十六进制方式显示
%X	整型以十六进制、字母大写方式显示
%U	Unicode字符
%f	浮点数
%p	指针，十六进制方式显示

2.6.7　示例：Base64 编码——电子邮件的基础编码格式

Base64 编码是常见的对 8 比特字节码的编码方式之一。Base64 可以使用 64 个可打印字符来表示二进制数据，电子邮件就是使用这种编码。

Go 语言的标准库自带了 Base64 编码算法，通过几行代码就可以对数据进行编码，示例代码如下。

代码2-4　Base64编码（具体文件：.../chapter02/base64codec/base64codec.go）

```
01  package main
02
03  import (
04      "encoding/base64"
05      "fmt"
06  )
07
08  func main() {
09
10      // 需要处理的字符串
11      message := "Away from keyboard. https://golang.org/"
12
13      // 编码消息
14      encodedMessage := base64.StdEncoding.EncodeToString([]byte(message))
15
16      // 输出编码完成的消息
17      fmt.Println(encodedMessage)
18
19      // 解码消息
20      data, err := base64.StdEncoding.DecodeString(encodedMessage)
21
22      // 出错处理
23      if err != nil {
24          fmt.Println(err)
25      } else {
26          // 打印解码完成的数据
27          fmt.Println(string(data))
28      }
29  }
```

代码说明如下：

- 第 11 行为需要编码的消息，消息可以是字符串，也可以是二进制数据。
- 第 14 行，base64 包有多种编码方法，这里使用 base64.StdEnoding 的标准编码方法进行编码。传入的字符串需要转换为字节数组才能供这个函数使用。
- 第 17 行，编码完成后一定会输出字符串类型，打印输出。
- 第 20 行，解码时可能会发生错误，使用 err 变量接收错误。
- 第 24 行，出错时，打印错误。
- 第 27 行，正确时，将返回的字节数组（[]byte）转换为字符串。

2.6.8　示例：从 INI 配置文件中查询需要的值

INI 文件格式是一种古老的配置文件格式。一些操作系统、虚幻游戏引擎、GIT 版本管理中都在使用 INI 文件格式。下面用从 GIT 版本管理的配置文件中截取的一部分内容，展示 INI 文件的样式。

```
[core]
repositoryformatversion = 0
filemode = false
bare = false
logallrefupdates = true
symlinks = false
ignorecase = true
hideDotFiles = dotGitOnly
[remote "origin"]
url = https://github.com/davyxu/cellnet
fetch = +refs/heads/*:refs/remotes/origin/*
[branch "master"]
remote = origin
merge = refs/heads/master
```

1．INI文件的格式

- INI 文件由多行文本组成，整个配置由“[]”拆分为多个“段”(section)。每个段中又以“=”分割为“键”和“值”。
- INI 文件以“;”置于行首视为注释，本行将不会被处理和识别。

INI 文件格式如下：

```
[section1]
key1=value1
key2=value2
...
[section2]
...
```

2．从INI文件中取值的函数

熟悉了 INI 文件的格式后，开始准备读取 INI 文件，并从文件中获取需要的数据。

代码2-5　INI文件读取（具体文件：.../chapter02/inireader/inireader.go）

本例并不是将整个 INI 文件读取保存后再获取需要的字段数据并返回，这里使用 getValue()函数，每次从指定文件中找到需要的段（Section）及键（Key）对应的值。

getValue()函数的声明如下：

```
func getValue(filename, expectSection, expectKey string) string
```

参数说明如下。

- filename：INI 文件的文件名。
- expectSection：期望读取的段。
- expectKey：期望读取段中的键。

getValue()函数的实际使用例子参考代码如下：

```
func main() {

    fmt.Println(getValue("example.ini", "remote \"origin\"", "fetch"))

```

```
05      fmt.Println(getValue("example.ini", "core", "hideDotFiles"))
06  }
```

运行完整代码后输出如下：

```
+refs/heads/*:refs/remotes/origin/*
dotGitOnly
```

代码输出中，“+refs/heads/*:refs/remotes/origin/*”表示 INI 文件中"remote"和"origin"段的"fetch"键对应的值；dotGitOnly 表示 INI 文件中"core"段中的键为"hideDotFiles"的值。

注意代码第 3 行中，由于段名中包含双引号，所以使用“\”进行转义。

getValue()函数的逻辑由 4 部分组成：即读取文件、读取行文本、读取段和读取键值组成。接下来分步骤了解 getValue()函数的详细处理过程。

3．读取文件

Go 语言的 os 包中提供了文件打开函数 os.Open()。文件读取完成后需要及时关闭，否则文件会发生占用，系统无法释放缓冲资源。参考下面代码：

```
01  // 打开文件
02  file, err := os.Open(filename)
03
04  // 文件找不到，返回空
05  if err != nil {
06      return ""
07  }
08
09  // 在函数结束时，关闭文件
10  defer file.Close()
```

代码说明如下：

- 第 2 行，filename 是由 getValue()函数参数提供的 INI 的文件名。使用 os.Open()函数打开文件，如果成功打开，会返回文件句柄，同时返回打开文件时可能发生的错误：err。
- 第 5 行，如果文件打开错误，err 将不为 nil，此时 getValue()函数返回一个空的字符串，表示无法从给定的 INI 文件中获取到需要的值。
- 第 10 行，使用 defer 延迟执行函数，defer 并不会在这一行执行，而是延迟在任何一个 getValue()函数的返回点，也就是函数退出的地方执行。调用 file.Close()函数后，打开的文件就会被关闭并释放系统资源。

INI 文件已经打开了，接下来就可以开始读取 INI 的数据了。

4．读取行文本

INI 文件的格式是由多行文本组成，因此需要构造一个循环，不断地读取 INI 文件的所有行。Go 语言总是将文件以二进制格式打开，通过不同的读取方式对二进制文件进行操作。Go 语言对二进制读取有专门的代码抽象，bufio 包即可以方便地以比较常见的方式读取二进制文件。

```
01  // 使用读取器读取文件
02  reader := bufio.NewReader(file)
03
04  // 当前读取的段的名字
05  var sectionName string
06
07  for {
08
09      // 读取文件的一行
10      linestr, err := reader.ReadString('\n')
11      if err != nil {
12          break
13      }
14
15      // 切掉行左右两边的空白字符
16      linestr = strings.TrimSpace(linestr)
17
18      // 忽略空行
19      if linestr == "" {
20          continue
21      }
22
23      // 忽略注释
24      if linestr[0] == ';' {
25          continue
26      }
27
28      // 读取段和键值的代码
29      // ...
30
31  }
```

代码说明如下：

- 第 2 行，使用 bufio 包提供的 NewReader()函数，传入文件并构造一个读取器。
- 第 5 行，提前声明段的名字字符串，方便后面的段和键值读取。
- 第 7 行，构建一个读取循环，不断地读取文件中的每一行。
- 第 10 行，使用 reader.ReadString()从文件中读取字符串，直到碰到“\n”，也就是行结束。这个函数返回读取到的行字符串（包括“\n”）和可能的读取错误 err，例如文件读取完毕。
- 第 16 行，每一行的文本可能会在标识符两边混杂有空格、回车符、换行符等不可见的空白字符，使用 strings.TrimSpace()可以去掉这些空白字符。
- 第 19 行，可能存在空行的情况，继续读取下一行，忽略空行。
- 第 24 行，当行首的字符为“；”分号时，表示这一行是注释行，忽略一整行的读取。

读取 INI 文本文件时，需要注意各种异常情况。文本中的空白符就是经常容易忽略的部分，空白符在调试时完全不可见，需要打印出字符的 ASCII 码才能辨别。

抛开各种异常情况拿到了每行的行文本 linestr 后，就可以方便地读取 INI 文件的段和键值了。

5. 读取段

行字符串 linestr 已经去除了空白字符串，段的起止符又以“[”开头，以“]”结尾，因此可以直接判断行首和行尾的字符串匹配段的起止符匹配时读取的是段，如图 2-5 所示。

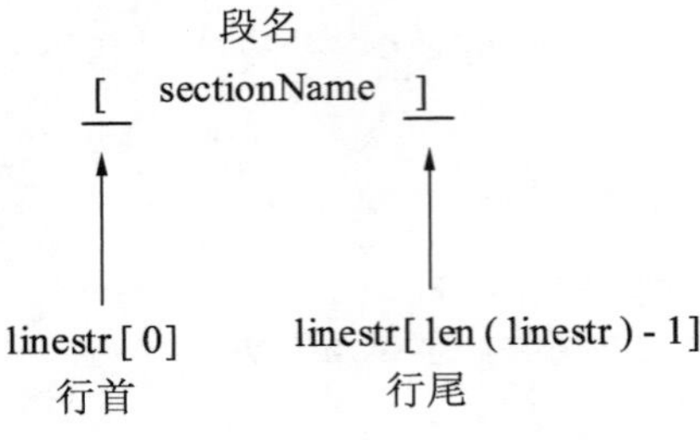

图 2-5　INI 文件的段名解析

此时，段只是一个标识，而无任何内容，因此需要将段的名字取出保存在 sectionName（已在之前的代码中定义）中，待读取段后面的键值对时使用。

```
01 // 行首和尾巴分别是方括号的，说明是段标记的起止符
02 if linestr[0] == '[' && linestr[len(linestr)-1] == ']' {
03
04     // 将段名取出
05     sectionName = linestr[1 : len(linestr)-1]
06
07     // 这个段是希望读取的
08 }
```

代码说明如下：

- 第 2 行，linestr[0]表示行首的字符，len(linestr)-1 取出字符串的最后一个字符索引随后取出行尾的字符。根据两个字符串是否匹配方括号，断定当前行是否为段。
- 第 5 行，linestr 两边的“[”和“]”去掉，取出中间的段名保存在 sectionName 中，留着后面的代码用。

6. 读取键值

这里代码紧接着前面的代码。当前行不是段时（不以“[”开头），那么行内容一定是键值对。别忘记此时 getValue()的参数对段有匹配要求。找到能匹配段的键值对后，开始对键值对进行解析，参考下面的代码：

```
else if sectionName == expectSection {

    // 切开等号分割的键值对
```

```
04        pair := strings.Split(linestr, "=")
05
06        // 保证切开只有 1 个等号分割的键值情况
07        if len(pair) == 2 {
08
09            // 去掉键的多余空白字符
10            key := strings.TrimSpace(pair[0])
11
12            // 是期望的键
13            if key == expectKey {
14
15                // 返回去掉空白字符的值
16                return strings.TrimSpace(pair[1])
17            }
18        }
19
20    }
```

代码说明如下：

- 第 1 行，当前的段匹配期望的段时，进行后面的解析。
- 第 4 行，对行内容（linestr）通过 strings.Split()函数进行切割，INI 的键值对使用“=”分割，分割后，strings.Split()函数会返回字符串切片，类型为[]string。这里只考虑一个“=”的情况，因此被分割后，strings.Split()函数返回的字符串切片有 2 个元素。
- 第 7 行，只考虑切割出 2 个元素的情况。其他情况会被忽略，如没有“=”、行中多余一个“=”等情况。
- 第 10 行，pair[0]表示“=”左边的键。使用 strings.TrimSpace()函数去掉空白符，如图 2-6 所示。
- 第 13 行，键值对切割出后，还需要判断键是否为期望的键。
- 第 16 行，匹配期望的键时，将 pair[1]中保存的键对应的值经过去掉空白字符处理后作为函数返回值返回。

键		值
key	=	value
pair[0]		pair[1]

图 2-6　INI 的键值解析

2.7　常量——恒定不变的值

相对于变量，常量是恒定不变的值，例如圆周率。

可以在编译时，对常量表达式进行计算求值，并在运行期使用该计算结果，计算结果无法被修改。

常量表示起来非常简单，如下面的代码：

```
const pi = 3.141592

const e = 2.718281
```

常量的声明和变量声明非常类似，只是把 var 换成了 const。

多个变量可以一起声明，类似的，常量也是可以多个一起声明的，如下面的代码：

```
const (
    pi = 3.141592

    e = 2.718281
)
```

常量因为在编译期确定，所以可以用于数组声明，如下面的代码：

```
const size = 4

var arr [size]int
```

2.7.1 枚举——一组常量值

Go 语言中现阶段没有枚举，可以使用常量配合 iota 模拟枚举。

```
01  type Weapon int
02
03  const (
04          Arrow Weapon = iota             // 开始生成枚举值，默认为 0
05          Shuriken
06          SniperRifle
07          Rifle
08          Blower
09  )
10
11  // 输出所有枚举值
12  fmt.Println(Arrow, Shuriken, SniperRifle, Rifle, Blower)
13
14  // 使用枚举类型并赋初值
15  var weapon Weapon = Blower
16  fmt.Println(weapon)
```

代码输出如下：

```
0 1 2 3 4
4
```

代码说明如下：

- 第 1 行中将 int 定义为 Weapon 类型，就像枚举类型其实本质是一个 int 一样。当然，某些情况下，如果需要 int32 和 int64 的枚举，也是可以的。
- 第 4 行中，将 Arrow 常量的类型标识为 Weapon，这样标识后，const 下方的常量可以是默认类型的，默认时，默认使用前面指定的类型作为常量类型。该行使用 iota 进行常量值自动生成。iota 起始值为 0，一般情况下也是建议枚举从 0 开始，让每个枚举类型都有一个空值，方便业务和逻辑的灵活使用。

一个 const 声明内的每一行常量声明，将会自动套用前面的 iota 格式，并自动增加。这种模式有点类似于电子表格中的单元格自动填充。只需要建立好单元格之间的变化关系，拖动右下方的小点就可以自动生成单元格的值。

当然，iota 不仅只生成每次增加 1 的枚举值。我们还可以利用 iota 来做一些强大的枚举常量值生成器。下面的代码可以方便生成标志位常量：

```
01  const (
02      FlagNone = 1 << iota
03      FlagRed
04      FlagGreen
05      FlagBlue
06  )
07
08  fmt.Printf("%d %d %d\n", FlagRed, FlagGreen, FlagBlue)
09  fmt.Printf("%b %b %b\n", FlagRed, FlagGreen, FlagBlue)
```

代码输出如下：

```
2 4 8
10 100 1000
```

在代码中编写一些标志位时，我们往往手动编写常量值，如果常量值特别多时，很容易重复或者写错。因此，使用 iota 自动生成较为方便。

代码说明如下：

- 第 2 行中 iota 使用了一个移位操作，每次将上一次的值左移一位，以做出每一位的常量值。
- 第 8 行，将 3 个枚举按照常量输出，分别输出 2、4、8，都是将 1 每次左移一位的结果。
- 第 9 行，将枚举值按二进制格式输出，可以清晰地看到每一位的变化。

2.7.2 将枚举值转换为字符串

枚举在 C#语言中是一个独立的类型，可以通过枚举值获取值对应的字符串。例如，C#中 Week 枚举值 Monday 为 1，那么可以通过 Week.Monday.ToString()函数获得 Monday 字符串。

Go 语言中也可以实现这一功能，见下面的例子。

代码2-6　转换字符串（具体文件：…/chapter02/const2str/const2str.go）

```
package main

import "fmt"

// 声明芯片类型
type ChipType int

const (
    None ChipType = iota
    CPU                              // 中央处理器
    GPU                              // 图形处理器
)
```

```
13
14  func (c ChipType) String() string {
15      switch c {
16      case None:
17          return "None"
18      case CPU:
19          return "CPU"
20      case GPU:
21          return "GPU"
22      }
23
24      return "N/A"
25  }
26
27  func main() {
28
29      // 输出 CPU 的值并以整型格式显示
30      fmt.Printf("%s %d", CPU, CPU)
31  }
```

代码说明如下：

- 第 6 行，将 int 声明为 ChipType 芯片类型。
- 第 9 行，将 const 里定义的一句常量值设为 ChipType 类型，且从 0 开始，每行值加 1。
- 第 14 行，定义 ChipType 类型的方法 String()，返回字符串。
- 第 15～22 行，使用 switch 语句判断当前的 ChitType 类型的值，返回对应的字符串。
- 第 30 行，输出 CPU 的值并按整型格式输出。

代码输出：

```
CPU 1
```

使用 String()方法的 ChipType 在使用上和普通的常量没有区别。当这个类型需要显示为字符串时，Go 语言会自动寻找 String()方法并进行调用。

2.8 类型别名（Type Alias）

注意：本节内容涉及 Go 语言新版本的功能。内容上会涉及后续章节讲解的类型定义及结构体嵌入等特性。另外，本节内容适用于对 Go 语言很熟悉且正在关注工程升级、代码重构等问题的读者阅读。

类型别名是 Go 1.9 版本添加的新功能。主要用于代码升级、迁移中类型的兼容性问题。在 C/C++语言中，代码重构升级可以使用宏快速定义新的一段代码。Go 语言中没有选择加入宏，而是将解决重构中最麻烦的类型名变更问题。

在 Go 1.9 版本之前的内建类型定义的代码是这样写的：

```
type byte uint8
```

```
type rune int32
```

而在 Go 1.9 版本之后变为：

```
type byte = uint8

type rune = int32
```

这个修改就是配合类型别名而进行的修改。

2.8.1　区分类型别名与类型定义

类型别名的写法为：

```
type TypeAlias = Type
```

类型别名规定：TypeAlias 只是 Type 的别名，本质上 TypeAlias 与 Type 是同一个类型。就像一个孩子小时候有小名、乳名，上学后用学名，英语老师又会给他起英文名，但这些名字都指的是他本人。

类型别名与类型定义表面上看只有一个等号的差异，那么它们之间实际的区别有哪些呢？下面通过一段代码来理解。

```
01  package main
02
03  import (
04      "fmt"
05  )
06
07  // 将 NewInt 定义为 int 类型
08  type NewInt int
09
10  // 将 int 取一个别名叫 IntAlias
11  type IntAlias = int
12
13  func main() {
14
15      // 将 a 声明为 NewInt 类型
16      var a NewInt
17      // 查看 a 的类型名
18      fmt.Printf("a type: %T\n", a)
19
20      // 将 a2 声明为 IntAlias 类型
21      var a2 IntAlias
22      // 查看 a2 的类型名
23      fmt.Printf("a2 type: %T\n", a2)
24  }
```

代码说明如下：

- 第 8 行，将 NewInt 定义为 int 类型，这是常见定义类型的方法，通过 type 关键字的定义，NewInt 会形成一种新的类型。NewInt 本身依然具备 int 的特性。

- 第 11 行，将 IntAlias 设置为 int 的一个别名，使用 IntAlias 与 int 等效。
- 第 16 行，将 a 声明为 NewInt 类型，此时若打印，则 a 的值为 0。
- 第 18 行，使用%T 格式化参数，显示 a 变量本身的类型。
- 第 21 行，将 a2 声明为 IntAlias 类型，此时打印 a2 的值为 0。
- 第 23 行，显示 a2 变量的类型。

运行代码，输出如下：

```
a type: main.NewInt
a2 type: int
```

结果显示 a 的类型是 main.NewInt，表示 main 包下定义的 NewInt 类型。a2 类型是 int。IntAlias 类型只会在代码中存在，编译完成时，不会有 IntAlias 类型。

2.8.2 非本地类型不能定义方法

能够随意地为各种类型起名字，是否意味着可以在自己包里为这些类型任意添加方法？参见下面的代码演示：

```
01  package main
02
03  import (
04      "time"
05  )
06
07  // 定义 time.Duration 的别名为 MyDuration
08  type MyDuration = time.Duration
09
10  // 为 MyDuration 添加一个函数
11  func (m MyDuration) EasySet(a string) {
12
13  }
14
15  func main() {
16
17  }
```

代码说明如下：

- 第 8 行，使用类型别名为 time.Duration 设定一个别名叫 MyDuration。
- 第 11 行，为这个别名添加一个方法。

编译上面代码报错，信息如下：

```
cannot define new methods on non-local type time.Duration
```

编译器提示：不能在一个非本地的类型 time.Duration 上定义新方法。非本地方法指的就是使用 time.Duration 的代码所在的包，也就是 main 包。因为 time.Duration 是在 time 包中定义的，在 main 包中使用。time.Duration 包与 main 包不在同一个包中，因此不能为不在一个包中的类型定义方法。

解决这个问题有下面两种方法：

- 将第 8 行修改为 type MyDuration time.Duration，也就是将 MyDuration 从别名改为类型。
- 将 MyDuration 的别名定义放在 time 包中。

2.8.3　在结构体成员嵌入时使用别名

当类型别名作为结构体嵌入的成员时会发生什么情况？请参考代码 2-7。

代码2-7　类型别名结构体嵌入（具体文件：.../chapter02/typealias/typealias.go）

```
package main

import (
    "fmt"
    "reflect"
)

// 定义商标结构
type Brand struct {
}

// 为商标结构添加 Show()方法
func (t Brand) Show() {
}

// 为 Brand 定义一个别名 FakeBrand
type FakeBrand = Brand

// 定义车辆结构
type Vehicle struct {

    // 嵌入两个结构
    FakeBrand
    Brand
}

func main() {

    // 声明变量 a 为车辆类型
    var a Vehicle

    // 指定调用 FakeBrand 的 Show
    a.FakeBrand.Show()

    // 取 a 的类型反射对象
    ta := reflect.TypeOf(a)

    // 遍历 a 的所有成员
    for i := 0; i < ta.NumField(); i++ {
```

```
40
41              // a 的成员信息
42              f := ta.Field(i)
43
44              // 打印成员的字段名和类型
45              fmt.Printf("FieldName: %v, FieldType: %v\n", f.Name, f.Type.Name())
46          }
47  }
```

代码说明如下：

- 第 9 行，定义商标结构。
- 第 13 行，为商标结构添加 Show()方法。
- 第 17 行，为 Brand 定义一个别名 FakeBrand。
- 第 20～25 行，定义车辆结构 Vehicle，嵌入 FakeBrand 和 Brand 结构。
- 第 30 行，将 Vechicle 实例化为 a。
- 第 33 行，显式调用 Vehicle 中 FakeBrand 的 Show()方法。
- 第 36 行，使用反射取变量 a 的反射类型对象，以查看其成员类型。
- 第 39～42 行，遍历 a 的结构体成员。
- 第 45 行，打印 Vehicle 类型所有成员的信息。

代码输出如下：

```
FieldName: FakeBrand, FieldType: Brand
FieldName: Brand, FieldType: Brand
```

这个例子中，FakeBrand 是 Brand 的一个别名。在 Vehicle 中嵌入 FakeBrand 和 Brand 并不意味着嵌入两个 Brand。FakeBrand 的类型会以名字的方式保留在 Vehicle 的成员中。

如果尝试将第 33 行改为：

```
a.Show()
```

编译器将发生报错：

```
ambiguous selector a.Show
```

在调用 Show()方法时，因为两个类型都有 Show()方法，会发生歧义，证明 FakeBrand 的本质确实是 Brand 类型。

第 3 章　容器：存储和组织数据的方式

变量在一定程度上能满足函数及代码要求。如果编写一些复杂算法、结构和逻辑，就需要更复杂的类型来实现。这类复杂类型一般情况下具有各种形式的存储和处理数据的功能，将它们称为“容器”。

在很多语言里，容器是以标准库的方式提供，你可以随时查看这些标准库的代码，了解如何创建，删除，维护内存。

提示：

- C 语言没有提供容器封装，开发者需要自己根据性能需求进行封装，或者使用第三方提供的容器。
- C++语言的容器通过标准库提供，如 vector 对应数组，list 对应双链表，map 对应映射等。
- C#语言通过.NET 框架提供，如 List 对应数组，LinkedList 对应双链表，Dictionary 对应映射。
- Lua 语言的 table 实现了数组和映射的功能，Lua 语言默认没有双链表支持。

本章将以实用为目的，详细介绍数组、切片、映射，以及列表的增加、删除、修改和遍历的使用方法。本章既可以作为教程，也可以作为字典，以方便开发者日常的查询和应用。

3.1　数组——固定大小的连续空间

数组是一段**固定长度的连续内存区域**。

在 Go 语言中，数组从声明时就确定，使用时可以修改数组成员，但是数组大小不可变化。

提示：C 语言和 Go 语言中的数组概念完全一致。C 语言的数组也是一段固定长度的内存区域，数组的大小在声明时固定下来。下面演示一段 C 语言的数组：

```
int a[10]={ 0,1,2,3,4,5,6,7,8,9 };
int b[4];
```

此时，a 和 b 类型都是 int*，也就是整型指针。而 C 语言中，也可以使用 malloc()

函数动态地分配一段内存区域。C++语言中可以使用 new()函数。例如：

```
int* a = (int*)malloc(10);
int* b = new int(4);
```

此时，a 和 b 的类型也是 int*。a 和 b 此时分配内存的方式类似于 Go 语言的切片。Go 的数组和切片都是从 C 语言延续过来的设计。

3.1.1 声明数组

数组的写法如下：

```
var 数组变量名 [元素数量]T
```

其中

- 数组变量名：数组声明及使用时的变量名。
- 元素数量：数组的元素数量。可以是一个表达式，但最终通过编译期计算的结果必须是整型数值。也就是说，元素数量不能含有到运行时才能确认大小的数值。
- T 可以是任意基本类型，包括 T 为数组本身。但类型为数组本身时，可以实现多维数组。

下面是一段数组的演示例子：

```
01      var team [3]string
02      team[0] = "hammer"
03      team[1] = "soldier"
04      team[2] = "mum"
05
06      fmt.Println(team)
```

代码输出如下：

```
[hammer soldier mum]
```

代码说明如下：

- 第 1 行，将 team 声明为包含 3 个元素的字符串数组。
- 第 2～4 行，为 team 的元素赋值。

3.1.2 初始化数组

数组可以在声明时使用初始化列表进行元素设置，参考下面的代码：

```
var team = [3]string{"hammer", "soldier", "mum"}
```

这种方式编写时，需要保证大括号后面的元素数量与数组的大小一致。但一般情况下，这个过程可以交给编译器，让编译器在编译时，根据元素个数确定数组大小。

```
var team = [...]string{"hammer", "soldier", "mum"}
```

“...”表示让编译器确定数组大小。上面例子中，编译器会自动为这个数组设置元素个数为 3。

3.1.3 遍历数组——访问每一个数组元素

遍历数组也和遍历切片类似，看下面代码：

```
01  var team [3]string
02  team[0] = "hammer"
03  team[1] = "soldier"
04  team[2] = "mum"
05
06  for k, v := range team {
07      fmt.Println(k, v)
08  }
```

代码输出如下：

```
0 hammer
1 soldier
2 mum
```

代码说明如下：

- 第 6 行，使用 for 循环，遍历 team 数组，遍历出的键 k 为数组的索引，值 v 为数组的每个元素值。
- 第 7 行，将每个键值打印出来

3.2 切片（slice）——动态分配大小的连续空间

Go 语言切片的内部结构包含地址、大小和容量。切片一般用于快速地操作一块数据集合。如果将数据集合比作切糕的话，切片就是你要的“那一块”。切的过程包含从哪里开始（这个就是切片的地址）及切多大（这个就是切片的大小）。容量可以理解为装切片的口袋大小，如图 3-1 所示。

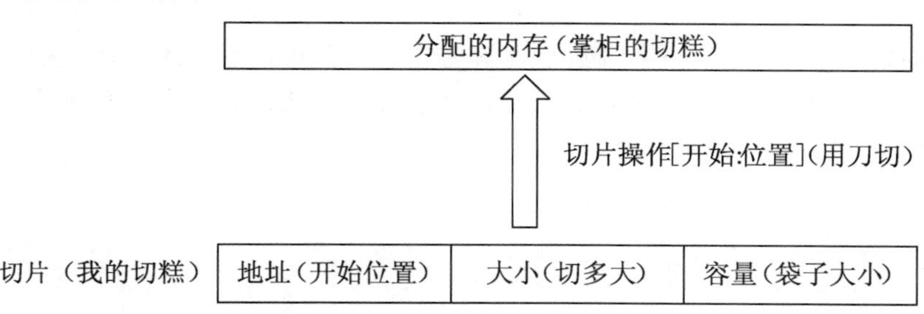

图 3-1　切片结构及内存分配

3.2.1 从数组或切片生成新的切片

切片默认指向一段连续内存区域，可以是数组，也可以是切片本身。

从连续内存区域生成切片是常见的操作，格式如下：

```
slice [开始位置:结束位置]
```

- slice 表示目标切片对象。
- 开始位置对应目标切片对象的索引。
- 结束位置对应目标切片的结束索引。

从数组生成切片，代码如下：

```
var a  = [3]int{1, 2, 3}

fmt.Println(a, a[1:2])
```

a 是一个拥有 3 个整型元素的数组，被初始化数值 1 到 3。使用 a[1:2]可以生成一个新的切片。代码运行结果如下：

```
[1 2 3] [2]
```

[2]就是 a[1:2]切片操作的结果。

从数组或切片生成新的切片拥有如下特性。

- 取出的元素数量为：结束位置-开始位置。
- 取出元素不包含结束位置对应的索引，切片最后一个元素使用 slice[len(slice)]获取。
- 当缺省开始位置时，表示从连续区域开头到结束位置。
- 当缺省结束位置时，表示从开始位置到整个连续区域末尾。
- 两者同时缺省时，与切片本身等效。
- 两者同时为 0 时，等效于空切片，一般用于切片复位。
- 根据索引位置取切片 slice 元素值时，取值范围是（0～len(slice)-1），超界会报运行时错误。生成切片时，结束位置可以填写 len(slice)但不会报错。

下面在具体的例子中熟悉切片的特性。

1. 从指定范围中生成切片

切片和数组密不可分。如果将数组理解为一栋办公楼，那么切片就是把不同的连续楼层出租给使用者。出租的过程需要选择开始楼层和结束楼层，这个过程就会生成切片。示例代码如下：

```
var highRiseBuilding [30]int

for i := 0; i < 30; i++ {
    highRiseBuilding[i] = i + 1
}

```

```
07 // 区间
08 fmt.Println(highRiseBuilding[10:15])
09
10 // 中间到尾部的所有元素
11 fmt.Println(highRiseBuilding[20:])
12
13 // 开头到中间的所有元素
14 fmt.Println(highRiseBuilding[:2])
```

代码输出如下：

```
[11 12 13 14 15]
[21 22 23 24 25 26 27 28 29 30]
[1 2]
```

代码中构建了一个 30 层的高层建筑。数组的元素值从 1 到 30，分别代表不同的独立楼层。输出的结果是不同租售方案。

代码说明如下：

- 第 8 行，尝试出租一个区间楼层。
- 第 11 行，出租 20 层以上。
- 第 14 行，出租 2 层以下，一般是商用铺面。

切片有点像 C 语言里的指针。指针可以做运算，但代价是内存操作越界。切片在指针的基础上增加了大小，约束了切片对应的内存区域，切片使用中无法对切片内部的地址和大小进行手动调整，因此切片比指针更安全、强大。

2. 表示原有的切片

生成切片的格式中，当开始和结束都范围都被忽略，则生成的切片将表示和原切片一致的切片，并且生成的切片与原切片在数据内容上是一致的，代码如下：

```
a := []int{1, 2, 3}

fmt.Println(a[:])
```

a 是一个拥有 3 个元素的切片。将 a 切片使用 a[:]进行操作后，得到的切片与 a 切片一致，代码输出如下：

```
[1 2 3]
```

3. 重置切片，清空拥有的元素

把切片的开始和结束位置都设为 0 时，生成的切片将变空，代码如下：

```
a := []int{1, 2, 3}

fmt.Println(a[0:0])
```

代码输出如下：

```
[]
```

3.2.2 声明切片

每一种类型都可以拥有其切片类型，表示多个类型元素的连续集合。因此切片类型也可以被声明。切片类型声明格式如下：

```
var name []T
```

- name 表示切片类型的变量名。
- T 表示切片类型对应的元素类型。

下面代码展示了切片声明的使用过程。

```
01  // 声明字符串切片
02  var strList []string
03
04  // 声明整型切片
05  var numList []int
06
07  // 声明一个空切片
08  var numListEmpty = []int{}
09
10  // 输出 3 个切片
11  fmt.Println(strList, numList, numListEmpty)
12
13  // 输出 3 个切片大小
14  fmt.Println(len(strList), len(numList), len(numListEmpty))
15
16  // 切片判定空的结果
17  fmt.Println(strList == nil)
18  fmt.Println(numList == nil)
19  fmt.Println(numListEmpty == nil)
```

代码输出如下：

```
[] [] []
0 0 0
true
true
false
```

代码说明如下：

- 第 2 行，声明一个字符串切片，切片中拥有多个字符串。
- 第 5 行，声明一个整型切片，切片中拥有多个整型数值。
- 第 8 行，将 numListEmpty 声明为一个整型切片。本来会在“{}”中填充切片的初始化元素，这里没有填充，所以切片是空的。但此时 numListEmpty 已经被分配了内存，但没有元素。
- 第 11 行，切片均没有任何元素，3 个切片输出元素内容均为空。
- 第 14 行，没有对切片进行任何操作，strList 和 numList 没有指向任何数组或者其他切片。

- 第 17 行和第 18 行，声明但未使用的切片的默认值是 nil。strList 和 numList 也是 nil，所以和 nil 比较的结果是 true。
- 第 19 行，numListEmpty 已经被分配到了内存，但没有元素，因此和 nil 比较时是 false。

切片是动态结构，只能与 nil 判定相等，不能互相判等时。

3.2.3　使用 make()函数构造切片

如果需要动态地创建一个切片，可以使用 make()内建函数，格式如下：

```
make( []T, size, cap )
```

- T：切片的元素类型。
- size：就是为这个类型分配多少个元素。
- cap：预分配的元素数量，这个值设定后不影响 size，只是能提前分配空间，降低多次分配空间造成的性能问题。

示例如下：

```
a := make([]int, 2)
b := make([]int, 2, 10)

fmt.Println(a, b)
fmt.Println(len(a), len(b))
```

代码输出如下：

```
[0 0] [0 0]
2 2
```

a 和 b 均是预分配 2 个元素的切片，只是 b 的内部存储空间已经分配了 10 个，但实际使用了 2 个元素。

容量不会影响当前的元素个数，因此 a 和 b 取 len 都是 2。

提示： 使用 make()函数生成的切片一定发生了内存分配操作。但给定开始与结束位置（包括切片复位）的切片只是将新的切片结构指向已经分配好的内存区域，设定开始与结束位置，不会发生内存分配操作。

切片不一定必须经过 make()函数才能使用。生成切片、声明后使用 append()函数均可以正常使用切片。

3.2.4　使用 append()函数为切片添加元素

Go 语言的内建函数 append()可以为切片动态添加元素。每个切片会指向一片内存空间，这片空间能容纳一定数量的元素。当空间不能容纳足够多的元素时，切片就会进行“扩容”。“扩容”操作往往发生在 append()函数调用时。

切片在扩容时，容量的扩展规律按容量的 2 倍数扩充，例如 1、2、4、8、16……，代码如下：

```
01  var numbers []int
02
03  for i := 0; i < 10; i++ {
04      numbers = append(numbers, i)
05      fmt.Printf("len: %d  cap: %d pointer: %p\n", len(numbers), cap(numbers), numbers)
06  }
```

代码输出如下：

```
len: 1  cap: 1 pointer: 0xc0420080e8
len: 2  cap: 2 pointer: 0xc042008150
len: 3  cap: 4 pointer: 0xc04200e320
len: 4  cap: 4 pointer: 0xc04200e320
len: 5  cap: 8 pointer: 0xc04200c200
len: 6  cap: 8 pointer: 0xc04200c200
len: 7  cap: 8 pointer: 0xc04200c200
len: 8  cap: 8 pointer: 0xc04200c200
len: 9  cap: 16 pointer: 0xc042074000
len: 10  cap: 16 pointer: 0xc042074000
```

代码说明如下：

- 第 1 行，声明一个整型切片。
- 第 4 行，循环向 numbers 切片添加 10 个数。
- 第 5 行中，打印输出切片的长度、容量和指针变化。使用 len()函数查看切片拥有的元素个数，使用 cap()函数查看切片的容量情况。

通过查看代码输出，有一个有意思的规律：len()函数并不等于 cap。

提示： 往一个切片中不断添加元素的过程，类似于公司搬家。公司发展初期，资金紧张，人员很少，所以只需要很小的房间即可容纳所有的员工。随着业务的拓展和收入的增加就需要扩充工位，但是办公地的大小是固定的，无法改变。因此公司选择搬家，每次搬家就需要将所有的人员转移到新的办公点。

- 员工和工位就是切片中的元素。
- 办公地就是分配好的内存。
- 搬家就是重新分配内存。
- 无论搬多少次家，公司名称始终不会变，代表外部使用切片的变量名不会修改。
- 因为搬家后地址发生变化，因此内存“地址”也会有修改。

append()函数除了添加一个元素外，也可以一次性添加很多元素。

```
var car []string

// 添加 1 个元素
car = append(car, "OldDriver")

```

```
06  // 添加多个元素
07  car = append(car, "Ice", "Sniper", "Monk")
08
09  // 添加切片
10  team := []string{"Pig", "Flyingcake", "Chicken"}
11  car = append(car, team...)
12
13  fmt.Println(car)
```

代码输出如下：

```
[OldDriver Ice Sniper Monk Pig Flyingcake Chicken]
```

代码说明如下：

- 第 1 行，声明一个字符串切片。
- 第 4 行，往切片中添加一个元素。
- 第 7 行，使用 append()函数向切片中添加多个元素。
- 第 10 行，声明另外一个字符串切片
- 第 11 行，在 team 后面加上了“...”，表示将 team 整个添加到 car 的后面。

3.2.5　复制切片元素到另一个切片

使用 Go 语言内建的 copy()函数，可以迅速地将一个切片的数据复制到另外一个切片空间中，copy()函数的使用格式如下：

```
copy( destSlice, srcSlice []T) int
```

- srcSlice 为数据来源切片。
- destSlice 为复制的目标。目标切片必须分配过空间且足够承载复制的元素个数。来源和目标的类型一致，copy 的返回值表示实际发生复制的元素个数。

下面的代码将演示对切片的引用和复制操作后对切片元素的影响。

代码3-1　切片复制元素（具体文件：.../chapter03/copyslice/copyslice.go）

```
package main

import "fmt"

func main() {

  // 设置元素数量为1000
  const elementCount = 1000

  // 预分配足够多的元素切片
  srcData := make([]int, elementCount)

  // 将切片赋值
  for i := 0; i < elementCount; i++ {
        srcData[i] = i
  }
```

```
17
18      // 引用切片数据
19      refData := srcData
20
21      // 预分配足够多的元素切片
22      copyData := make([]int, elementCount)
23      // 将数据复制到新的切片空间中
24      copy(copyData, srcData)
25
26      // 修改原始数据的第一个元素
27      srcData[0] = 999
28
29      // 打印引用切片的第一个元素
30      fmt.Println(refData[0])
31
32        // 打印复制切片的第一个和最后一个元素
33      fmt.Println(copyData[0], copyData[elementCount-1])
34
35      // 复制原始数据从 4 到 6（不包含）
36      copy(copyData, srcData[4:6])
37
38      for i := 0; i < 5; i++ {
39              fmt.Printf("%d ", copyData[i])
40          }
41  }
```

代码说明如下：

- 第 8 行，定义元素总量为 1000。
- 第 11 行，预分配拥有 1000 个元素的整型切片，这个切片将作为原始数据。
- 第 14～16 行，将 srcData 填充 0～999 的整型值。
- 第 19 行，将 refData 引用 srcData，切片不会因为等号操作进行元素的复制。
- 第 22 行，预分配与 srcData 等大（大小相等）、同类型的切片 copyData。
- 第 24 行，使用 copy()函数将原始数据复制到 copyData 切片空间中。
- 第 27 行，修改原始数据的第一个元素为 999。
- 第 30 行，引用数据的第一个元素将会发生变化。
- 第 33 行，打印复制数据的首位数据，由于数据是复制的，因此不会发生变化。
- 第 36 行，将 srcData 的局部数据复制到 copyData 中。
- 第 38～40 行，打印复制局部数据后的 copyData 元素。

3.2.6 从切片中删除元素

Go 语言并没有对删除切片元素提供专用的语法或者接口，需要使用切片本身的特性来删除元素。示例代码如下：

```
seq := []string{"a", "b", "c", "d", "e"}

```

```
03  // 指定删除位置
04  index := 2
05
06  // 查看删除位置之前的元素和之后的元素
07  fmt.Println(seq[:index], seq[index+1:])
08
09  // 将删除点前后的元素连接起来
10  seq = append(seq[:index], seq[index+1:]...)
11
12  fmt.Println(seq)
```

代码输出如下：

```
[a b] [d e]
[a b d e]
```

- 第 1 行，声明一个整型切片，保存含有从 a 到 e 的字符串。
- 第 4 行，为了演示和讲解方便，使用 index 变量保存需要删除的元素位置。
- 第 7 行中：seq[:index]表示的就是被删除元素的前半部分，值为：

```
[1 2]
```

seq[index+1:]表示的是被删除元素的后半部分，值为：

```
[4 5]
```

- 第 10 行使用 append()函数将两个切片连接起来。
- 第 12 行，输出连接好的新切片。此时，索引为 2 的元素已经被删除。

代码的删除过程可以使用图 3-2 来描述。

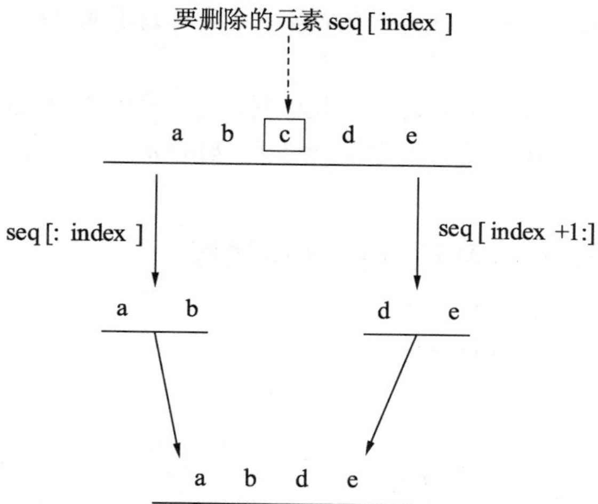

图 3-2　切片删除元素的操作过程

Go 语言中切片删除元素的本质是：以被删除元素为分界点，将前后两个部分的内存重新连接起来。

提示： Go 语言中切片元素的删除过程并没有提供任何的语法糖或者方法封装，无论是初学者学习，还是实际使用都是极为麻烦的。

连续容器的元素删除无论是在任何语言中，都要将删除点前后的元素移动到新的位置。随着元素的增加，这个过程将会变得极为耗时。因此，当业务需要大量、频繁地从一个切片中删除元素时，如果对性能要求较高，就需要反思是否需要更换其他的容器（如双链表等能快速从删除点删除元素）。

3.3 映射（map）——建立事物关联的容器

在业务和算法中需要使用任意类型的关联关系时，就需要使用到映射，如学号和学生的对应、名字与档案的对应等。

Go 语言提供的映射关系容器为 map。map 使用散列表（hash）实现。

提示： 大多数语言中映射关系容器使用两种算法：散列表和平衡树。

散列表可以简单描述为一个数组（俗称“桶”），数组的每个元素是一个列表。根据散列函数获得每个元素的特征值，将特征值作为映射的键。如果特征值重复，表示元素发生碰撞。碰撞的元素将被放在同一个特征值的列表中进行保存。散列表查找复杂度为 $O(1)$，和数组一致。最坏的情况为 $O(n)$，n 为元素总数。散列需要尽量避免元素碰撞以提高查找效率，这样就需要对“桶”进行扩容，每次扩容，元素需要重新放入桶中，较为耗时。

平衡树类似于有父子关系的一棵数据树，每个元素在放入树时，都要与一些节点进行比较。平衡树的查找复杂度始终为 $O(\log n)$。

3.3.1 添加关联到 map 并访问关联和数据

Go 语言中 map 的定义是这样的：

```
map[KeyType]ValueType
```

- KeyType 为键类型。
- ValueType 是键对应的值类型。

一个 map 里，符合 KeyType 和 ValueType 的映射总是成对出现。

下面代码展示了 map 的基本使用环境。

```
scene := make(map[string]int)

scene["route"] = 66

fmt.Println(scene["route"])
```

```
06
07  v := scene["route2"]
08  fmt.Println(v)
```

代码输出如下：

```
66
0
```

代码说明如下：

- 第 1 行 map 是一个内部实现的类型，使用时，需要手动使用 make 创建。如果不创建使用 map 类型，会触发宕机错误。
- 第 3 行向 map 中加入映射关系。写法与使用数组一样，key 可以使用除函数以外的任意类型。
- 第 5 行查找 map 中的值。
- 第 7 行中，尝试查找一个不存在的键，那么返回的将是 ValueType 的默认值。

某些情况下，需要明确知道查询中某个键是否在 map 中存在，可以使用一种特殊的写法来实现，看下面的代码：

```
v, ok := scene["route"]
```

在默认获取键值的基础上，多取了一个变量 ok，可以判断键 route 是否存在于 map 中。

map 还有一种在声明时填充内容的方式，代码如下：

```
m := map[string]string{
        "W": "forward",
        "A": "left",
        "D": "right",
        "S": "backward",
    }
```

例子中并没有使用 make，而是使用大括号进行内容定义，就像 JSON 格式一样，冒号的左边是 key，右边是值，键值对之间使用逗号分隔。

3.3.2　遍历 map 的“键值对”——访问每一个 map 中的关联关系

map 的遍历过程使用 for range 循环完成，代码如下：

```
scene := make(map[string]int)

scene["route"] = 66
scene["brazil"] = 4
scene["china"] = 960

for k, v := range scene {
    fmt.Println(k, v)
}
```

遍历对于 Go 语言的很多对象来说都是差不多的，直接使用 for range 语法。遍历时，可以同时获得键和值。如只遍历值，可以使用下面的形式：

```
for _, v := range scene {
```

将不需要的键改为匿名变量形式。

只遍历键时，使用下面的形式：

```
for k := range scene {
```

无须将值改为匿名变量形式，忽略值即可。

注意： 遍历输出元素的顺序与填充顺序无关。不能期望 map 在遍历时返回某种期望顺序的结果。

如果需要特定顺序的遍历结果，正确的做法是排序，代码如下：

```
01  scene := make(map[string]int)
02
03  // 准备 map 数据
04  scene["route"] = 66
05  scene["brazil"] = 4
06  scene["china"] = 960
07
08  // 声明一个切片保存 map 数据
09  var sceneList []string
10
11  // 将 map 数据遍历复制到切片中
12  for k := range scene {
13      sceneList = append(sceneList, k)
14  }
15
16  // 对切片进行排序
17  sort.Strings(sceneList)
18
19  // 输出
20  fmt.Println(sceneList)
```

代码输出如下：

```
[brazil china route]
```

代码说明如下：

- 第 1 行，创建一个 map 实例，键为字符串，值为整型。
- 第 4～6 行，将 3 个键值对写入 map 中。
- 第 9 行，声明 sceneList 为字符串切片，以缓冲和排序 map 中的所有元素。
- 第 12 行，将 map 中元素的键遍历出来，并放入切片中。
- 第 17 行，对 sceneList 字符串切片进行排序。排序时，sceneList 会被修改。
- 第 20 行，输出排好序的 map 的键。

sort.Strings 的作用是对传入的字符串切片进行字符串字符的升序排列。排序接口的使用将在后面的章节中介绍。

3.3.3　使用 delete()函数从 map 中删除键值对

使用 delete()内建函数从 map 中删除一组键值对，delete()函数的格式如下：

```
delete(map, 键)
```

- map 为要删除的 map 实例。
- 键为要删除的 map 键值对中的键。

从 map 中删除一组键值对可以通过下面的代码来完成：

```
scene := make(map[string]int)

// 准备 map 数据
scene["route"] = 66
scene["brazil"] = 4
scene["china"] = 960

delete(scene, "brazil")

for k, v := range scene {
    fmt.Println(k, v)
}
```

代码输出如下：

```
route 66
china 960
```

这个例子中使用 delete()函数将 brazil 从 scene 这个 map 中删除了。

3.3.4　清空 map 中的所有元素

有意思的是，Go 语言中并没有为 map 提供任何清空所有元素的函数、方法。清空 map 的唯一办法就是重新 make 一个新的 map。不用担心垃圾回收的效率，Go 语言中的并行垃圾回收效率比写一个清空函数高效多了。

3.3.5　能够在并发环境中使用的 map——sync.Map

Go 语言中的 map 在并发情况下，只读是线程安全的，同时读写线程不安全。

下面来看下并发情况下读写 map 时会出现的问题，代码如下：

```
// 创建一个 int 到 int 的映射
m := make(map[int]int)

// 开启一段并发代码
go func() {
```

```
        // 不停地对 map 进行写入
        for {
            m[1] = 1
        }

    }()

    // 开启一段并发代码
    go func() {

        // 不停地对 map 进行读取
        for {
            _ = m[1]
        }

    }()

    // 无限循环，让并发程序在后台执行
    for {

    }
```

运行代码会报错，输出如下：

```
fatal error: concurrent map read and map write
```

运行时输出提示：并发的 map 读写。也就是说使用了两个并发函数不断地对 map 进行读和写而发生了竞态问题。map 内部会对这种并发操作进行检查并提前发现。

需要并发读写时，一般的做法是加锁，但这样性能并不高。Go 语言在 1.9 版本中提供了一种效率较高的并发安全的 sync.Map。sync.Map 和 map 不同，不是以语言原生形态提供，而是在 sync 包下的特殊结构。

sync.Map 有以下特性：

- 无须初始化，直接声明即可。
- sync.Map 不能使用 map 的方式进行取值和设置等操作，而是使用 sync.Map 的方法进行调用。Store 表示存储，Load 表示获取，Delete 表示删除。
- 使用 Range 配合一个回调函数进行遍历操作，通过回调函数返回内部遍历出来的值。Range 参数中的回调函数的返回值功能是：需要继续迭代遍历时，返回 true；终止迭代遍历时，返回 false。

sync.Map 演示代码如下。

代码3-2　并发安全的sync.map（具体文件：.../chapter03/syncmap/syncmap.go）

```
package main

import (
        "fmt"
        "sync"
)

```

```
08  func main() {
09
10      var scene sync.Map
11
12      // 将键值对保存到 sync.Map
13      scene.Store("greece", 97)
14      scene.Store("london", 100)
15      scene.Store("egypt", 200)
16
17      // 从 sync.Map 中根据键取值
18      fmt.Println(scene.Load("london"))
19
20      // 根据键删除对应的键值对
21      scene.Delete("london")
22
23      // 遍历所有 sync.Map 中的键值对
24      scene.Range(func(k, v interface{}) bool {
25
26          fmt.Println("iterate:", k, v)
27          return true
28      })
29
30  }
```

代码输出如下：

```
100 true
iterate: egypt 200
iterate: greece 97
```

代码说明如下：

- 第 10 行，声明 scene，类型为 sync.Map。注意，sync.Map 不能使用 make 创建。
- 第 13～15 行，将一系列键值对保存到 sync.Map 中，sync.Map 将键和值以 interface{} 类型进行保存。
- 第 18 行，提供一个 sync.Map 的键给 scene.Load()方法后将查询到键对应的值返回。
- 第 21 行，sync.Map 的 Delete 可以使用指定的键将对应的键值对删除。
- 第 24 行，Range()方法可以遍历 sync.Map，遍历需要提供一个匿名函数，参数为 k、v，类型为 interface{}，每次 Range()在遍历一个元素时，都会调用这个匿名函数把结果返回。

sync.Map 没有提供获取 map 数量的方法，替代方法是获取时遍历自行计算数量。sync.Map 为了保证并发安全有一些性能损失，因此在非并发情况下，使用 map 相比使用 sync.Map 会有更好的性能。

3.4　列表（list）——可以快速增删的非连续空间的容器

列表是一种非连续存储的容器，由多个节点组成，节点通过一些变量记录彼此之间的关系。列表有多种实现方法，如单链表、双链表等。

列表的原理可以这样理解：假设 A、B、C 三个人都有电话号码，如果 A 把号码告诉给 B，B 把号码告诉给 C，这个过程就建立了一个单链表结构，如图 3-3 所示。

图 3-3　三人单向通知电话号码形成单链表结构

如果在这个基础上，再从 C 开始将自己的号码给自己知道号码的人，这样就形成了双链表结构，如图 3-4 所示。

图 3-4　三人互相通知电话号码形成双链表结构

那么如果需要获得所有人的号码，只需要从 A 或者 C 开始，要求他们将自己的号码发出来，然后再通知下一个人如此循环。这个过程就是列表遍历。

如果 B 换号码了，他需要通知 A 和 C，将自己的号码移除。这个过程就是列表元素的删除操作，如图 3-5 所示。

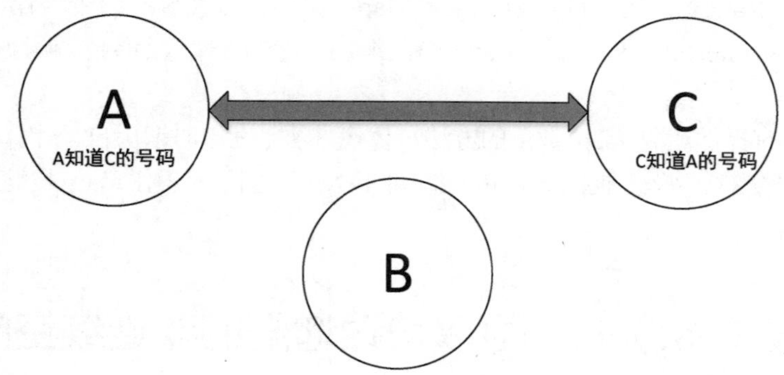

图 3-5　从双链表中删除一人的电话号码

在 Go 语言中，将列表使用 container/list 包来实现，内部的实现原理是双链表。列表能够高效地进行任意位置的元素插入和删除操作。

3.4.1　初始化列表

list 的初始化有两种方法：New 和声明。两种方法的初始化效果都是一致的。

1．通过container/list包的New方法初始化list

```
变量名 := list.New()
```

2．通过声明初始化list

```
var 变量名 list.List
```

列表与切片和 map 不同的是，列表并没有具体元素类型的限制。因此，列表的元素可以是任意类型。这既带来便利，也会引来一些问题。给一个列表放入了非期望类型的值，在取出值后，将 interface{}转换为期望类型时将会发生宕机。

3.4.2　在列表中插入元素

双链表支持从队列前方或后方插入元素，分别对应的方法是 PushFront 和 PushBack。

提示： 这两个方法都会返回一个*list.Element 结构。如果在以后的使用中需要删除插入的元素，则只能通过*list.Element 配合 Remove()方法进行删除，这种方法可以让删除更加效率化，也是双链表特性之一。

下面代码展示如何给 list 添加元素：

```
01  l := list.New()
02
03  l.PushBack("fist")
04  l.PushFront(67)
```

代码说明如下：

- 第 1 行，创建一个列表实例。
- 第 3 行，将 fist 字符串插入到列表的尾部，此时列表是空的，插入后只有一个元素。
- 第 4 行，将数值 67 放入列表。此时，列表中已经存在 fist 元素，67 这个元素将被放在 fist 的前面。

列表插入元素的方法如表 3-1 所示。

表 3-1　列表插入元素的方法

方　法	功　能
InsertAfter(v interface{}, mark *Element) *Element	在mark点之后插入元素，mark点由其他插入函数提供
InsertBefore(v interface{}, mark *Element) *Element	在mark点之前插入元素，mark点由其他插入函数提供
PushBackList(other *List)	添加other列表元素到尾部
PushFrontList(other *List)	添加other列表元素到头部

3.4.3　从列表中删除元素

列表的插入函数的返回值会提供一个*list.Element 结构，这个结构记录着列表元素的值及和其他节点之间的关系等信息。从列表中删除元素时，需要用到这个结构进行快速删除。

代码3-3　列表操作元素（具体文件：.../chapter03/listshow/listshow.go）

```
package main

import "container/list"

func main() {
    l := list.New()

    // 尾部添加
    l.PushBack("canon")

    // 头部添加
    l.PushFront(67)

    // 尾部添加后保存元素句柄
    element := l.PushBack("fist")

    // 在 fist 之后添加 high
    l.InsertAfter("high", element)

    // 在 fist 之前添加 noon
    l.InsertBefore("noon", element)

    // 使用
    l.Remove(element)
}
```

代码说明如下：

- 第 6 行，创建列表实例。
- 第 9 行，将 canon 字符串插入到列表的尾部。
- 第 12 行，将 67 数值添加到列表的头部。
- 第 15 行，将 fist 字符串插入到列表的尾部，并将这个元素的内部结构保存到 element 变量中。
- 第 18 行，使用 element 变量，在 element 的位置后面插入 high 字符串。
- 第 21 行，使用 element 变量，在 element 的位置前面插入 noon 字符串。
- 第 24 行，移除 element 变量对应的元素。

表 3-2 中展示了每次操作后列表的实际元素情况。

表 3-2　列表元素操作的过程

操作内容	列表元素
l.PushBack("canon")	canon
l.PushFront(67)	67，canon
element := l.PushBack("fist")	67，canon，fist
l.InsertAfter("high", element)	67，canon，fist，high
l.InsertBefore("noon", element)	67，canon，noon，fist，high
l.Remove(element)	67，canon，noon，high

3.4.4　遍历列表——访问列表的每一个元素

遍历双链表需要配合 Front()函数获取头元素，遍历时只要元素不为空就可以继续进行。每一次遍历调用元素的 Next，如代码中第 9 行所示。

```
01  l := list.New()
02
03  // 尾部添加
04  l.PushBack("canon")
05
06  // 头部添加
07  l.PushFront(67)
08
09  for i := l.Front(); i != nil; i = i.Next() {
10      fmt.Println(i.Value)
11  }
```

代码输出如下：

```
67
canon
```

代码说明如下：

- 第 1 行，创建一个列表实例。
- 第 4 行，将 canon 放入列表尾部。
- 第 7 行，在队列头部放入 67。
- 第 9 行，使用 for 语句进行遍历，其中 i := l.Front()表示初始赋值，只会在一开始执行一次；每次循环会进行一次 i != nil 语句判断，如果返回 false，表示退出循环，反之则会执行 i = i.Next()。
- 第 10 行，使用遍历返回的*list.Element 的 Value 成员取得放入列表时的原值。

第 4 章　流程控制

流程控制是每种编程语言控制逻辑走向和执行次序的重要部分，流程控制可以说是一门语言的“经脉”。

Go 语言的常用流程控制有 if 和 for，而 switch 和 goto 主要是为了简化代码、降低重复代码而生的结构，属于扩展类的流程控制。

本章主要介绍了 Go 语言中的基本流程控制语句，包括分支语句（if 和 switch）、循环（for）和跳转（goto）语句。另外，还有循环控制语句（break 和 continue），前者的功能是中断循环或者跳出 switch 判断，后者的功能是继续 for 的下一个循环。

4.1　条件判断（if）

在 Go 语言中，可以通过 if 关键字进行条件判断，格式如下：

```
if 表达式 1 {
   分支 1
} else if 表达式 2 {
   分支 2
} else{
  分支 3
}
```

当表达式 1 的结果为 true 时，执行分支 1，否则判断表达式 2，如果满足则执行分支 2，都不满足时，则执行分支 3。表达式 2、分支 2 和分支 3 都是可选的，可以根据实际需要进行选择。

Go 语言规定与 if 匹配的左括号“{”必须与 if 和表达式放在同一行，如果尝试将“{”放在其他位置，将会触发编译错误。

同理，与 else 匹配的“{”也必须与 else 在同一行，else 也必须与上一个 if 或 else if 的右边的大括号在一行。

1. 举例

通过下面的例子来了解 if 的写法：

```
var ten int = 11
if ten > 10 {
```

```
03      fmt.Println(">10")
04  } else {
05      fmt.Println("<=10")
06  }
```

代码输出如下：

```
>10
```

代码说明如下：

- 第 1 行，声明整型变量并赋值 11。
- 第 2 行，判断当 ten 的值大于 10 时执行第 3 行，否则执行第 4 行。
- 第 3 和第 5 行，分别打印大于 10 和小于等于 10 时的输出。

2. 特殊写法

if 还有一种特殊的写法，可以在 if 表达式之前添加一个执行语句，再根据变量值进行判断，代码如下：

```
if err := Connect(); err != nil {
    fmt.Println(err)
    return
}
```

Connect 是一个带有返回值的函数，err := Connect()是一个语句，执行 Connect 后，将错误保存到 err 变量中。

err ！= nil 才是 if 的判断表达式，当 err 不为空时，打印错误并返回。

这种写法可以将返回值与判断放在一行进行处理，而且返回值的作用范围被限制在 if、else 语句组合中。

提示： 在编程中，变量在其实现了变量的功能后，作用范围越小，所造成的问题可能性越小，每一个变量代表一个状态，有状态的地方，状态就会被修改，函数的局部变量只会影响一个函数的执行，但全局变量可能会影响所有代码的执行状态，因此限制变量的作用范围对代码的稳定性有很大的帮助。

4.2 构建循环（for）

Go 语言中的所有循环类型均可以使用 for 关键字来完成。

基于语句和表达式的基本 for 循环格式如下：

```
for 初始语句;条件表达式;结束语句{
循环体代码
}
```

循环体不停地进行循环，直到条件表达式返回 false 时自动退出循环，执行 for 的“}”

之后的语句。

for 循环可以通过 break、goto、return、panic 语句强制退出循环。for 的初始语句、条件表达式、结束语句的详细介绍如下。

4.2.1　for 中的初始语句——开始循环时执行的语句

初始语句是在第一次循环前执行的语句，一般使用初始语句执行变量初始化，如果变量在此处被声明，其作用域将被局限在这个 for 的范畴内。

初始语句可以被忽略，但是初始语句之后的分号必须要写，代码如下：

```
step := 2
for ; step > 0; step-- {
    fmt.Println(step)
}
```

这段代码将 step 放在 for 的前面进行初始化，for 中没有初始语句，此时 step 的作用域就比在初始语句中声明 step 要大。

4.2.2　for 中的条件表达式——控制是否循环的开关

对每次循环开始前计算的表达式，如果表达式为 true，则循环继续，否则结束循环。条件表达式可以被忽略，被忽略条件的表达式默认形成无限循环。

1．结束循环时带可执行语句的无限循环

下面代码忽略条件表达式，但是保留结束语句，代码如下：

```
01  var i int
02
03  for ; ; i++ {
04
05      if i > 10 {
06          break
07      }
08  }
09
```

代码说明如下：

- 第 3 行，无须设置 i 的初始值，因此忽略 for 的初始语句。两个分号之间是条件表达式，也被忽略，此时循环会一直持续下去；for 的结束语句为 i++，每次结束循环前都会调用。
- 第 5 行，判断 i 大于 10 时，通过 break 语句跳出 for 循环到第 9 行。

2．无限循环

上面的代码还可以改写为更美观的写法，代码如下：

```
01  var i int
02
03  for {
04
05      if i > 10 {
06          break
07      }
08
09      i++
10  }
```

代码说明如下：

- 第 3 行，忽略 for 的所有语句，此时 for 执行无限循环。
- 第 9 行，将 i++从 for 的结束语句放置到函数体的末尾是等效的，这样编写的代码更具有可读性。

无限循环在收发处理中较为常见，但需要无限循环有可控的退出方式来结束循环。

3．只有一个循环条件的循环

在上面代码的基础上进一步简化代码，将 if 判断整合到 for 中，变为下面的代码：

```
01  var i int
02
03  for i <= 10 {
04
05      i++
06  }
```

在代码第 3 行中，将之前使用 if i>10 {}判断的表达式进行取反，变为判断 i 小于等于 10 时持续进行循环。

上面这段代码其实类似于其他编程语言中的 while，在 while 后添加一个条件表达式，满足条件表达式时持续循环，否则结束循环。

4.2.3　for 中的结束语句——每次循环结束时执行的语句

在结束每次循环前执行的语句，如果循环被 break、goto、return、panic 等语句强制退出，结束语句不会被执行。

4.3　示例：九九乘法表

熟悉了 Go 语言的基本循环格式后，让我们用一个例子来温习一遍吧。

代码4-1　九九乘法表（具体文件：.../chapter04/multable/multable.go）

```
package main

```

```
03  import "fmt"
04
05  func main() {
06
07      // 遍历，决定处理第几行
08      for y := 1; y <= 9; y++ {
09
10          // 遍历，决定这一行有多少列
11          for x := 1; x <= y; x++ {
12              fmt.Printf("%d*%d=%d ", x, y, x*y)
13          }
14
15          // 手动生成回车
16          fmt.Println()
17      }
18  }
```

结果输出如下：

```
1*1=1
1*2=2 2*2=4
1*3=3 2*3=6  3*3=9
1*4=4 2*4=8  3*4=12 4*4=16
1*5=5 2*5=10 3*5=15 4*5=20 5*5=25
1*6=6 2*6=12 3*6=18 4*6=24 5*6=30 6*6=36
1*7=7 2*7=14 3*7=21 4*7=28 5*7=35 6*7=42 7*7=49
1*8=8 2*8=16 3*8=24 4*8=32 5*8=40 6*8=48 7*8=56 8*8=64
1*9=9 2*9=18 3*9=27 4*9=36 5*9=45 6*9=54 7*9=63 8*9=72 9*9=81
```

代码说明如下：

- 第 8 行，生成 1～9 的数字，对应乘法表的每一行，也就是被乘数。
- 第 11 行，乘法表每一行中的列数随着行数的增加而增加，这一行的 x 表示该行有多少列。
- 第 12 行，打印一个空行，实际作用就是换行。

这段程序按行优先打印，打印完一行，换行（第 12 行），接着执行下一行乘法表直到整个数值循环完毕。

4.4　键值循环（for range）——直接获得对象的索引和数据

Go 语言可以使用 for range 遍历数组、切片、字符串、map 及通道（channel）。通过 for range 遍历的返回值有一定的规律：

- 数组、切片、字符串返回索引和值。
- map 返回键和值。
- 通道（channel）只返回通道内的值。

4.4.1 遍历数组、切片——获得索引和元素

在遍历代码中，key 和 value 分别代表**切片的下标及下标对应的值**。下面的代码展示如何遍历切片，数组也是类似的遍历方法：

```
for key, value := range []int{1, 2, 3, 4} {
    fmt.Printf("key:%d  value:%d\n", key, value)
}
```

代码输出如下：

```
key:0  value:1
key:1  value:2
key:2  value:3
key:3  value:4
```

4.4.2 遍历字符串——获得字符

Go 语言和其他语言类似，可以通过 for range 的组合，对字符串进行遍历，遍历时，key 和 value 分别代表**字符串的索引（base0）和字符串中的每一个字符**。

下面这段代码展示了如何遍历字符串：

```
var str = "hello 你好"
for key, value := range str {
    fmt.Printf("key:%d value:0x%x\n", key, value)
}
```

代码输出如下：

```
key:0 value:0x68
key:1 value:0x65
key:2 value:0x6c
key:3 value:0x6c
key:4 value:0x6f
key:5 value:0x20
key:6 value:0x4f60
key:9 value:0x597d
```

代码中的 v 变量，实际类型是 rune，实际上就是 int32，以十六进制打印出来就是字符的编码。

4.4.3 遍历 map——获得 map 的键和值

对于 map 类型来说，for range 遍历时，key 和 value 分别代表 **map 的索引键 key** 和**索引对应的值**，一般被称为 map 的键值对，因为它们总是一对一对的出现。下面的代码演示了如何遍历 map。

```
m := map[string]int{
```

```
        "hello": 100,
        "world": 200,
    }

    for key, value := range m {
        fmt.Println(key, value)
    }
```

代码输出如下：

```
hello 100
world 200
```

注意：对 map 遍历时，遍历输出的键值是无序的，如果需要有序的键值对输出，需要对结果进行排序。

4.4.4　遍历通道（channel）——接收通道数据

for range 可以遍历通道（channel），但是通道在遍历时，只输出一个值，即**管道内的类型对应的数据**。

下面代码为我们展示了通道的遍历：

```
01      c := make(chan int)
02
03      go func() {
04
05          c <- 1
06          c <- 2
07          c <- 3
08          close(c)
09      }()
10
11      for v := range c {
12          fmt.Println(v)
13      }
```

代码说明如下：

- 第 1 行创建了一个整型类型的通道。
- 第 3 行启动了一个 goroutine，其逻辑的实现体现在第 5～8 行，实现功能是往通道中推送数据 1、2、3，然后结束并关闭通道。

这段 goroutine 在声明结束后，在第 9 行马上被并行执行。

- 从第 11 行开始，使用 for range 对通道 c 进行遍历，其实就是不断地从通道中取数据，直到通道被关闭。

4.4.5　在遍历中选择希望获得的变量

在使用 for range 循环遍历某个对象时，一般不会同时需要 key 或者 value，这个时候可以采用一些技巧，让代码变得更简单。下面将前面的例子修改一下，参考下面的代码示例：

```
m := map[string]int{
    "hello": 100,
    "world": 200,
}

for _, value := range m {
    fmt.Println(value)
}
```

代码输出如下：

```
100
200
```

在例子中将 key 变成了下画线，那么这里的下画线就是**匿名变量**。什么是匿名变量？

- 可以理解为一种占位符。
- 本身这种变量不会进行空间分配，也不会占用一个变量的名字。
- 在 for range 可以对 key 使用匿名变量，也可以对 value 使用匿名变量。

再看一个匿名变量的例子：

```
for key, _ := range []int{1, 2, 3, 4} {
    fmt.Printf("key:%d \n", key)
}
```

代码输出如下：

```
key:0
key:1
key:2
key:3
```

在该例子中，value 被设置为匿名变量，只使用 key，而 key 本身就是切片的索引，所以例子输出索引。

我们总结一下 for 的功能：

- Go 语言的 for 包含初始化语句、条件表达式、结束语句，这 3 个部分均可缺省。
- for range 支持对数组、切片、字符串、map、通道进行遍历操作。
- 在需要时，可以使用匿名变量对 for range 的变量进行选取。

4.5 分支选择（switch）——拥有多个条件分支的判断

分支选择可以理解为一种批量的 if 语句，使用 switch 语句可方便地对大量的值进行判断。

在 Go 语言中的 switch，不仅可以基于常量进行判断，还可以基于表达式进行判断。

提示： C/C++语言中的 switch 语句只能支持数值常量，不能对字符串、表达式等复杂情况进行处理，这么设计的主要原因是性能。C/C++的 switch 可以根据 case 的值作为偏移量直接跳转代码，在性能敏感代码处，这样做显然是有好处的。

到了 Go 语言的时代，语言的运行效率并不能直接决定最终的效率，I/O 效率现在是最主要的问题。因此，Go 语言中的 switch 语法设计尽量以使用方便为主。

4.5.1　基本写法

Go 语言改进了 switch 的语法设计，避免人为造成失误。Go 语言的 switch 中的每一个 case 与 case 间是独立的代码块，不需要通过 break 语句跳出当前 case 代码块以避免执行到下一行。示例代码如下：

```
var a = "hello"
switch a {
case "hello":
    fmt.Println(1)
case "world":
    fmt.Println(2)
default:
    fmt.Println(0)
}
```

代码输出如下：

```
1
```

上面例子中，每一个 case 均是字符串格式，且使用了 default 分支，Go 语言规定每个 switch 只能有一个 default 分支。

1．一分支多值

当出现多个 case 要放在一起的时候，可以像下面代码这样写：

```
var a = "mum"
switch a {
case "mum", "daddy":
    fmt.Println("family")
}
```

不同的 case 表达式使用逗号分隔。

2．分支表达式

case 后不仅仅只是常量，还可以和 if 一样添加表达式，代码如下：

```
var r int = 11
switch {
case r > 10 && r < 20:
    fmt.Println(r)
}
```

注意，这种情况的 switch 后面不再跟判断变量，连判断的目标都没有了。

4.5.2 跨越 case 的 fallthrough——兼容 C 语言的 case 设计

在 Go 语言中 case 是一个独立的代码块，执行完毕后不会像 C 语言那样紧接着下一个 case 执行。但是为了兼容一些移植代码，依然加入了 fallthrough 关键字来实现这一功能，代码如下：

```
var s = "hello"
switch {
case s == "hello":
    fmt.Println("hello")
    fallthrough
case s != "world":
    fmt.Println("world")
}
```

代码输出如下：

```
hello
world
```

新编写的代码，不建议使用 fallthrough。

4.6 跳转到指定代码标签（goto）

goto 语句通过标签进行代码间的无条件跳转。goto 语句可以在快速跳出循环、避免重复退出上有一定的帮助。Go 语言中使用 goto 语句能简化一些代码的实现过程。

4.6.1 使用 goto 退出多层循环

下面这段代码在满足条件时，需要连续退出两层循环，使用传统的编码方式如下：

```
package main

import "fmt"

func main() {

    var breakAgain bool

    // 外循环
    for x := 0; x < 10; x++ {

        // 内循环
        for y := 0; y < 10; y++ {

            // 满足某个条件时，退出循环
```

```
16              if y == 2 {
17
18                  // 设置退出标记
19                  breakAgain = true
20
21                  // 退出本次循环
22                  break
23              }
24
25          }
26
27          // 根据标记，还需要退出一次循环
28          if breakAgain {
29              break
30          }
31
32      }
33
34      fmt.Println("done")
35  }
```

代码说明如下：

- 第 10 行，构建外循环。
- 第 13 行，构建内循环。
- 第 16 行，当 y==2 时需要退出所有的 for 循环。
- 第 19 行，默认情况下循环只能一层一层退出，为此就需要设置一个状态变量 isbreak，需要退出时，设置这个变量为 true。
- 第 22 行，使用 break 退出当前循环，执行后，代码调转到第 28 行。
- 第 28 行，退出一层循环后，根据 isbreak 变量判断是否需要再次退出外层循环。
- 第 34 行，退出所有循环后，打印 done。

4.6.2　使用 goto 集中处理错误

将上面的代码使用 Go 语言的 goto 语句进行优化。

代码4-2　goto跳出循环（具体文件：.../chapter04/gotoexitloop/gotoexitloop.go）

```
package main

import "fmt"

func main() {

    for x := 0; x < 10; x++ {

        for y := 0; y < 10; y++ {

            if y == 2 {
                // 跳转到标签
```

```
13                    goto breakHere
14                }
15
16            }
17        }
18
19        // 手动返回，避免执行进入标签
20        return
21
22        // 标签
23    breakHere:
24        fmt.Println("done")
25    }
```

代码说明如下：

- 第 13 行，使用 goto 语句跳转到指明的标签处，标签在第 23 行定义。
- 第 20 行，标签只能被 goto 使用，但不影响代码执行流程，此处如果不手动返回，在不满足条件时，也会执行第 24 行代码。
- 第 23 行，定义 breakHere 标签。

使用 goto 语句后，无须额外的变量就可以快速退出所有的循环。

4.6.3 统一错误处理

多处错误处理存在代码重复时是非常棘手的，例如：

```
01        err := firstCheckError()
02        if err != nil {
03            fmt.Println(err)
04            exitProcess()
05            return
06        }
07
08        err = secondCheckError()
09
10        if err != nil {
11            fmt.Println(err)
12            exitProcess()
13            return
14        }
15
16        fmt.Println("done")
```

代码说明如下：

- 第 1 行，执行某逻辑，返回错误。
- 第 2～6 行，如果发生错误，打印错误退出进程。
- 第 8 行，执行某逻辑，返回错误。
- 第 10～14 行，发生错误后退出流程。
- 第 16 行，没有任何错误，打印完成。

在上面代码中，加粗部分都是重复的错误处理代码。后期陆续在这些代码中如果添加更多的判断，就需要在每一块雷同代码中依次修改，极易造成疏忽和错误。

如果使用 goto 语句来实现同样的逻辑：

```
01        err := firstCheckError()
02        if err != nil {
03            goto onExit
04        }
05
06        err = secondCheckError()
07
08        if err != nil {
09            goto onExit
10        }
11
12        fmt.Println("done")
13
14        return
15
16    onExit:
17        fmt.Println(err)
18        exitProcess()
```

代码说明如下：

- 第 3 行和第 9 行，发生错误时，跳转错误标签 onExit。
- 第 17 行和第 18 行，汇总所有流程进行错误打印并退出进程。

4.7　跳出指定循环（break）——可以跳出多层循环

break 语句可以结束 for、switch 和 select 的代码块。break 语句还可以在语句后面添加标签，表示退出某个标签对应的代码块，标签要求必须定义在对应的 for、switch 和 select 的代码块上。

代码4-3　跳出指定循环（具体文件：.../chapter04/breakloop/breakloop.go）

```
package main

import "fmt"

func main() {

OuterLoop:
    for i := 0; i < 2; i++ {
        for j := 0; j < 5; j++ {
            switch j {
            case 2:
                fmt.Println(i, j)
                break OuterLoop
            case 3:
```

```
15                  fmt.Println(i, j)
16                  break OuterLoop
17              }
18          }
19      }
20  }
```

代码说明如下：

- 第 7 行，外层循环的标签。
- 第 8 行和第 9 行，双层循环。
- 第 10 行，使用 switch 进行数值分支判断。
- 第 13 和第 16 行，退出 OuterLoop 对应的循环之外，也就是跳转到第 20 行。

代码输出如下：

```
0 2
```

4.8 继续下一次循环（continue）

continue 语句可以结束当前循环，开始下一次的循环迭代过程，仅限在 for 循环内使用。在 continue 语句后添加标签时，表示开始标签对应的循环。例如：

```
01  package main
02
03  import "fmt"
04
05  func main() {
06
07  OuterLoop:
08      for i := 0; i < 2; i++ {
09
10          for j := 0; j < 5; j++ {
11              switch j {
12              case 2:
13                  fmt.Println(i, j)
14                  continue OuterLoop
15              }
16          }
17      }
18
19  }
```

代码输出如下：

```
0 2
1 2
```

代码说明：第 14 行将结束当前循环，开启下一次的外层循环，而不是第 10 行的循环。

第 5 章　函数（function）

函数是组织好的、可重复使用的、用来实现单一或相关联功能的代码段，其可以提高应用的模块性和代码的重复利用率。

Go 语言支持普通函数、匿名函数和闭包，从设计上对函数进行了优化和改进，让函数使用起来更加方便。

Go 语言的函数属于“一等公民”（first-class），也就是说：

- 函数本身可以作为值进行传递。
- 支持匿名函数和闭包（closure）。
- 函数可以满足接口。

5.1　声明函数

普通函数需要先声明才能调用。一个函数的声明包括参数和函数名等，编译器通过声明才能了解函数应该怎样在调用代码和函数体之间传递参数和返回参数。

5.1.1　普通函数的声明形式

Go 语言的函数声明以 func 标识，后面紧接着函数名、参数列表、返回参数列表及函数体，具体形式如下：

```
func 函数名(参数列表)(返回参数列表){
函数体
}
```

- 函数名：由字母、数字、下画线组成。其中，函数名的第一个字母不能为数字。在同一个包内，函数名称不能重名。

提示：包（package）是 Go 源码的一种组织方式，一个包可以认为是一个文件夹，在第 8 章中将会详细讲解包的概念。

- 参数列表：一个参数由参数变量和参数类型组成，例如：

```
func foo( a int, b string )
```

其中，参数列表中的变量作为函数的局部变量而存在。

- 返回参数列表：可以是返回值类型列表，也可以是类似参数列表中变量名和类型名的组合。函数在声明有返回值时，必须在函数体中使用 return 语句提供返回值列表。
- 函数体：能够被重复调用的代码片段。

5.1.2 参数类型的简写

在参数列表中，如有多个参数变量，则以逗号分隔；如果相邻变量是同类型，则可以将类型省略。例如：

```
func add(a, b int) int {
        return a + b
}
```

以上代码中，a 和 b 的参数均为 int 类型，因此可以省略 a 的类型，在 b 后面有类型说明，这个类型也是 a 的类型。

5.1.3 函数的返回值

Go 语言支持多返回值，多返回值能方便地获得函数执行后的多个返回参数，Go 语言经常使用多返回值中的最后一个返回参数返回函数执行中可能发生的错误。示例代码如下：

```
conn, err := connectToNetwork()
```

在这段代码中，connectToNetwork 返回两个参数，conn 表示连接对象，err 返回错误。

提示：

- C/C++语言中只支持一个返回值，在需要返回多个数值时，则需要使用结构体返回结果，或者在参数中使用指针变量，然后在函数内部修改外部传入的变量值，实现返回计算结果。C++语言中为了安全性，建议在参数返回数据时使用“引用”替代指针。
- C#语言也没有多返回值特性。C#语言后期加入的 ref 和 out 关键字能够通过函数的调用参数获得函数体中修改的数据。
- lua 语言没有指针，但支持多返回值，在大块数据使用时方便很多。

Go 语言既支持安全指针，也支持多返回值，因此在使用函数进行逻辑编写时更为方便。

1. 同一种类型返回值

如果返回值是同一种类型，则用括号将多个返回值类型括起来，用逗号分隔每个返回值的类型。

使用 return 语句返回时，值列表的顺序需要与函数声明的返回值类型一致。示例代码如下：

```
func typedTwoValues() (int, int) {

    return 1, 2
}

a, b := typedTwoValues()
fmt.Println(a, b)
```

代码输出如下：

```
1 2
```

纯类型的返回值对于代码可读性不是很友好，特别是在同类型的返回值出现时，无法区分每个返回参数的意义。

2．带有变量名的返回值

Go 语言支持对返回值进行命名，这样返回值就和参数一样拥有参数变量名和类型。

命名的返回值变量的默认值为类型的默认值，即数值为 0，字符串为空字符串，布尔为 false、指针为 nil 等。

下面代码中的函数拥有两个整型返回值，函数声明时将返回值命名为 a 和 b，因此可以在函数体中直接对函数返回值进行赋值。在命名的返回值方式的函数体中，在函数结束前需要显式地使用 return 语句进行返回，代码如下：

```
01  func namedRetValues() (a, b int) {
02
03      a = 1
04      b = 2
05
06      return
07  }
```

代码说明如下：

- 第 1 行，对两个整型返回值进行命名，分别为 a 和 b。
- 第 3 行和第 4 行，命名返回值的变量与这个函数的布局变量的效果一致，可以对返回值进行赋值和值获取。
- 第 6 行，当函数使用命名返回值时，可以在 return 中不填写返回值列表，如果填写也是可行的。下面代码的执行效果和上面代码的效果一样。

```
func namedRetValues() (a, b int) {

    a = 1

    return a, 2
}
```

提示：

同一种类型返回值和命名返回值两种形式只能二选一，混用时将会发生编译错误，例如下面的代码：

```
func namedRetValues() (a, b int, int)
```

编译报错提示：

```
mixed named and unnamed function parameters
```

意思是：在函数参数中混合使用了命名和非命名参数。

5.1.4 调用函数

函数在定义后，可以通过调用的方式，让当前代码跳转到被调用的函数中进行执行。调用前的函数局部变量都会被保存起来不会丢失；被调用的函数结束后，恢复到被调用函数的下一行继续执行代码，之前的局部变量也能继续访问。

函数内的局部变量只能在函数体中使用，函数调用结束后，这些局部变量都会被释放并且失效。

Go 语言的函数调用格式如下：

```
返回值变量列表 = 函数名(参数列表)
```

- 函数名：需要调用的函数名。
- 参数列表：参数变量以逗号分隔，尾部无须以分号结尾。
- 返回值变量列表：多个返回值使用逗号分隔。

例如，加法函数调用样式如下：

```
result := add(1,1)
```

5.1.5 示例：将“秒”解析为时间单位

在本例中，使用一个数值表示时间中的“秒”值，然后使用 resolveTime()函数将传入的秒数转换为天、小时和分钟等时间单位。

代码5-1 将秒解析为时间单位（具体文件：.../chapter05/resolvetime/resolvetime.go）

```
package main

import "fmt"

const (
    // 定义每分钟的秒数
    SecondsPerMinute = 60

    // 定义每小时的秒数
    SecondsPerHour = SecondsPerMinute * 60

    // 定义每天的秒数
```

```
13      SecondsPerDay = SecondsPerHour * 24
14  )
15
16  // 将传入的“秒”解析为 3 种时间单位
17  func resolveTime(seconds int) (day int, hour int, minute int) {
18
19      day = seconds / SecondsPerDay
20      hour = seconds / SecondsPerHour
21      minute = seconds / SecondsPerMinute
22
23      return
24  }
25
26  func main() {
27
28      // 将返回值作为打印参数
29      fmt.Println(resolveTime(1000))
30
31      // 只获取小时和分钟
32      _, hour, minute := resolveTime(18000)
33      fmt.Println(hour, minute)
34
35      // 只获取天
36      day, _, _ := resolveTime(90000)
37      fmt.Println(day)
38  }
```

代码说明如下：

- 第 7 行，定义每分钟的秒数。
- 第 10 行，定义每小时的秒数，SecondsPerHour 常量值会在编译期间计算出结果。
- 第 13 行，定义每天的秒数。
- 第 17 行，定义 resolveTime()函数，根据输入的秒数，返回 3 个整型值，含义分别是秒数对应的天数、小时数和分钟数（取整）。
- 第 29 行中，给定 1 000 秒，对应是 16（16.6667 取整）分钟的秒数。resolveTime()函数返回的 3 个变量会传递给 fmt.Println()函数进行打印，因为 fmt.Println()使用了可变参数，可以接收不定量的参数。
- 第 32 行，将 resolveTime()函数中的 3 个返回值使用变量接收，但是第一个返回参数使用匿名函数接收，表示忽略这个变量。
- 第 36 行，忽略后两个返回值，只使用第一个返回值。

代码输出如下：

```
0 0 16
5 300
1
```

5.1.6　示例：函数中的参数传递效果测试

Go 语言中传入和返回参数在调用和返回时都使用值传递，这里需要注意的是指针、切片和 map 等引用型对象指向的内容在参数传递中不会发生复制，而是将指针进行复制，类似于创建一次引用。

下面通过一个例子来详细了解 Go 语言的参数值传递。

代码5-2　参数值传递（具体文件：.../chapter05/passbyvalue/passbyvalue.go）

1. 测试数据类型

为了测试结构体、切片、指针及结构体中嵌套的结构体在值传递中会发生的情况，需要定义一些结构，代码如下：

```
01  // 用于测试值传递效果的结构体
02  type Data struct {
03      complax []int                   // 测试切片在参数传递中的效果
04
05      instance InnerData              // 实例分配的 innerData
06
07      ptr *InnerData                  // 将 ptr 声明为 InnerData 的指针类型
08  }
09
10  // 代表各种结构体字段
11  type InnerData struct {
12      a int
13  }
```

代码说明如下：

- 第 2 行，将 Data 声明为结构体类型，结构体是拥有多个字段的复杂结构。
- 第 3 行，complax 为整型切片类型，切片是一种动态类型，内部以指针存在。
- 第 5 行，instance 成员以 InnerData 类型作为 Data 的成员。
- 第 7 行，将 ptr 声明为 InnerData 的指针类型。
- 第 11 行，声明一个内嵌的结构 InnerData。

2. 值传递的测试函数

本节中定义的 passByValue()函数用于值传递的测试，该函数的参数和返回值都是 Data 类型。在调用中，Data 的内存会被复制后传入函数，当函数返回时，又会将返回值复制一次，赋给函数返回值的接收变量。代码如下：

```
// 值传递测试函数
func passByValue(inFunc Data) Data {

    // 输出参数的成员情况
    fmt.Printf("inFunc value: %+v\n", inFunc)

    // 打印 inFunc 的指针
    fmt.Printf("inFunc ptr: %p\n", &inFunc)

    return inFunc
}
```

代码说明如下：

- 第 5 行，使用格式化的“%+v”动词输出 in 变量的详细结构，以便观察 Data 结构在传递前后的内部数值的变化情况。
- 第 8 行，打印传入参数 inFunc 的指针地址。在计算机中，拥有相同地址且类型相同的变量，表示的是同一块内存区域。
- 第 10 行，将传入的变量作为返回值返回，返回的过程将发生值复制。

3. 测试流程

测试流程会准备一个 Data 格式的数据结构并填充所有成员，这些成员类型包括切片、结构体成员及指针。通过调用测试函数，传入 Data 结构数据，并获得返回值，对比输入和输出后的 Data 结构数值变化，特别是指针变化情况以及输入和输出整块数据是否被复制，代码如下：

```
01  // 准备传入函数的结构
02  in := Data{
03      complax: []int{1, 2, 3},
04      instance: InnerData{
05          5,
06      },
07
08      ptr: &InnerData{1},
09  }
10
11  // 输入结构的成员情况
12  fmt.Printf("in value: %+v\n", in)
13
14  // 输入结构的指针地址
15  fmt.Printf("in ptr: %p\n", &in)
16
17  // 传入结构体，返回同类型的结构体
18  out := passByValue(in)
19
20  // 输出结构的成员情况
21  fmt.Printf("out value: %+v\n", out)
22
23  // 输出结构的指针地址
24  fmt.Printf("out ptr: %p\n", &out)
```

代码说明如下：

- 第 2 行，创建一个 Data 结构的实例 in。
- 第 3 行，将切片数据赋值到 in 的 complax 成员。
- 第 4 行，为 in 的 instance 成员赋值 InnerData 结构的数据。
- 第 8 行，为 in 的 ptr 成员赋值 InnerData 的指针类型数据。
- 第 12 行，打印输入结构的成员情况。
- 第 15 行，打印输入结构的指针地址。

- 第 18 行，传入 in 结构，调用 passByvalue()测试函数获得 out 返回，此时，passByValue()函数会打印 in 传入后的数据成员情况。
- 第 21 行，打印返回值 out 变量的成员情况。
- 第 24 行，打印输出结构的地址。

运行代码，输出如下：

```
in value: {complax:[1 2 3] instance:{a:5} ptr:0xc042008100}
in ptr: 0xc042066060
inFunc value: {complax:[1 2 3] instance:{a:5} ptr:0xc042008100}
inFunc ptr: 0xc0420660f0
out value: {complax:[1 2 3] instance:{a:5} ptr:0xc042008100}
out ptr: 0xc0420660c0
```

从运行结果中发现：

- 所有的 Data 结构的指针地址发生了变化，意味着所有的结构都是一块新的内存，无论是将 Data 结构传入函数内部，还是通过函数返回值传回 Data 都会发生复制行为。
- 所有的 Data 结构中的成员值都没有发生变化，原样传递，意味着所有参数都是值传递。
- Data 结构的 ptr 成员在传递过程中保持一致，表示指针在函数参数值传递中传递的只是指针值，不会复制指针指向的部分。

5.2 函数变量——把函数作为值保存到变量中

在 Go 语言中，函数也是一种类型，可以和其他类型一样被保存在变量中。下面的代码定义了一个函数变量 f，并将一个函数名 fire()赋给函数变量 f，这样调用函数变量 f 时，实际调用的就是 fire()函数，代码如下：

```
package main
import (
        "fmt"
)
func fire() {
        fmt.Println("fire")
}
func main() {
    var f func()
    f = fire
    f()
}
```

代码说明如下：

- 第 7 行，定义了一个 fire()函数。
- 第 13 行，将变量 f 声明为 func()类型，此时 f 就被俗称为“回调函数”。此时 f 的值为 nil。
- 第 15 行，将 fire()函数名作为值，赋给 f 变量，此时 f 的值为 fire()函数。
- 第 17 行，使用 f 变量进行函数调用，实际调用的是 fire()函数。

代码输出如下:

```
fire
```

5.3　示例：字符串的链式处理——操作与数据分离的设计技巧

使用SQL语言从数据库中获取数据时，可以对原始数据进行排序（sort by）、分组（group by）和去重（distinct）等操作。SQL 将数据的操作与遍历过程作为两个部分进行隔离，这样操作和遍历过程就可以各自独立地进行设计，这就是常见的数据与操作分离的设计。

对数据的操作进行多步骤的处理被称为链式处理。本例中使用多个字符串作为数据集合，然后对每个字符串进行一系列的处理，用户可以通过系统函数或者自定义函数对链式处理中的每个环节进行自定义。

1. 字符串处理函数

字符串处理函数（StringProccess）需要外部提供数据源：一个字符串切片（list []string），另外还要提供一个链式处理函数的切片（chain []func(string) string），链式处理切片中的一个处理函数的定义如下：

```
func(string)string
```

这种处理函数能够接受一个字符串输入，处理后输出。

strings 包中将字符串变为小写就是一种处理函数的形式，strings.ToLower()函数能够将传入的字符串的每一个字符变为小写，strings.ToLower 定义如下：

```
func ToLower(s string) string
```

字符串处理函数（StringProccess）内部遍历每一个数据源提供的字符串，每个字符串都需要经过一系列链式处理函数处理后被重新放回切片，参见下面代码：

代码5-3　字符串的链式处理（具体文件：.../chapter05/strproc/strproc.go）

```
// 字符串处理函数，传入字符串切片和处理链
func StringProccess(list []string, chain []func(string) string) {

```

```
04      // 遍历每一个字符串
05      for index, str := range list {
06
07          // 第一个需要处理的字符串
08          result := str
09
10          // 遍历每一个处理链
11          for _, proc := range chain {
12
13              // 输入一个字符串进行处理，返回数据作为下一个处理链的输入
14              result = proc(result)
15          }
16
17          // 将结果放回切片
18          list[index] = result
19      }
20  }
```

代码说明如下：

- 第 2 行，传入字符串切片 list 作为数据源，一系列的处理函数作为 chain 处理链。
- 第 5 行，遍历字符串切片的每个字符串，依次对每个字符串进行处理。
- 第 8 行，将当前字符串保存到 result 变量中，作为第一个处理函数的参数。
- 第 11 行，遍历每一个处理函数，将字符串按顺序经过这些处理函数处理。
- 第 14 行，result 变量即是每个处理函数的输入变量，处理后的变量又会重新保存到 result 变量中。
- 第 18 行，将处理完的字符串保存回切片中。

2. 自定义的处理函数

处理函数可以是系统提供的处理函数，如将字符串变大写或小写，也可以使用自定义函数。本例中的字符串处理的逻辑是使用一个自定义的函数实现移除指定 go 前缀的过程，参见下面代码：

```
// 自定义的移除前缀的处理函数
func removePrefix(str string) string {

    return strings.TrimPrefix(str, "go")
}
```

此函数使用了 strings.TrimPrefix()函数实现移除字符串的指定前缀。处理后，移除前缀的字符串结果将通过 removePrefix()函数的返回值返回。

3. 字符串处理主流程

字符串处理的主流程包含以下几个步骤：

（1）准备要处理的字符串列表。

（2）准备字符串处理链。

（3）处理字符串列表。

（4）打印输出后的字符串列表。

详细流程参考下面的代码：

```
01 func main() {
02
03     // 待处理的字符串列表
04     list := []string{
05         "go scanner",
06         "go parser",
07         "go compiler",
08         "go printer",
09         "go formater",
10     }
11
12     // 处理函数链
13     chain := []func(string) string{
14         removePrefix,
15         strings.TrimSpace,
16         strings.ToUpper,
17     }
18
19     // 处理字符串
20     StringProccess(list, chain)
21
22     // 输出处理好的字符串
23     for _, str := range list {
24         fmt.Println(str)
25     }
26 }
```

代码说明如下：

- 第 4 行，定义字符串切片，字符串包含 go 前缀及空格。
- 第 13 行，准备处理每个字符串的处理链，处理的顺序与函数在切片中的位置一致。removePrefix()为自定义的函数，功能是移除 go 前缀；移除前缀的字符串左边有一个空格，使用 strings.TrimSpace 移除，这个函数的定义刚好符合处理函数的格式：func(string)string；strings.ToUpper 用于将字符串转为大写。
- 第 20 行，传入字符串切片和字符串处理链，通过 StringProcess()函数对字符串进行处理。
- 第 23 行，遍历字符串切片的每一个字符串，打印处理好的字符串结果。

提示：链式处理器是一种常见的编程设计。Netty 是使用 Java 语言编写的一款异步事件驱动的网络应用程序框架，支持快速开发可维护的高性能的面向协议的服务器和客户端，Netty 中就有类似的链式处理器的设计。

Netty 可以使用类似的处理链对封包进行收发编码及处理。Netty 的开发者可以分为 3 种：第一种是 Netty 底层开发者，第二种是每个处理环节的开发者，第三种是业务实现者，在实际开发环节中，后两种开发者往往是同一批开发者。链式处理的开发思想将数据和操作拆分、解耦，让开发者可以根据自己的技术优势和需求，进行系统开发，同时将自己的开发成果共享给其他的开发者。

5.4 匿名函数——没有函数名字的函数

Go 语言支持匿名函数，即在需要使用函数时，再定义函数，匿名函数没有函数名，只有函数体，函数可以被作为一种类型被赋值给函数类型的变量，匿名函数也往往以变量方式被传递。

匿名函数经常被用于实现回调函数、闭包等。

5.4.1 定义一个匿名函数

匿名函数的定义格式如下：

```
func(参数列表)(返回参数列表){
函数体
}
```

匿名函数的定义就是没有名字的普通函数定义。

1. 在定义时调用匿名函数

匿名函数可以在声明后调用，例如：

```
01  func(data int) {
02      fmt.Println("hello", data)
03  }(100)
```

注意第 3 行“}”后的“(100)”，表示对匿名函数进行调用，传递参数为 100。

2. 将匿名函数赋值给变量

匿名函数体可以被赋值，例如：

```
// 将匿名函数体保存到 f()中
f := func(data int) {
    fmt.Println("hello", data)
}

// 使用 f()调用
```

```
f(100)
```

匿名函数的用途非常广泛，匿名函数本身是一种值，可以方便地保存在各种容器中实现回调函数和操作封装。

5.4.2　匿名函数用作回调函数

下面的代码实现对切片的遍历操作，遍历中访问每个元素的操作使用匿名函数来实现。用户传入不同的匿名函数体可以实现对元素不同的遍历操作，代码如下：

```
01  package main
02
03  import (
04      "fmt"
05  )
06
07  // 遍历切片的每个元素，通过给定函数进行元素访问
08  func visit(list []int, f func(int)) {
09
10      for _, v := range list {
11          f(v)
12      }
13  }
14
15  func main() {
16
17      // 使用匿名函数打印切片内容
18      visit([]int{1, 2, 3, 4}, func(v int) {
19          fmt.Println(v)
20      })
21  }
```

代码说明如下：

- 第 8 行，使用 visit()函数将整个遍历过程进行封装，当要获取遍历期间的切片值时，只需要给 visit()传入一个回调参数即可。
- 第 18 行，准备一个整型切片[]int{1, 2, 3, 4}传入 visit()函数作为遍历的数据。
- 第 19～20 行，定义了一个匿名函数，作用是将遍历的每个值打印出来。

匿名函数作为回调函数的设计在 Go 语言的系统包中也比较常见，strings 包中就有如下代码：

```
func TrimFunc(s string, f func(rune) bool) string {
    return TrimRightFunc(TrimLeftFunc(s, f), f)
}
```

5.4.3　使用匿名函数实现操作封装

下面这段代码将匿名函数作为 map 的键值，通过命令行参数动态调用匿名函数，代码

如下：

```
01  package main
02
03  import (
04          "flag"
05          "fmt"
06  )
07
08  var skillParam = flag.String("skill", "", "skill to perform")
09
10  func main() {
11
12      flag.Parse()
13
14      var skill = map[string]func(){
15          "fire": func() {
16              fmt.Println("chicken fire")
17          },
18          "run": func() {
19              fmt.Println("soldier run")
20          },
21          "fly": func() {
22              fmt.Println("angel fly")
23          },
24      }
25
26      if f, ok := skill[*skillParam]; ok {
27          f()
28      } else {
29          fmt.Println("skill not found")
30      }
31
32  }
```

代码说明如下：

- 第 8 行，定义命令行参数 skill，从命令行输入—skill 可以将空格后的字符串传入 skillParam 指针变量。
- 第 12 行，解析命令行参数，解析完成后，skillParam 指针变量将指向命令行传入的值。
- 第 14 行，定义一个从字符串映射到 func()的 map，然后填充这个 map。
- 第 15～23 行，初始化 map 的键值对，值为匿名函数。
- 在第 26 行，skillParam 是一个*string 类型的指针变量，使用*skillParam 获取到命令行传过来的值，并在 map 中查找对应命令行参数指定的字符串的函数。
- 第 29 行，如果在 map 定义中存在这个参数就调用；否则打印“技能没有找到”。

运行代码，结果如下：

```
$  go run main.go --skill=fly
```

```
angel fly
$  go run main.go --skill=run
soldier run
```

5.5　函数类型实现接口——把函数作为接口来调用

函数和其他类型一样都属于“一等公民”，其他类型能够实现接口，函数也可以，本节将分别对比结构体与函数实现接口的过程。

本节例子参考代码 5-4。

代码5-4　函数实现接口（具体文件：.../chapter05/funcimplinterface/funcimplinterface.go）

有如下一个接口：

```
// 调用器接口
type Invoker interface {
    // 需要实现一个 Call()方法
    Call(interface{})
}
```

这个接口需要实现 Call()方法，调用时会传入一个 interface{}类型的变量，这种类型的变量表示任意类型的值。

接下来，使用结构体进行接口实现。

5.5.1　结构体实现接口

结构体实现 Invoker 接口的代码如下：

```
01  // 结构体类型
02  type Struct struct {
03  }
04
05  // 实现 Invoker 的 Call
06  func (s *Struct) Call(p interface{}) {
07      fmt.Println("from struct", p)
08  }
```

代码说明如下：

- 第 2 行，定义结构体，该例子中的结构体无须任何成员，主要展示实现 Invoker 的方法。
- 第 6 行，Call()为结构体的方法，该方法的功能是打印 from struct 和传入的 interface{}类型的值。

将定义的 Struct 类型实例化，并传入接口中进行调用，代码如下：

```
// 声明接口变量
var invoker Invoker
```

```
03
04  // 实例化结构体
05  s := new(Struct)
06
07  // 将实例化的结构体赋值到接口
08  invoker = s
09
10  // 使用接口调用实例化结构体的方法 Struct.Call
11  invoker.Call("hello")
```

代码说明如下：

- 第 2 行，声明 Invoker 类型的变量。
- 第 5 行，使用 new 将结构体实例化，此行也可以写为 s := &Struct。
- 第 8 行，s 类型为*Struct，已经实现了 Invoker 接口类型，因此赋值给 invoker 时是成功的。
- 第 11 行，通过接口的 Call()方法，传入 hello，此时将调用 Struct 结构体的 Call()方法。

接下来，对比下函数实现结构体的差异。

代码输出如下：

```
from struct hello
```

5.5.2 函数体实现接口

函数的声明不能直接实现接口，需要将函数定义为类型后，使用类型实现结构体。当类型方法被调用时，还需要调用函数本体。

```
01  // 函数定义为类型
02  type FuncCaller func(interface{})
03
04  // 实现 Invoker 的 Call
05  func (f FuncCaller) Call(p interface{}) {
06
07      // 调用 f()函数本体
08      f(p)
09  }
```

代码说明如下：

- 第 2 行，将 func(interface{})定义为 FuncCaller 类型。
- 第 5 行，FuncCaller 的 Call()方法将实现 Invoker 的 Call()方法。
- 第 8 行，FuncCaller 的 Call()方法被调用与 func(interface{})无关，还需要手动调用函数本体。

上面代码只是定义了函数类型，需要函数本身进行逻辑处理。FuncCaller 无须被实例化，只需要将函数转换为 FuncCaller 类型即可，函数来源可以是命名函数、匿名函数或闭包，参见下面代码：

```
// 声明接口变量
```

```
02  var invoker Invoker
03
04  // 将匿名函数转为 FuncCaller 类型，再赋值给接口
05  invoker = FuncCaller(func(v interface{}) {
06      fmt.Println("from function", v)
07  })
08
09  // 使用接口调用 FuncCaller.Call，内部会调用函数本体
10  invoker.Call("hello")
```

代码说明如下：

- 第 2 行，声明接口变量。
- 第 5 行，将 func(v interface{}){}匿名函数转换为 FuncCaller 类型（函数签名才能转换），此时 FuncCaller 类型实现了 Invoker 的 Call()方法，赋值给 invoker 接口是成功的。
- 第 10 行，使用接口方法调用。

代码输出如下：

```
from function hello
```

5.5.3　HTTP 包中的例子

HTTP 包中包含有 Handler 接口定义，代码如下：

```
type Handler interface {
    ServeHTTP(ResponseWriter, *Request)
}
```

Handler 用于定义每个 HTTP 的请求和响应的处理过程。

同时，也可以使用处理函数实现接口，定义如下：

```
type HandlerFunc func(ResponseWriter, *Request)

func (f HandlerFunc) ServeHTTP(w ResponseWriter, r *Request) {
    f(w, r)
}
```

要使用闭包实现默认的 HTTP 请求处理，可以使用 http.HandleFunc()函数，函数定义如下：

```
func HandleFunc(pattern string, handler func(ResponseWriter, *Request)) {
    DefaultServeMux.HandleFunc(pattern, handler)
}
```

而 DefaultServeMux 是 ServeMux 结构，拥有 HandleFunc()方法，定义如下：

```
func (mux *ServeMux) HandleFunc(pattern string, handler func
(ResponseWriter, *Request)) {
    mux.Handle(pattern, HandlerFunc(handler))
}
```

上面代码将外部传入的函数 handler()转为 HandlerFunc 类型，HandlerFunc 类型实现了 Handler 的 ServeHTTP 方法，底层可以同时使用各种类型来实现 Handler 接口进行处理。

5.6 闭包（Closure）——引用了外部变量的匿名函数

闭包是引用了自由变量的函数，被引用的自由变量和函数一同存在，即使已经离开了自由变量的环境也不会被释放或者删除，在闭包中可以继续使用这个自由变量。因此，简单的说：

函数+引用环境=闭包

同一个函数与不同引用环境组合，可以形成不同的实例，如图 5-1 所示。

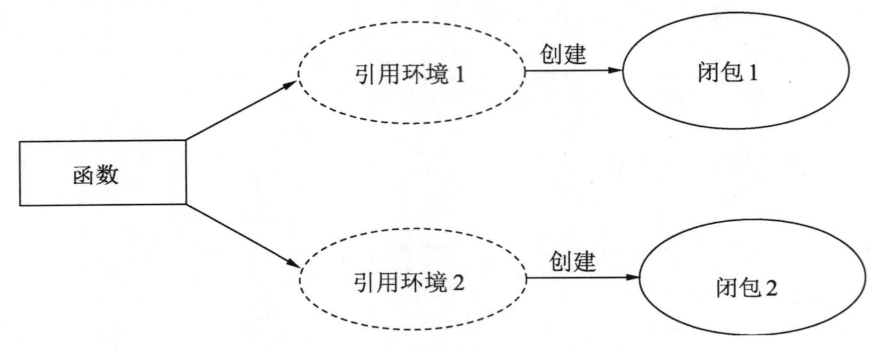

图 5-1 闭包与引用函数

一个函数类型就像结构体一样，可以被实例化。函数本身不存储任何信息，只有与引用环境结合后形成的闭包才具有“记忆性”。函数是编译期静态的概念，而闭包是运行期动态的概念。

提示： 闭包（Closure）在某些编程语言中也被称为 Lambda 表达式。

闭包对环境中变量的引用过程，也可以被称为“捕获”，在 C++ 11 标准中，捕获有两种类型：引用和复制，可以改变引用的原值叫做“引用捕获”，捕获的过程值被复制到闭包中使用叫做“复制捕获”。

在 Lua 语言中，将被捕获的变量起了一个名字叫做 Upvalue，因为捕获过程总是对闭包上方定义过的自由变量进行引用。

闭包在各种语言中的实现也是不尽相同的。在 Lua 语言中，无论闭包还是函数都属于 Prototype 概念，被捕获的变量以 Upvalue 的形式引用到闭包中。

C++与 C#中为闭包创建了一个类，而被捕获的变量在编译时放到类中的成员中，闭包在访问被捕获的变量时，实际上访问的是闭包隐藏类的成员。

5.6.1 在闭包内部修改引用的变量

闭包对它作用域上部变量的引用可以进行修改，修改引用的变量就会对变量进行实际修改，通过下面的例子来理解：

```
01 // 准备一个字符串
02 str := "hello world"
03
04 // 创建一个匿名函数
05 foo := func() {
06
07     // 匿名函数中访问str
08     str = "hello dude"
09 }
10
11 // 调用匿名函数
12 foo()
```

代码说明如下：

- 第 2 行，准备一个字符串用于修改。
- 第 5 行，创建一个匿名函数。
- 第 8 行，在匿名函数中并没有定义 str，str 的定义在匿名函数之前，此时，str 就被引用到了匿名函数中形成了闭包。
- 第 12 行，执行闭包，此时 str 发生修改，变为 hello dude。

代码输出：hello dude。

5.6.2 示例：闭包的记忆效应

被捕获到闭包中的变量让闭包本身拥有了记忆效应，闭包中的逻辑可以修改闭包捕获的变量，变量会跟随闭包生命期一直存在，闭包本身就如同变量一样拥有了记忆效应。

代码5-5 累加器（具体文件：.../chapter05/accumulator/accumulator.go）

```
package main

import (
    "fmt"
)

// 提供一个值，每次调用函数会指定对值进行累加
func Accumulate(value int) func() int {

    // 返回一个闭包
    return func() int {
```

```
12
13             // 累加
14             value++
15
16             // 返回一个累加值
17             return value
18         }
19 }
20
21 func main() {
22
23     // 创建一个累加器，初始值为 1
24     accumulator := Accumulate(1)
25
26     // 累加 1 并打印
27     fmt.Println(accumulator())
28
29     fmt.Println(accumulator())
30
31     // 创建一个累加器，初始值为 1
32     accumulator2 := Accumulate(10)
33
34     // 累加 1 并打印
35     fmt.Println(accumulator2())
36 }
```

代码输出如下：

```
2
3
11
```

代码说明如下：

- 第 8 行，累加器生成函数，这个函数输出一个初始值，调用时返回一个为初始值创建的闭包函数。
- 第 11 行，返回一个闭包函数，每次返回会创建一个新的函数实例。
- 第 14 行，对引用的 Accumulate 参数变量进行累加，注意 value 不是第 11 行匿名函数定义的，但是被这个匿名函数引用，所以形成闭包。
- 第 17 行，将修改后的值通过闭包的返回值返回。
- 第 24 行，创建一个累加器，初始值为 1，返回的 accumulator 是类型为 func() int 的函数变量。
- 第 27 行，调用 accumulator()时，代码从 11 行开始执行匿名函数逻辑，直到第 17 行返回。

每调用一次 accumulator 都会自动对引用的变量进行累加。

5.6.3 示例：闭包实现生成器

闭包的记忆效应进程被用于实现类似于设计模式中工厂模式的生成器。下面的例子展示了创建一个玩家生成器的过程。

代码5-6　玩家生成器（具体文件：.../chapter05/playergen/playergen.go）

```
01  package main
02
03  import (
04      "fmt"
05  )
06
07  // 创建一个玩家生成器，输入名称，输出生成器
08  func playerGen(name string) func() (string, int) {
09
10      // 血量一直为 150
11      hp := 150
12
13      // 返回创建的闭包
14      return func() (string, int) {
15
16          // 将变量引用到闭包中
17          return name, hp
18      }
19  }
20
21  func main() {
22
23      // 创建一个玩家生成器
24      generator := playerGen("high noon")
25
26      // 返回玩家的名字和血量
27      name, hp := generator()
28
29      // 打印值
30      fmt.Println(name, hp)
31  }
```

代码输出如下：

```
high noon 150
```

代码说明如下：

- 第 8 行，playerGen()需要提供一个名字来创建一个玩家的生成函数。
- 第 11 行，声明并设定 hp 变量为 150。
- 第 14 行～18 行，将 hp 和 name 变量引用到匿名函数中形成闭包。

- 第 24 行中，通过 playerGen 传入参数调用后获得玩家生成器。
- 第 27 行，调用这个玩家生成器函数，可以获得玩家的名称和血量。

闭包还具有一定的封装性，第 11 行的变量是 playerGen 的局部变量，playerGen 的外部无法直接访问及修改这个变量，这种特性也与面向对象中强调的封装性类似。

5.7 可变参数——参数数量不固定的函数形式

Go 语言支持可变参数特性，函数声明和调用时没有固定数量的参数，同时也提供了一套方法进行可变参数的多级传递。

Go 语言的可变参数格式如下：

```
func 函数名(固定参数列表, v … T)(返回参数列表){
函数体
}
```

特性如下：

- 可变参数一般被放置在函数列表的末尾，前面是固定参数列表，当没有固定参数时，所有变量就将是可变参数。
- v 为可变参数变量，类型为[]T，也就是拥有多个 T 元素的 T 类型切片，v 和 T 之间由“...”即 3 个点组成。
- T 为可变参数的类型，当 T 为 interface{}时，传入的可以是任意类型。

5.7.1 fmt 包中的例子

可变参数有两种形式：所有参数都是可变参数的形式，如 fmt.Println，以及部分是可变参数的形式，如 fmt.Printf，可变参数只能出现在参数的后半部分，因此不可变的参数只能放在参数的前半部分。

1．所有参数都是可变参数：fmt.Println

fmt.Println 的函数声明如下：

```
func Println(a ...interface{}) (n int, err error) {
    return Fprintln(os.Stdout, a...)
}
```

fmt.Println 在使用时，传入的值类型不受限制，例如：

```
fmt.Println(5, "hello", &struct{ a int }{1}, true)
```

2．部分参数是可变参数：fmt.Printf

fmt.Printf 的第一个参数为参数列表，后面的参数是可变参数，fmt.Printf 函数的格式如下：

```
func Printf(format string, a ...interface{}) (n int, err error) {
    return Fprintf(os.Stdout, format, a...)
}
```

fmt.Printf()函数在调用时，第一个函数始终必须传入字符串，对应参数是 format，后面的参数数量可以变化，使用时，代码如下：

```
fmt.Printf("pure string\n")

fmt.Printf("value: %v %f\n", true, math.Pi)
```

5.7.2　遍历可变参数列表——获取每一个参数的值

可变参数列表的数量不固定，传入的参数是一个切片。如果需要获得每一个参数的具体值时，可以对可变参数变量进行遍历，参见下面代码：

```
01  package main
02
03  import (
04      "bytes"
05      "fmt"
06  )
07  // 定义一个函数，参数数量为 0~n，类型约束为字符串
08  func joinStrings(slist ...string) string {
09
10      // 定义一个字节缓冲，快速地连接字符串
11      var b bytes.Buffer
12      // 遍历可变参数列表 slist，类型为[]string
13      for _, s := range slist {
14          // 将遍历出的字符串连续写入字节数组
15          b.WriteString(s)
16      }
17
18      // 将连接好的字节数组转换为字符串并输出
19      return b.String()
20  }
21
22  func main() {
23      // 输入 3 个字符串，将它们连成一个字符串
24      fmt.Println(joinStrings("pig ", "and", " rat"))
25      fmt.Println(joinStrings("hammer", " mom", " and", " hawk"))
26  }
```

代码输出如下：

```
pig and rat
hammer mom and hawk
```

代码说明如下：

- 第 8 行，定义了一个可变参数的函数，slist 的类型为[]string，每一个参数的类型是 string，也就是说，该函数只接受字符串类型作为参数。
- 第 11 行，bytes.Buffer 在这个例子中的作用类似于 StringBuilder，可以高效地进行

字符串连接操作。

- 第 13 行，遍历 slist 可变参数，s 为每个参数的值，类型为 string。
- 第 15 行，将每一个传入参数放到 bytes.Buffer 中。
- 第 19 行，将 bytes.Buffer 中的数据转换为字符串作为函数返回值返回。
- 第 24 行，输入 3 个字符串，使用 joinStrings()函数将参数连接为字符串输出。
- 第 25 行，输入 4 个字符串，连接后输出。

如果要获取可变参数的数量，可以使用 len()函数对可变参数变量对应的切片进行求长度操作，以获得可变参数数量。

5.7.3 获得可变参数类型——获得每一个参数的类型

当可变参数为 interface{}类型时，可以传入任何类型的值。此时，如果需要获得变量的类型，可以通过 switch 类型分支获得变量的类型。下面的代码演示将一系列不同类型的值传入 printTypeValue()函数，该函数将分别为不同的参数打印它们的值和类型的详细描述。

代码5-7　打印类型及值（具体文件：…/chapter05/printtypevalue/printtypevalue.go）

```
package main

import (
    "bytes"
    "fmt"
)

func printTypeValue(slist ...interface{}) string {

    // 字节缓冲作为快速字符串连接
    var b bytes.Buffer

    // 遍历参数
    for _, s := range slist {

        // 将 interface{}类型格式化为字符串
        str := fmt.Sprintf("%v", s)

        // 类型的字符串描述
        var typeString string

        // 对 s 进行类型断言
        switch s.(type) {
        case bool:                                  // 当 s 为布尔类型时
            typeString = "bool"
        case string:                                // 当 s 为字符串类型时
            typeString = "string"
        case int:                                   // 当 s 为整型类型时
            typeString = "int"
```

```
30          }
31
32          // 写值字符串前缀
33          b.WriteString("value: ")
34
35          // 写入值
36          b.WriteString(str)
37
38          // 写类型前缀
39          b.WriteString(" type: ")
40
41          // 写类型字符串
42          b.WriteString(typeString)
43
44          // 写入换行符
45          b.WriteString("\n")
46
47      }
48      return b.String()
49  }
50
51  func main() {
52
53      // 将不同类型的变量通过printTypeValue()打印出来
54      fmt.Println(printTypeValue(100, "str", true))
55  }
```

代码输出如下：

```
value: 100 type: int
value: str type: string
value: true type: bool
```

代码说明如下：

- 第 8 行，printTypeValue()输入不同类型的值并输出类型和值描述。
- 第 11 行，bytes.Buffer 字节缓冲作为快速字符串连接。
- 第 14 行，遍历 slist 的每一个元素，类型为 interface{}。
- 第 17 行，使用 fmt.Sprintf 配合“%v”动词，可以将 interface{}格式的任意值转为字符串。
- 第 20 行，声明一个字符串，作为变量的类型名。
- 第 23 行，switch s.(type)可以对 interface{}类型进行类型断言，也就是判断变量的实际类型。
- 第 24～29 行为 s 变量可能的类型，将每种类型的对应类型字符串赋值到 typeString 中。
- 第 33～42 行为写输出格式的过程。

5.7.4 在多个可变参数函数中传递参数

可变参数变量是一个包含所有参数的切片，如果要在多个可变参数中传递参数，可以在传递时在可变参数变量中默认添加“...”，将切片中的元素进行传递，而不是传递可变参数变量本身。

下面的例子模拟 print()函数及实际调用的 rawPrint()函数，两个函数都拥有可变参数，需要将参数从 print 传递到 rawPrint 中。

代码5-8　可变参数传递（具体文件：…/chapter05/variadictransfer/variadictransfer.go）

```
01  package main
02
03  import "fmt"
04
05  // 实际打印的函数
06  func rawPrint(rawList ...interface{}) {
07
08      // 遍历可变参数切片
09      for _, a := range rawList {
10
11          // 打印参数
12          fmt.Println(a)
13      }
14  }
15
16  // 打印函数封装
17  func print(slist ...interface{}) {
18
19      // 将 slist 可变参数切片完整传递给下一个函数
20      rawPrint(slist...)
21  }
22
23  func main() {
24
25      print(1, 2, 3)
26  }
```

代码输出如下：

```
1
2
3
```

- 第 9～13 行，遍历 rawPrint()的参数列表 rawList 并打印。
- 第 20 行，将变量在 print 的可变参数列表中添加“...”后传递给 rawPrint()。
- 第 25 行，传入 1、2、3 这 3 个整型值进行打印。

如果尝试将第 20 行修改为：

```
rawPrint("fmt", slist)
```

再次执行代码，将输出：

```
fmt
[1 2 3]
```

此时，slist（类型为[]interface{}）将被作为一个整体传入 rawPrint()，rawPrint()函数中遍历的变量也就是 slist 的切片值。

可变参数使用“...”进行传递与切片间使用 append 连接是同一个特性。

5.8　延迟执行语句（defer）

Go 语言的 defer 语句会将其后面跟随的语句进行延迟处理。在 defer 归属的函数即将返回时，将延迟处理的语句按 defer 的逆序进行执行，也就是说，先被 defer 的语句最后被执行，最后被 defer 的语句，最先被执行。

5.8.1　多个延迟执行语句的处理顺序

下面的代码是将一系列的数值打印语句按顺序延迟处理，参见演示代码：

```
package main

import (
    "fmt"
)

func main() {

    fmt.Println("defer begin")

    // 将 defer 放入延迟调用栈
    defer fmt.Println(1)

    defer fmt.Println(2)

    // 最后一个放入，位于栈顶，最先调用
    defer fmt.Println(3)

    fmt.Println("defer end")
}
```

代码输出如下：

```
defer begin
defer end
3
2
1
```

结果分析如下：

代码的延迟顺序与最终的执行顺序是反向的。

延迟调用是在 defer 所在函数结束时进行，函数结束可以是正常返回时，也可以是发生宕机时。

5.8.2　使用延迟执行语句在函数退出时释放资源

处理业务或逻辑中涉及成对的操作是一件比较烦琐的事情，比如打开和关闭文件、接收请求和回复请求、加锁和解锁等。在这些操作中，最容易忽略的就是在每个函数退出处正确地释放和关闭资源。

defer 语句正好是在函数退出时执行的语句，所以使用 defer 能非常方便地处理资源释放问题。

1. 使用延迟并发解锁

在下面的例子中会在函数中并发使用 map，为防止竞态问题，使用 sync.Mutex 进行加锁，参见下面代码：

```
01 var (
02         // 一个演示用的映射
03     valueByKey      = make(map[string]int)
04     // 保证使用映射时的并发安全的互斥锁
05     valueByKeyGuard sync.Mutex
06 )
07 
08 // 根据键读取值
09 func readValue(key string) int {
10     // 对共享资源加锁
11     valueByKeyGuard.Lock()
12     // 取值
13     v := valueByKey[key]
14     // 对共享资源解锁
15     valueByKeyGuard.Unlock()
16     // 返回值
17     return v
18 }
```

代码说明如下：

- 第 3 行，实例化一个 map，键是 string 类型，值为 int。
- 第 5 行，map 默认不是并发安全的，准备一个 sync.Mutex 互斥量保护 map 的访问。
- 第 9 行，readValue()函数给定一个键，从 map 中获得值后返回，该函数会在并发环境中使用，需要保证并发安全。
- 第 11 行，使用互斥量加锁。
- 第 13 行，从 map 中获取值。
- 第 15 行，使用互斥量解锁。
- 第 17 行，返回获取到的 map 值。

使用 defer 语句对上面的语句进行简化，参考下面的代码。

```
func readValue(key string) int {

    valueByKeyGuard.Lock()

    // defer 后面的语句不会马上调用，而是延迟到函数结束时调用
    defer valueByKeyGuard.Unlock()

```

```
08         return valueByKey[key]
09     }
```

加粗部分为对比前面代码而修改和添加的代码，代码说明如下：

- 第 6 行在互斥量加锁后，使用 defer 语句添加解锁，该语句不会马上执行，而是等 readValue()返回时才会被执行。
- 第 8 行，从 map 查询值并返回的过程中，与不使用互斥量的写法一样，对比上面的代码，这种写法更简单。

2．使用延迟释放文件句柄

文件的操作需要经过打开文件、获取和操作文件资源、关闭资源几个过程，如果在操作完毕后不关闭文件资源，进程将一直无法释放文件资源。在下面的例子中将实现根据文件名获取文件大小的函数，函数中需要打开文件、获取文件大小和关闭文件等操作。由于每一步系统操作都需要进行错误处理，而每一步处理都会造成一次可能的退出，因此就需要在退出时释放资源，而我们需要密切关注在函数退出处正确地释放文件资源。参考下面的代码：

```
// 根据文件名查询其大小
func fileSize(filename string) int64 {

    // 根据文件名打开文件，返回文件句柄和错误
    f, err := os.Open(filename)

    // 如果打开时发生错误，返回文件大小为 0
    if err != nil {
        return 0
    }

    // 取文件状态信息
    info, err := f.Stat()

    // 如果获取信息时发生错误，关闭文件并返回文件大小为 0
    if err != nil {
        f.Close()
        return 0
    }

    // 取文件大小
    size := info.Size()

    // 关闭文件
    f.Close()

    // 返回文件大小
    return size
}
```

代码说明如下：

- 第 2 行，定义获取文件大小的函数，返回值是 64 位的文件大小值。
- 第 5 行，使用 os 包提供的函数 Open()，根据给定的文件名打开一个文件，并返回操作文件用的句柄和操作错误。
- 第 8 行，如果打开的过程中发生错误，如文件没找到、文件被占用等，将返回文件大小为 0。
- 第 13 行，此时文件句柄 f 可以正常使用，使用 f 的方法 Stat()来获取文件的信息，获取信息时，可能也会发生错误。
- 第 16～19 行对错误进行处理，此时文件是正常打开的，为了释放资源，必须要调用 f 的 Close()方法来关闭文件，否则会发生资源泄露。
- 第 22 行，获取文件大小。
- 第 25 行，关闭文件、释放资源。
- 第 28 行，返回获取到的文件大小。

在上面的例子中加粗部分是对文件的关闭操作。下面使用 defer 对代码进行简化，代码如下：

```
01  func fileSize(filename string) int64 {
02
03      f, err := os.Open(filename)
04
05      if err != nil {
06          return 0
07      }
08
09      // 延迟调用 Close，此时 Close 不会被调用
10      defer f.Close()
11
12      info, err := f.Stat()
13
14      if err != nil {
15          // defer 机制触发，调用 Close 关闭文件
16          return 0
17      }
18
19      size := info.Size()
20
21      // defer 机制触发，调用 Close 关闭文件
22      return size
23  }
```

代码中加粗部分为对比前面代码而修改的部分，代码说明如下：

- 第 10 行，在文件正常打开后，使用 defer，将 f.Close()延迟调用。注意，不能将这一句代码放在第 4 行空行处，一旦文件打开错误，f 将为空，在延迟语句触发时，将触发宕机错误。
- 第 16 行和第 22 行，defer 后的语句（f.Close()）将会在函数返回前被调用，自动释放资源。

5.9　处理运行时发生的错误

Go 语言的错误处理思想及设计包含以下特征：

- 一个可能造成错误的函数，需要返回值中返回一个错误接口（error）。如果调用是成功的，错误接口将返回 nil，否则返回错误。
- 在函数调用后需要检查错误，如果发生错误，进行必要的错误处理。

提示： Go 语言没有类似 Java、或.NET 中的异常处理机制，虽然可以使用 defer、panic、recover 模拟，但官方并不主张这样做。Go 语言的设计者认为其他语言的异常机制已被过度使用，上层逻辑需要为函数发生的异常付出太多的资源。同时，如果函数使用者觉得错误处理很麻烦而忽略错误，那么程序将在不可预知的时刻崩溃。

Go 语言希望开发者将错误处理视为正常开发必须实现的环节，正确地处理每一个可能发生错误的函数。同时，Go 语言使用返回值返回错误的机制，也能大幅降低编译器、运行时处理错误的复杂度，让开发者真正地掌握错误的处理。

5.9.1　net 包中的例子

net.Dial()是 Go 语言系统包 net 中的一个函数，一般用于创建一个 Socket 连接。

net.Dial 拥有两个返回值，即 Conn 和 error。这个函数是阻塞的，因此在 Socket 操作后，会返回 Conn 连接对象和 error；如果发生错误，error 会告知错误的类型，Conn 会返回空。

根据 Go 语言的错误处理机制，Conn 是其重要的返回值。因此，为这个函数增加一个错误返回，类似为 error。参见下面的代码：

```
func Dial(network, address string) (Conn, error) {
    var d Dialer
    return d.Dial(network, address)
}
```

在 io 包中的 Writer 接口也拥有错误返回，代码如下：

```
type Writer interface {
    Write(p []byte) (n int, err error)
}
```

io 包中还有 Closer 接口，只有一个错误返回，代码如下：

```
type Closer interface {
    Close() error
}
```

5.9.2 错误接口的定义格式

error 是 Go 系统声明的接口类型，代码如下：

```
type error interface {
    Error() string
}
```

所有符合 Error() string 格式的方法，都能实现错误接口。

Error()方法返回错误的具体描述，使用者可以通过这个字符串知道发生了什么错误。

5.9.3 自定义一个错误

返回错误前，需要定义会产生哪些可能的错误。在 Go 语言中，使用 errors 包进行错误的定义，格式如下：

```
var err = errors.New("this is an error")
```

错误字符串由于相对固定，一般在包作用域声明，应尽量减少在使用时直接使用 errors.New 返回。

1. errors包

Go 语言的 errors 中对 New 的定义非常简单，代码如下：

```
01  // 创建错误对象
02  func New(text string) error {
03      return &errorString{text}
04  }
05
06  // 错误字符串
07  type errorString struct {
08      s string
09  }
10
11  // 返回发生何种错误
12  func (e *errorString) Error() string {
13      return e.s
14  }
```

代码说明如下：

- 第 2 行，将 errorString 结构体实例化，并赋值错误描述的成员。
- 第 7 行，声明 errorString 结构体，拥有一个成员，描述错误内容。
- 第 12 行，实现 error 接口的 Error()方法，该方法返回成员中的错误描述。

2. 在代码中使用错误定义

下面的代码会定义一个除法函数，当除数为 0 时，返回一个预定义的除数为 0 的错误。

代码5-9　除0错误（具体文件：.../chapter05/diverr/diverr.go）

```
01  package main
02
03  import (
04      "errors"
05      "fmt"
06  )
07
08  // 定义除数为 0 的错误
09  var errDivisionByZero = errors.New("division by zero")
10
11  func div(dividend, divisor int) (int, error) {
12
13      // 判断除数为 0 的情况并返回
14      if divisor == 0 {
15          return 0, errDivisionByZero
16      }
17
18      // 正常计算，返回空错误
19      return dividend / divisor, nil
20  }
21
22  func main() {
23
24      fmt.Println(div(1, 0))
25  }
```

代码输出如下：

```
0 division by zero
```

- 第 9 行，预定义除数为 0 的错误。
- 第 11 行，声明除法函数，输入被除数和除数，返回商和错误。
- 第 14 行，在除法计算中，如果除数为 0，计算结果为无穷大。为了避免这种情况，对除数进行判断，并返回商为 0 和除数为 0 的错误对象。
- 第 19 行，进行正常的除法计算，没有发生错误时，错误对象返回 nil。

5.9.4　示例：在解析中使用自定义错误

使用 errors.New 定义的错误字符串的错误类型是无法提供丰富的错误信息的。那么，如果需要携带错误信息返回，就需要借助自定义结构体实现错误接口。

下面代码将实现一个解析错误（ParseError），这种错误包含两个内容：文件名和行号。解析错误的结构还实现了 error 接口的 Error()方法，返回错误描述时，就需要将文件名和行号返回。

代码5-10　自定义错误（具体文件：.../chapter05/parseerr/parseerr.go）

```
package main

```

```
03  import (
04      "fmt"
05  )
06
07  // 声明一个解析错误
08  type ParseError struct {
09      Filename string                                // 文件名
10      Line     int                                   // 行号
11  }
12
13  // 实现 error 接口，返回错误描述
14  func (e *ParseError) Error() string {
15      return fmt.Sprintf("%s:%d", e.Filename, e.Line)
16  }
17
18  // 创建一些解析错误
19  func newParseError(filename string, line int) error {
20      return &ParseError{filename, line}
21  }
22
23  func main() {
24
25      var e error
26      // 创建一个错误实例，包含文件名和行号
27      e = newParseError("main.go", 1)
28
29      // 通过 error 接口查看错误描述
30      fmt.Println(e.Error())
31
32      // 根据错误接口的具体类型，获取详细的错误信息
33      switch detail := e.(type) {
34      case *ParseError:                              // 这是一个解析错误
35          fmt.Printf("Filename: %s Line: %d\n", detail.Filename, detail.Line)
36      default:                                       // 其他类型的错误
37          fmt.Println("other error")
38      }
39  }
```

代码输出如下：

```
main.go:1
Filename: main.go Line: 1
```

代码说明如下：

- 第 8 行，声明了一个解析错误的结构体，解析错误包含有 2 个成员：文件名和行号。
- 第 14 行，实现了错误接口，将成员的文件名和行号格式化为字符串返回。
- 第 19 行，根据给定的文件名和行号创建一个错误实例。
- 第 25 行，声明一个错误接口类型。
- 第 27 行，创建一个实例，这个错误接口内部是*ParserError 类型，携带有文件名 main.go 和行号 1。

- 第 30 行，调用 Error()方法，通过第 15 行返回错误的详细信息。
- 第 33 行，通过错误断言，取出发生错误的详细类型。
- 第 34 行，通过分析这个错误的类型，得知错误类型为*ParserError，此时可以获取到详细的错误信息。
- 第 36 行，如果不是我们能够处理的错误类型，会打印出其他错误做出其他的处理。

错误对象都要实现 error 接口的 Error()方法，这样，所有的错误都可以获得字符串的描述。如果想进一步知道错误的详细信息，可以通过类型断言，将错误对象转为具体的错误类型进行错误详细信息的获取。

5.10　宕机（panic）——程序终止运行

宕机不是一件很好的事情，可能造成体验停止、服务中断，就像没有人希望在取钱时遇到 ATM 机蓝屏一样。但是，如果在损失发生时，程序没有因为宕机而停止，那么用户将会付出更大的代价，这种代价可以是金钱、时间甚至生命。因此，宕机有时是一种合理的止损方法。

5.10.1　手动触发宕机

Go 语言可以在程序中手动触发宕机，让程序崩溃，这样开发者可以及时地发现错误，同时减少可能的损失。

Go 语言程序在宕机时，会将堆栈和 goroutine 信息输出到控制台，所以宕机也可以方便地知晓发生错误的位置。如果在编译时加入的调试信息甚至连崩溃现场的变量值、运行状态都可以获取，那么如何触发宕机呢？例如下面的代码：

```
package main

func main() {
    panic("crash")
}
```

代码运行崩溃并输出如下：

```
panic: crash

goroutine 1 [running]:
main.main()
    F:/src/tester/main.go:5 +0x6b
```

以上代码中只用了一个内建的函数 panic()就可以造成崩溃，panic()的声明如下：

```
func panic(v interface{})
```

panic()的参数可以是任意类型，后文将提到的 recover 参数会接收从 panic()中发出的内容。

5.10.2 在运行依赖的必备资源缺失时主动触发宕机

regexp 是 Go 语言的正则表达式包，正则表达式需要编译后才能使用，而且编译必须是成功的，表示正则表达式可用。

编译正则表达式函数有两种，具体如下。

```
1. func Compile(expr string) (*Regexp, error)
```

编译正则表达式，发生错误时返回编译错误，Regexp 为 nil，该函数适用于在编译错误时获得编译错误进行处理，同时继续后续执行的环境。

```
2. func MustCompile(str string) *Regexp
```

当编译正则表达式发生错误时，使用 panic 触发宕机，该函数适用于直接适用正则表达式而无须处理正则表达式错误的情况。

MustCompile 的代码如下：

```
01  func MustCompile(str string) *Regexp {
02      regexp, error := Compile(str)
03      if error != nil {
04          panic(`regexp: Compile(` + quote(str) + `): ` + error.Error())
05      }
06      return regexp
07  }
```

代码说明如下：

- 第 1 行，编译正则表达式函数入口，输入包含正则表达式的字符串，返回正则表达式对象。
- 第 2 行，调用 Compile()是编译正则表达式的入口函数，该函数返回编译好的正则表达式对象和错误。
- 第 3 和第 4 行判断如果有错，则使用 panic()触发宕机。
- 第 6 行，没有错误时返回正则表达式对象。

手动宕机进行报错的方式不是一种偷懒的方式，反而能迅速报错，终止程序继续运行，防止更大的错误产生。不过，如果任何错误都使用宕机处理，也不是一种良好的设计。因此应根据需要来决定是否使用宕机进行报错。

5.10.3 在宕机时触发延迟执行语句

当 panic()触发的宕机发生时，panic()后面的代码将不会被运行，但是在 panic()函数前面已经运行过的 defer 语句依然会在宕机发生时发生作用，参考下面代码：

```
package main

import "fmt"
```

```
04
05  func main() {
06      defer fmt.Println("宕机后要做的事情 1")
07      defer fmt.Println("宕机后要做的事情 2")
08      panic("宕机")
09  }
```

代码输出如下：

```
宕机后要做的事情 2
宕机后要做的事情 1
panic: 宕机

goroutine 1 [running]:
main.main()
    F:/src/tester/main.go:8 +0x1a4
```

- 第 6 行和第 7 行使用 defer 语句延迟了 2 个语句。
- 第 8 行发生宕机。

宕机前，defer 语句会优先被执行，由于第 7 行的 defer 后执行，因此会在宕机前，这个 defer 会优先处理，随后才是第 6 行的 defer 对应的语句。这个特性可以用来在宕机发生前进行宕机信息处理。

5.11　宕机恢复（recover）——防止程序崩溃

无论是代码运行错误由 Runtime 层抛出的 panic 崩溃，还是主动触发的 panic 崩溃，都可以配合 defer 和 recover 实现错误捕捉和恢复，让代码在发生崩溃后允许继续运行。

提示： 在其他语言里，宕机往往以异常的形式存在。底层抛出异常，上层逻辑通过 try/catch 机制捕获异常，没有被捕获的严重异常会导致宕机，捕获的异常可以被忽略，让代码继续运行。

Go 没有异常系统，其使用 panic 触发宕机类似于其他语言的抛出异常，那么 recover 的宕机恢复机制就对应 try/catch 机制。

5.11.1　让程序在崩溃时继续执行

下面的代码实现了 ProtectRun()函数，该函数传入一个匿名函数或闭包后的执行函数，当传入函数以任何形式发生 panic 崩溃后，可以将崩溃发生的错误打印出来，同时允许后面的代码继续运行，不会造成整个进程的崩溃。

代码5-11　保护运行函数（具体文件：…/chapter05/protectrun/protectrun.go）

```
package main
```

```

import (
    "fmt"
    "runtime"
)

// 崩溃时需要传递的上下文信息
type panicContext struct {
    function string                      // 所在函数
}

// 保护方式允许一个函数
func ProtectRun(entry func()) {

    // 延迟处理的函数
    defer func() {

        // 发生宕机时，获取 panic 传递的上下文并打印
        err := recover()

        switch err.(type) {
        case runtime.Error:               // 运行时错误
            fmt.Println("runtime error:", err)
        default:                          // 非运行时错误
            fmt.Println("error:", err)
        }

    }()

    entry()

}

func main() {
    fmt.Println("运行前")

    // 允许一段手动触发的错误
    ProtectRun(func() {

        fmt.Println("手动宕机前")

        // 使用 panic 传递上下文
        panic(&panicContext{
            "手动触发 panic",
        })

        fmt.Println("手动宕机后")
```

```
49      })
50
51      // 故意造成空指针访问错误
52      ProtectRun(func() {
53
54          fmt.Println("赋值宕机前")
55
56          var a *int
57          *a = 1
58
59          fmt.Println("赋值宕机后")
60      })
61
62      fmt.Println("运行后")
63  }
```

代码输出如下：

```
运行前
手动宕机前
error: &{手动触发 panic}
赋值宕机前
runtime error: runtime error: invalid memory address or nil pointer
dereference
运行后
```

- 第 9 行声明描述错误的结构体，成员保存错误的执行函数。
- 第 17 行使用 defer 将闭包延迟执行，当 panic 触发崩溃时，ProtectRun()函数将结束运行，此时 defer 后的闭包将会发生调用。
- 第 20 行，recover()获取到 panic 传入的参数。
- 第 22 行，使用 switch 对 err 变量进行类型断言。
- 第 23 行，如果错误是有 Runtime 层抛出的运行时错误，如空指针访问、除数为 0 等情况，打印运行时错误。
- 第 25 行，其他错误，打印传递过来的错误数据。
- 第 44 行，使用 panic 手动触发一个错误，并将一个结构体附带信息传递过去，此时，recover 就会获取到这个结构体信息，并打印出来。
- 第 57 行，模拟代码中空指针赋值造成的错误，此时会由 Runtime 层抛出错误，被 ProtectRun()函数的 recover()函数捕获到。

5.11.2　panic 和 recover 的关系

panic 和 defer 的组合有如下几个特性。

- 有 panic 没 recover，程序宕机。

- 有 panic 也有 recover 捕获，程序不会宕机。执行完对应的 defer 后，从宕机点退出当前函数后继续执行。

提示： 虽然 panic/recover 能模拟其他语言的异常机制，但并不建议代表编写普通函数也经常性使用这种特性。

在 panic 触发的 defer 函数内，可以继续调用 panic，进一步将错误外抛直到程序整体崩溃。

如果想在捕获错误时设置当前函数的返回值，可以对返回值使用命名返回值方式直接进行设置。

第 6 章　结构体（struct）

Go 语言通过用自定义的方式形成新的类型，结构体是类型中带有成员的复合类型。Go 语言使用结构体和结构体成员来描述真实世界的实体和实体对应的各种属性。

Go 语言中的类型可以被实例化，使用 new 或“&”构造的类型实例的类型是类型的指针。

结构体成员是由一系列的成员变量构成，这些成员变量也被称为“字段”。字段有以下特性：

- 字段拥有自己的类型和值。
- 字段名必须唯一。
- 字段的类型也可以是结构体，甚至是字段所在结构体的类型。

提示：Go 语言中没有“类”的概念，也不支持“类”的继承等面向对象的概念。
Go 语言的结构体与“类”都是复合结构体，但 Go 语言中结构体的内嵌配合接口比面向对象具有更高的扩展性和灵活性。
Go 语言不仅认为结构体能拥有方法，且每种自定义类型也可以拥有自己的方法。

6.1　定义结构体

Go 语言的关键字 type 可以将各种基本类型定义为自定义类型，基本类型包括整型、字符串、布尔等。结构体是一种复合的基本类型，通过 type 定义为自定义类型后，使结构体更便于使用。

结构体的定义格式如下：

```
type 类型名 struct {
字段 1 字段 1 类型
字段 2 字段 2 类型
…
}
```

- 类型名：标识自定义结构体的名称，在同一个包内不能重复。
- struct{ }：表示结构体类型，type 类型名 struct{}可以理解为将 struct{}结构体定义为类型名的类型。
- 字段 1、字段 2……：表示结构体字段名。结构体中的字段名必须唯一。

- 字段 1 类型、字段 2 类型……：表示结构体字段的类型。

使用结构体可以表示一个包含 X 和 Y 整型分量的点结构，代码如下：

```
type Point struct {
    X int
    Y int
}
```

同类型的变量也可以写在一行。颜色的红、绿、蓝 3 个分量可以使用 byte 类型表示，定义的颜色结构体如下：

```
type Color struct {
    R, G, B byte
}
```

6.2 实例化结构体——为结构体分配内存并初始化

结构体的定义只是一种内存布局的描述，只有当结构体实例化时，才会真正地分配内存。因此必须在定义结构体并实例化后才能使用结构体的字段。

实例化就是根据结构体定义的格式创建一份与格式一致的内存区域，结构体实例与实例间的内存是完全独立的。

Go 语言可以通过多种方式实例化结构体，根据实际需要可以选用不同的写法。

6.2.1 基本的实例化形式

结构体本身是一种类型，可以像整型、字符串等类型一样，以 var 的方式声明结构体即可完成实例化。

基本实例化格式如下：

```
var ins T
```

- T 为结构体类型。
- ins 为结构体的实例。

用结构体表示的点结构（Point）的实例化过程请参见下面的代码：

```
type Point struct {
    X int
    Y int
}

var p Point
p.X = 10
p.Y = 20
```

在例子中，使用“.”来访问结构体的成员变量，如 p.X 和 p.Y 等。结构体成员变量的赋值方法与普通变量一致。

6.2.2　创建指针类型的结构体

Go 语言中，还可以使用 new 关键字对类型（包括结构体、整型、浮点数、字符串等）进行实例化，结构体在实例化后会形成指针类型的结构体。

使用 new 的格式如下：

```
ins := new(T)
```

- T 为类型，可以是结构体、整型、字符串等。
- ins：T 类型被实例化后保存到 ins 变量中，ins 的类型为*T，属于指针。

Go 语言让我们可以像访问普通结构体一样使用“.”访问结构体指针的成员。

下面的例子定义了一个玩家（Player）的结构，玩家拥有名字、生命值和魔法值，实例化玩家（Player）结构体后，可对成员进行赋值，代码如下：

```
type Player struct{
    Name string
    HealthPoint int
    MagicPoint int
}

tank := new(Player)
tank.Name = "Canon"
tank.HealthPoint = 300
```

经过 new 实例化的结构体实例在成员赋值上与基本实例化的写法一致。

提示：在 C/C++语言中，使用 new 实例化类型后，访问其成员变量时必须使用“->”操作符。

在 Go 语言中，访问结构体指针的成员变量时可以继续使用“.”。这是因为 Go 语言为了方便开发者访问结构体指针的成员变量，使用了语法糖（Syntactic sugar）技术，将 ins.Name 形式转换为(*ins).Name。

6.2.3　取结构体的地址实例化

在 Go 语言中，对结构体进行“&”取地址操作时，视为对该类型进行一次 new 的实例化操作。取地址格式如下：

```
ins := &T{}
```

- T 表示结构体类型。
- ins 为结构体的实例，类型为*T，是指针类型。

下面使用结构体定义一个命令行指令（Command），指令中包含名称、变量关联和注释等。对 Command 进行指针地址的实例化，并完成赋值过程，代码如下：

```
01  type Command struct {
02      Name    string                             // 指令名称
03      Var     *int                               // 指令绑定的变量
04      Comment string                             // 指令的注释
05  }
06
07  var version int = 1
08
09  cmd := &Command{}
10  cmd.Name = "version"
11  cmd.Var = &version
12  cmd.Comment = "show version"
```

代码说明如下：

- 第 1 行，定义 Command 结构体，表示命令行指令
- 第 3 行，命令绑定的变量，使用整型指针绑定一个指针。指令的值可以与绑定的值随时保持同步。
- 第 7 行，命令绑定的目标整型变量：版本号。
- 第 9 行，对结构体取地址实例化。
- 第 10～12 行，初始化成员字段。

取地址实例化是最广泛的一种结构体实例化方式。可以使用函数封装上面的初始化过程，代码如下：

```
func newCommand(name string, varref *int, comment string) *Command {
    return &Command{
        Name:    name,
        Var:     varref,
        Comment: comment,
    }
}

cmd = newCommand(
    "version",
    &version,
    "show version",
)
```

6.3 初始化结构体的成员变量

结构体在实例化时可以直接对成员变量进行初始化。初始化有两种形式：一种是字段“键值对”形式及多个值的列表形式。键值对形式的初始化适合选择性填充字段较多的结构体；多个值的列表形式适合填充字段较少的结构体。

6.3.1　使用“键值对”初始化结构体

结构体可以使用“键值对”（Key value pair）初始化字段，每个“键”（Key）对应结构体中的一个字段。键的“值”（Value）对应字段需要初始化的值。

键值对的填充是可选的，不需要初始化的字段可以不填入初始化列表中。

结构体实例化后字段的默认值是字段类型的默认值，例如：数值为 0，字符串为空字符串，布尔为 false，指针为 nil 等。

1．键值对初始化结构体的书写格式

键值对初始化的格式如下：

```
ins := 结构体类型名{
   字段 1: 字段 1 的值,
   字段 2: 字段 2 的值,
   …
}
```

- 结构体类型：定义结构体时的类型名称。
- 字段 1、字段 2：结构体的成员字段名。结构体类型名的字段初始化列表中，字段名只能出现一次。
- 字段 1 的值、字段 2 的值：结构体成员字段的初始值。

键值之间以“:”分隔；键值对之间以“,”分隔。

2．使用键值对填充结构体的例子

下面例子中描述了家里的人物关联。正如儿歌里唱的：“爸爸的爸爸是爷爷”，人物之间可以使用多级的 child 来描述和建立关联。使用键值对形式填充结构体的代码如下：

```
01  type People struct {
02      name  string
03      child *People
04  }
05
06  relation := &People{
07      name: "爷爷",
08      child: &People{
09          name: "爸爸",
10          child: &People{
11              name: "我",
12          },
13      },
14  }
```

代码说明如下：

- 第 1 行，定义 People 结构体。

- 第 2 行，结构体的字符串字段。
- 第 3 行，结构体的结构体指针字段，类型是*People。
- 第 6 行，relation 由 People 类型取地址后，形成类型为*People 的实例。
- 第 8 行，child 在初始化时，需要*People 类型的值。使用取地址初始化一个 People。

结构体成员中只能包含同一结构体的指针类型，包含非指针的同类型会引起编译错误。

6.3.2 使用多个值的列表初始化结构体

Go 语言可以在“键值对”初始化的基础上忽略“键”。也就是说，可以使用多个值的列表初始化结构体的字段。

1. 多个值列表初始化结构体的书写格式

多个值使用逗号分隔初始化结构体，例如：

```
ins := 结构体类型名{
   字段 1 的值,
   字段 2 的值,
   …
}
```

使用这种格式初始化时，需要注意：

- 必须初始化结构体的所有字段。
- 每一个初始值的填充顺序必须与字段在结构体中的声明顺序一致。
- 键值对与值列表的初始化形式不能混用。

2. 多个值列表初始化结构体的例子

下面的例子描述了一段地址结构。地址要求具有一定的顺序。例如：

```
type Address struct {
    Province    string
    City        string
    ZipCode     int
    PhoneNumber string
}

addr := Address{
    "四川",
    "成都",
    610000,
    "0",
}

fmt.Println(addr)
```

运行代码，输出如下：

```
{四川 成都 610000 0}
```

6.3.3　初始化匿名结构体

匿名结构体没有类型名称，无须通过 type 关键字定义就可以直接使用。

1．匿名结构体定义格式和初始化写法

匿名结构体的初始化写法由结构体定义和键值对初始化两部分组成。结构体定义时没有结构体类型名，只有字段和类型定义。键值对初始化部分由可选的多个键值对组成，如下格式所示：

```
ins := struct {
    // 匿名结构体字段定义
    字段 1 字段类型 1
    字段 2 字段类型 2
    …
}{
    // 字段值初始化
    初始化字段 1: 字段 1 的值,
    初始化字段 2: 字段 2 的值,
    …
}
```

- 字段 1、字段 2……：结构体定义的字段名。
- 初始化字段 1、初始化字段 2……：结构体初始化时的字段名，可选择性地对字段初始化。
- 字段类型 1、字段类型 2……：结构体定义字段的类型。
- 字段 1 的值、字段 2 的值……：结构体初始化字段的初始值。

键值对初始化部分是可选的，不初始化成员时，匿名结构体的格式变为：

```
ins := struct {
    字段 1 字段类型 1
    字段 2 字段类型 2
    …
}{ }
```

2．使用匿名结构体的例子

在本例中，使用匿名结构体的方式定义和初始化一个消息结构，这个消息结构具有消息标示部分（ID）和数据部分（data）。打印消息内容的 printMsg()函数在接收匿名结构体时需要在参数上重新定义匿名结构体，代码如下：

```
package main

import (
    "fmt"
```

```
05  )
06
07  // 打印消息类型，传入匿名结构体
08  func printMsgType(msg *struct {
09      id   int
10      data string
11  }) {
12
13      // 使用动词%T 打印 msg 的类型
14      fmt.Printf("%T\n", msg)
15  }
16
17  func main() {
18
19      // 实例化一个匿名结构体
20      msg := &struct {                        // 定义部分
21          id   int
22          data string
23      }{                                      // 值初始化部分
24          1024,
25          "hello",
26      }
27
28      printMsgType(msg)
29  }
```

代码说明如下：

- 第 8 行，定义 printMsgType()函数，参数为 msg，类型为*struct{id int data string}。因为类型没有使用 type 定义，所以需要在用到的地方每次进行定义。
- 第 14 行，使用字符串格式化中的“%T”动词，将 msg 的类型名打印出来。
- 第 20 行，对匿名结构体进行实例化，同时初始化成员。
- 第 21 和 22 行，定义匿名结构体的字段。
- 第 24 和 25 行，给匿名结构体字段赋予初始值。
- 第 28 行，将 msg 传入 printMsgType()函数中进行函数调用。

代码输出如下：

```
*struct { id int; data string }
```

匿名结构体的类型名是结构体包含字段成员的详细描述。匿名结构体在使用时需要重新定义，造成大量重复的代码，因此开发中较少使用。

6.4 构造函数——结构体和类型的一系列初始化操作的函数封装

Go 语言的类型或结构体没有构造函数的功能。结构体的初始化过程可以使用函数封装实现。

提示：其他编程语言构造函数的一些常见功能及特性如下：

- 每个类可以添加构造函数，多个构造函数使用函数重载实现。
- 构造函数一般与类名同名，且没有返回值。
- 构造函数有一个静态构造函数，一般用这个特性来调用父类的构造函数。
- 对于 C++来说，还有默认构造函数、拷贝构造函数等。

6.4.1　多种方式创建和初始化结构体——模拟构造函数重载

如果使用结构体描述猫的特性，那么根据猫的颜色和名字可以有不同种类的猫。那么不同的颜色和名字就是结构体的字段，同时可以使用颜色和名字构造不同种类的猫的实例，这个过程可以参考下面的代码：

```
01  type Cat struct {
02      Color string
03      Name  string
04  }
05
06  func NewCatByName(name string) *Cat {
07      return &Cat{
08          Name: name,
09      }
10  }
11
12  func NewCatByColor(color string) *Cat {
13      return &Cat{
14          Color: color,
15      }
16  }
```

代码说明如下：

- 第 1 行定义 Cat 结构，包含颜色和名字字段。
- 第 6 行定义用名字构造猫结构的函数，返回 Cat 指针。
- 第 7 行取地址实例化猫的结构体。
- 第 8 行初始化猫的名字字段，忽略颜色字段。
- 第 12 行定义用颜色构造猫结构的函数，返回 Cat 指针。

在这个例子中，颜色和名字两个属性的类型都是字符串。由于 Go 语言中没有函数重载，为了避免函数名字冲突，使用 NewCatByName()和 NewCatByColor()两个不同的函数名表示不同的 Cat 构造过程。

6.4.2　带有父子关系的结构体的构造和初始化——模拟父级构造调用

黑猫是一种猫，猫是黑猫的一种泛称。同时描述这两种概念时，就是派生，黑猫派生自猫的种类。使用结构体描述猫和黑猫的关系时，将猫（Cat）的结构体嵌入到黑猫

（BlackCat）中，表示黑猫拥有猫的特性，然后再使用两个不同的构造函数分别构造出黑猫和猫两个结构体实例，参考下面的代码：

```
01  type Cat struct {
02      Color string
03      Name  string
04  }
05
06  type BlackCat struct {
07      Cat                              // 嵌入 Cat，类似于派生
08  }
09
10  // “构造基类”
11  func NewCat(name string) *Cat {
12      return &Cat{
13          Name: name,
14      }
15  }
16
17  // “构造子类”
18  func NewBlackCat(color string) *BlackCat {
19      cat := &BlackCat{}
20      cat.Color = color
21      return cat
22  }
```

代码说明如下：

- 第 6 行，定义 BlackCat 结构，并嵌入了 Cat 结构体。BlackCat 拥有 Cat 的所有成员，实例化后可以自由访问 Cat 的所有成员。
- 第 11 行，NewCat()函数定义了 Cat 的构造过程，使用名字作为参数，填充 Cat 结构体。
- 第 18 行，NewBlackCat()使用 color 作为参数，构造返回 BlackCat 指针。
- 第 19 行，实例化 BlackCat 结构，此时 Cat 也同时被实例化。
- 第 20 行，填充 BlackCat 中嵌入的 Cat 颜色属性。BlackCat 没有任何成员，所有的成员都来自于 Cat。

这个例子中，Cat 结构体类似于面向对象中的“基类”。BlackCat 嵌入 Cat 结构体，类似于面向对象中的“派生”。实例化时，BlackCat 中的 Cat 也会一并被实例化。

总之，Go 语言中没有提供构造函数相关的特殊机制，用户根据自己的需求，将参数使用函数传递到结构体构造参数中即可完成构造函数的任务。

6.5 方法

Go 语言中的方法（Method）是一种作用于特定类型变量的函数。这种特定类型变量叫做接收器（Receiver）。

如果将特定类型理解为结构体或“类”时，接收器的概念就类似于其他语言中的 this 或

者 self。

在 Go 语言中，接收器的类型可以是任何类型，不仅仅是结构体，任何类型都可以拥有方法。

提示：在面向对象的语言中，类拥有的方法一般被理解为类可以做的事情。在 Go 语言中“方法”的概念与其他语言一致，只是 Go 语言建立的“接收器”强调方法的作用对象是接收器，也就是类实例，而函数没有作用对象。

6.5.1　为结构体添加方法

本节中，将会使用背包作为“对象”，将物品放入背包的过程作为“方法”，通过面向过程的方式和 Go 语言中结构体的方式来理解“方法”的概念。

1．面向过程实现方法

面向过程中没有“方法”概念，只能通过结构体和函数，由使用者使用函数参数和调用关系来形成接近“方法”的概念，代码如下：

```
01  type Bag struct {
02      items []int
03  }
04
05  // 将一个物品放入背包的过程
06  func Insert(b *Bag, itemid int) {
07      b.items = append(b.items, itemid)
08  }
09
10  func main() {
11
12      bag := new(Bag)
13
14      Insert(bag, 1001)
15  }
```

代码说明如下：

- 第 1 行，声明 Bag 结构，这个结构体包含一个整型切片类型的 items 的成员。
- 第 6 行，定义了 Insert()函数，这个函数拥有两个参数，第一个是背包指针（*Bag），第二个是物品 ID（itemid）。
- 第 7 行，用 append()将 itemid 添加到 Bag 的 items 成员中，模拟往背包添加物品的过程。
- 第 12 行，创建背包实例 bag。
- 第 14 行，调用 Insert()函数，第一个参数放入背包，第二个参数放入物品 ID。

Insert()函数将*Bag 参数放在第一位，强调 Insert 会操作*Bag 结构体。但实际使用中，并不是每个人都会习惯将操作对象放在首位。一定程度上让代码失去一些范式和描述性。同时，Insert()函数也与 Bag 没有任何归属概念。随着类似 Insert()的函数越来越多，面向过程的代码描述对象方法概念会越来越麻烦和难以理解。

2. Go语言的结构体方法

将背包及放入背包的物品中使用 Go 语言的结构体和方法方式编写：为*Bag 创建一个方法，代码如下：

```
01  type Bag struct {
02      items []int
03  }
04
05  func (b *Bag) Insert(itemid int) {
06      b.items = append(b.items, itemid)
07  }
08
09  func main() {
10
11      b := new(Bag)
12
13      b.Insert(1001)
14  }
```

- 第 5 行中，Insert(itemid int)的写法与函数一致。(b*Bag)表示接收器，即 Insert 作用的对象实例。

每个方法只能有一个接收器，如图 6-1 所示。

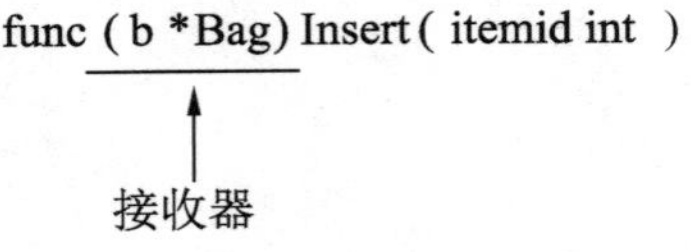

图 6-1 接收器

- 第 13 行中，在 Insert()转换为方法后，我们就可以愉快地像其他语言一样，用面向对象的方法来调用 b 的 Insert。

6.5.2 接收器——方法作用的目标

接收器的格式如下：

```
func (接收器变量 接收器类型) 方法名(参数列表) (返回参数) {
函数体
}
```

- 接收器变量：接收器中的参数变量名在命名时，官方建议使用接收器类型名的第一个小写字母，而不是 self、this 之类的命名。例如，Socket 类型的接收器变量应该命名为 s，Connector 类型的接收器变量应该命名为 c 等。

- 接收器类型：接收器类型和参数类似，可以是指针类型和非指针类型。
- 方法名、参数列表、返回参数：格式与函数定义一致。

接收器根据接收器的类型可以分为指针接收器、非指针接收器。两种接收器在使用时会产生不同的效果。根据效果的不同，两种接收器会被用于不同性能和功能要求的代码中。

1. 理解指针类型的接收器

指针类型的接收器由一个结构体的指针组成，更接近于面向对象中的 this 或者 self。

由于指针的特性，调用方法时，修改接收器指针的任意成员变量，在方法结束后，修改都是有效的。

在下面的例子，使用结构体定义一个属性（Property），为属性添加 SetValue()方法以封装设置属性的过程，通过属性的 Value()方法可以重新获得属性的数值。使用属性时，通过 SetValue()方法的调用，可以达成修改属性值的效果。

```
package main

import "fmt"

// 定义属性结构
type Property struct {
    value int                        // 属性值
}

// 设置属性值
func (p *Property) SetValue(v int) {

    // 修改 p 的成员变量
    p.value = v
}

// 取属性值
func (p *Property) Value() int {
    return p.value
}

func main() {

    // 实例化属性
    p := new(Property)

    // 设置值
    p.SetValue(100)

    // 打印值
```

```
31        fmt.Println(p.Value())
32
33    }
```

代码说明如下：

- 第 6 行，定义一个属性结构，拥有一个整型的成员变量。
- 第 11 行，定义属性值的方法。
- 第 14 行，设置属性值方法的接收器类型为指针。因此可以修改成员值，即便退出方法，也有效。
- 第 18 行，定义获取值的方法。
- 第 25 行，实例化属性结构。
- 第 28 行，设置值。此时成员变量变为 100。
- 第 31 行，获取成员变量。

运行程序，输出如下：

```
100
```

2．理解非指针类型的接收器

当方法作用于非指针接收器时，Go 语言会在代码运行时将接收器的值复制一份。在非指针接收器的方法中可以获取接收器的成员值，但修改后无效。

点（Point）使用结构体描述时，为点添加 Add()方法，这个方法不能修改 Point 的成员 X、Y 变量，而是在计算后返回新的 Point 对象。Point 属于小内存对象，在函数返回值的复制过程中可以极大地提高代码运行效率，详细过程请参考下面的代码。

```
package main

import (
    "fmt"
)

// 定义点结构
type Point struct {
    X int
    Y int
}

// 非指针接收器的加方法
func (p Point) Add(other Point) Point {

    // 成员值与参数相加后返回新的结构
    return Point{p.X + other.X, p.Y + other.Y}
}

func main() {

    // 初始化点
    p1 := Point{1, 1}
```

```
24        p2 := Point{2, 2}
25
26        // 与另外一个点相加
27        result := p1.Add(p2)
28
29        // 输出结果
30        fmt.Println(result)
31
32    }
```

代码说明如下：

- 第 8 行，定义一个点结构，拥有 X 和 Y 两个整型分量。
- 第 14 行，为 Point 结构定义一个 Add()方法。传入和返回都是点的结构，可以方便地实现多个点连续相加的效果，例如：

```
P4 := P1.Add( P2 ).Add( P3 )
```

- 第 23 和 24 行，初始化两个点 p1 和 p2。
- 第 27 行，将 p1 和 p2 相加后返回结果。
- 第 30 行，打印结果。

代码输出如下：

```
{3 3}
```

由于例子中使用了非指针接收器，Add()方法变得类似于只读的方法，Add()方法内部不会对成员进行任何修改。

3．指针和非指针接收器的使用

在计算机中，小对象由于值复制时的速度较快，所以适合使用非指针接收器。大对象因为复制性能较低，适合使用指针接收器，在接收器和参数间传递时不进行复制，只是传递指针。

6.5.3　示例：二维矢量模拟玩家移动

在游戏中，一般使用二维矢量保存玩家的位置。使用矢量运算可以计算出玩家移动的位置。本例子中，首先实现二维矢量对象，接着构造玩家对象，最后使用矢量对象和玩家对象共同模拟玩家移动的过程。

1．实现二维矢量结构

矢量是数学中的概念，二维矢量拥有两个方向的信息，同时可以进行加、减、乘（缩放）、距离、单位化等计算。在计算机中，使用拥有 X 和 Y 两个分量的 Vec2 结构体实现数学中二维向量的概念。详细实现请参考代码 6-1。

代码6-1　矢量（具体文件：.../chapter06/playermove/vec.go）

```go
package main

import "math"

type Vec2 struct {
    X, Y float32
}

// 使用矢量加上另外一个矢量，生成新的矢量
func (v Vec2) Add(other Vec2) Vec2 {

    return Vec2{
        v.X + other.X,
        v.Y + other.Y,
    }

}

// 使用矢量减去另外一个矢量，生成新的矢量
func (v Vec2) Sub(other Vec2) Vec2 {

    return Vec2{
        v.X - other.X,
        v.Y - other.Y,
    }
}

// 使用矢量乘以另外一个矢量，生成新的矢量
func (v Vec2) Scale(s float32) Vec2 {

    return Vec2{v.X * s, v.Y * s}
}

// 计算两个矢量的距离
func (v Vec2) DistanceTo(other Vec2) float32 {
    dx := v.X - other.X
    dy := v.Y - other.Y

    return float32(math.Sqrt(float64(dx*dx + dy*dy)))
}

// 返回当前矢量的标准化矢量
func (v Vec2) Normalize() Vec2 {
    mag := v.X*v.X + v.Y*v.Y
    if mag > 0 {
        oneOverMag := 1 / float32(math.Sqrt(float64(mag)))
        return Vec2{v.X * oneOverMag, v.Y * oneOverMag}
    }

    return Vec2{0, 0}
}
```

代码说明如下：

- 第 5 行声明了一个 Vec2 结构体，包含两个方向的单精度浮点数作为成员。
- 第 10～16 行定义了 Vec2 的 Add()方法。使用自身 Vec2 和通过 Add()方法传入的 Vec2 进行相加。相加后，结果以返回值形式返回，不会修改 Vec2 的成员。
- 第 20 行定义了 Vec2 的减法操作。
- 第 29 行，缩放或者叫矢量乘法，是对矢量的每个分量乘上缩放比，Scale()方法传入一个参数同时乘两个分量，表示这个缩放是一个等比缩放。
- 第 35 行定义了计算两个矢量的距离。math.Sqrt()是开方函数，参数是 float64，在使用时需要转换。返回值也是 float64，需要转换回 float32。
- 第 43 行定义矢量单位化。

2. 实现玩家对象

玩家对象负责存储玩家的当前位置、目标位置和速度。使用 MoveTo()方法为玩家设定移动的目标，使用 Update()方法更新玩家位置。在 Update()方法中，通过一系列的矢量计算获得玩家移动后的新位置，步骤如下。

（1）使用矢量减法，将目标位置（targetPos）减去当前位置（currPos）即可计算出位于两个位置之间的新矢量，如图 6-2 所示。

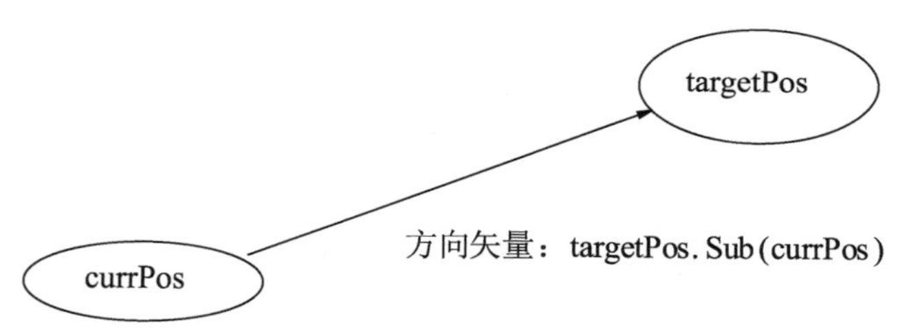

图 6-2　计算玩家方向矢量

（2）使用 Normalize()方法将方向矢量变为模为 1 的单位化矢量。这里需要将矢量单位化后才能进行后续计算，如图 6-3 所示。

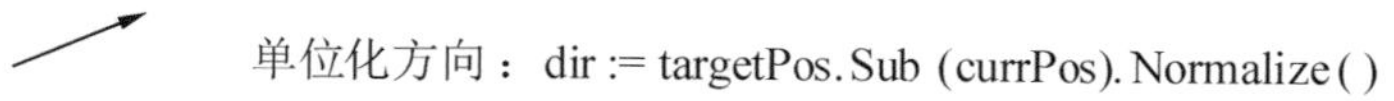

单位化方向：dir := targetPos. Sub (currPos). Normalize ( )

图 6-3　单位化方向矢量

（3）获得方向后，将单位化方向矢量根据速度进行等比缩放，速度越快，速度数值越大，乘上方向后生成的矢量就越长（模很大），如图 6-4 所示。

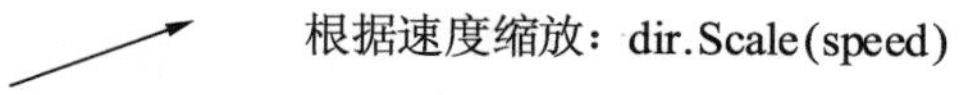

根据速度缩放：dir.Scale(speed)

图 6-4　根据速度缩放方向

（4）将缩放后的方向添加到当前位置后形成新的位置，如图 6-5 所示。

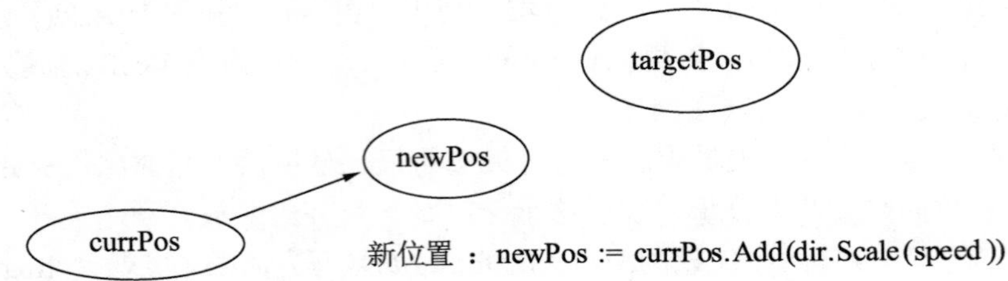

图 6-5　缩放后的方向叠加位置形成新位置

代码6-2　玩家对象（具体文件：.../chapter06/playermove/player.go）

```
package main

type Player struct {
    currPos   Vec2                              // 当前位置
    targetPos Vec2                              // 目标位置
    speed    float32                            // 移动速度
}

// 设置玩家移动的目标位置
func (p *Player) MoveTo(v Vec2) {
    p.targetPos = v
}

// 获取当前的位置
func (p *Player) Pos() Vec2 {
    return p.currPos
}

// 判断是否到达目的地
func (p *Player) IsArrived() bool {

    // 通过计算当前玩家位置与目标位置的距离不超过移动的步长，判断已经到达目标点
    return p.currPos.DistanceTo(p.targetPos) < p.speed
}

// 更新玩家的位置
func (p *Player) Update() {

    if !p.IsArrived() {

        // 计算出当前位置指向目标的朝向
        dir := p.targetPos.Sub(p.currPos).Normalize()

        // 添加速度矢量生成新的位置
        newPos := p.currPos.Add(dir.Scale(p.speed))

        // 移动完成后，更新当前位置
```

```
38              p.currPos = newPos
39          }
40
41      }
42
43      // 创建新玩家
44      func NewPlayer(speed float32) *Player {
45
46          return &Player{
47              speed: speed,
48          }
49      }
```

代码说明如下：

- 第 3 行，结构体 Player 定义了一个玩家的基本属性和方法。结构体的 currPos 表示当前位置，speed 表示速度。
- 第 10 行，定义玩家的移动方法。逻辑层通过这个函数告知玩家要去的目标位置，随后的移动过程由 Update()方法负责。
- 第 15 行，使用 Pos 方法实现玩家 currPos 的属性访问封装。
- 第 20 行，判断玩家是否到达目标点。玩家每次移动的半径就是速度（speed），因此，如果与目标点的距离小于速度，表示已经非常靠近目标，可以视为到达目标。
- 第 27 行，玩家移动时位置更新的主要实现。
- 第 29 行，如果已经到达，则不必再更新。
- 第 32 行，数学中，两矢量相减将获得指向被减矢量的新矢量。Sub()方法返回的新矢量使用 Normalize()方法单位化。最终返回的 dir 矢量就是移动方向。
- 第 35 行，在当前的位置上叠加根据速度缩放的方向计算出新的位置 newPos。
- 第 38 行，将新位置更新到 currPos，为下一次移动做准备。
- 第 44 行，玩家的构造函数，创建一个玩家实例需要传入一个速度值。

3. 处理移动逻辑

将 Player 实例化后，设定玩家移动的最终目标点。之后开始进行移动的过程，这是一个不断更新位置的循环过程，每次检测玩家是否靠近目标点附近，如果还没有到达，则不断地更新位置，让玩家朝着目标点不停的修改当前位置，如下代码 6-3 所示：

代码6-3　移动逻辑（具体文件：…/chapter06/playermove/main.go）

```
package main

import "fmt"

func main() {

    // 实例化玩家对象，并设速度为 0.5
    p := NewPlayer(0.5)
```

```
09
10      // 让玩家移动到 3,1 点
11      p.MoveTo(Vec2{3, 1})
12
13      // 如果没有到达就一直循环
14      for !p.IsArrived() {
15
16          // 更新玩家位置
17          p.Update()
18
19          // 打印每次移动后的玩家位置
20          fmt.Println(p.Pos())
21      }
22
23  }
```

代码说明如下：

- 第 8 行，使用 NewPlayer()函数构造一个*Player 玩家对象，并设移动速度为 0.5，速度本身是一种相对的和抽象的概念，在这里没有单位，可以根据实际效果进行调整，达到合适的范围即可。
- 第 11 行，设定玩家移动的最终目标为 X 为 3，Y 为 1。
- 第 14 行，构造一个循环，条件是没有到达时一直循环。
- 第 17 行，不停地更新玩家位置，如果玩家到达目标，p.IsArrived 将会变为 true。
- 第 20 行，打印每次更新后玩家的位置。

本例中使用到了结构体的方法、构造函数、指针和非指针类型方法接收器等，读者通过这个例子可以了解在哪些地方能够使用结构体。

6.5.4 为类型添加方法

Go 语言可以对任何类型添加方法。给一种类型添加方法就像给结构体添加方法一样，因为结构体也是一种类型。

1. 为基本类型添加方法

在 Go 语言中，使用 type 关键字可以定义出新的自定义类型。之后就可以为自定义类型添加各种方法。我们习惯于使用面向过程的方式判断一个值是否为 0，例如：

```
if  v == 0 {
        // v 等于 0
}
```

如果将 v 当做整型对象，那么判断 v 值就可以增加一个 IsZero()方法，通过这个方法就可以判断 v 值是否为 0，例如：

```
if  v.IsZero() {
        // v 等于 0
}
```

详细实现流程请参考代码 6-4。

代码6-4　类型方法（具体文件：.../chapter06/typemethod/typemethod.go）

```
01  package main
02
03  import (
04      "fmt"
05  )
06
07  // 将 int 定义为 MyInt 类型
08  type MyInt int
09
10  // 为 MyInt 添加 IsZero()方法
11  func  (m MyInt)  IsZero()  bool {
12      return m == 0
13  }
14
15  // 为 MyInt 添加 Add()方法
16  func  (m MyInt)  Add(other int)  int {
17      return other + int(m)
18  }
19
20  func main()  {
21
22      var b MyInt
23
24      fmt.Println(b.IsZero())
25
26      b = 1
27
28      fmt.Println(b.Add(2))
29  }
```

代码说明如下：

- 第 8 行，使用 type MyInt int 将 int 定义为自定义的 MyInt 类型。
- 第 11 行，为 MyInt 类型添加 IsZero()方法。该方法使用了(m MyInt)的非指针接收器。数值类型没有必要使用指针接收器。
- 第 16 行，为 MyInt 类型添加 Add()方法。
- 第 17 行，由于 m 的类型是 MyInt 类型，但其本身是 int 类型，因此可以将 m 从 MyInt 类型转换为 int 类型再进行计算。
- 第 24 行，调用 b 的 IsZero()方法。由于使用非指针接收器，b 的值会被复制进入 IsZero()方法进行判断。
- 第 28 行，调用 b 的 Add()方法。同样也是非指针接收器，结果直接通过 Add()方法返回。

代码输出如下：

```
true
3
```

2．http包中的类型方法

Go 语言提供的 http 包里也大量使用了类型方法。Go 语言使用 http 包进行 HTTP 的请求，使用 http 包的 NewRequest()方法可以创建一个 HTTP 请求，填充请求中的 http 头（req.Header），再调用 http.Client 的 Do 包方法，将传入的 HTTP 请求发送出去。

下面代码演示创建一个 HTTP 请求，并且设定 HTTP 头，请参考代码 6-5。

代码6-5 HTTP请求（具体文件：…/chapter06/httpreq/httpreq.go）

```go
package main

import (
    "net/http"
    "fmt"
    "os"
    "strings"
)

func main() {
    client := &http.Client{}

    // 创建一个 HTTP 请求
    req, err := http.NewRequest("POST", "http://www.163.com/",
    strings.NewReader("key=value"))

    // 发现错误就打印并退出
    if err != nil {
        fmt.Println(err)
        os.Exit(1)
        return
    }

    // 为标头添加信息
    req.Header.Add("User-Agent", "myClient")

    // 开始请求
    resp, err := client.Do(req)

    // 处理请求的错误
    if err != nil {
        fmt.Println(err)
        os.Exit(1)
        return
    }

    // 读取服务器返回的内容
```

```
37       data, err := ioutil.ReadAll(resp.Body)
38       fmt.Println(string(data))
39
40       defer resp.Body.Close()
41
42   }
```

代码说明如下：

- 第 11 行，实例化 HTTP 的客户端，请求需要通过这个客户端实例发送。
- 第 14 行，使用 POST 方式向网易的服务器创建一个 HTTP 请求，第三个参数为 HTTP 的 Body 部分。Body 部分的内容来自字符串，但参数只能接受 io.Reader 类型，因此使用 strings.NewReader()创建一个字符串的读取器，返回的 io.Reader 接口作为 http 的 Body 部分供 NewRequest()函数读取。创建请求只是构造一个请求对象，不会连接网络。
- 第 24 行，为创建好的 HTTP 请求的头部添加 User-Agent，作用是表明用户的代理特性。
- 第 27 行，使用客户端处理请求，此时 client 将 HTTP 请求发送到网易服务器。服务器响应请求后，将信息返回并保存到 resp 变量中。
- 第 37 行，读取响应的 Body 部分并打印。

代码执行结果如下：

```
<html>
<head><title>405 Not Allowed</title></head>
<body bgcolor="white">
<center><h1>405 Not Allowed</h1></center>
<hr><center>nginx</center>
</body>
</html>
```

由于我们构造的请求不是网易服务器所支持的类型，所以服务器返回操作不被运行的 405 号错误。

在本例子第 24 行中使用的 req.Header 的类型为 http.Header，就是典型的自定义类型，并且拥有自己的方法。http.Header 的部分定义如下：

```
type Header map[string][]string

func (h Header) Add(key, value string) {
    textproto.MIMEHeader(h).Add(key, value)
}

func (h Header) Set(key, value string) {
    textproto.MIMEHeader(h).Set(key, value)
}


func (h Header) Get(key string) string {
    return textproto.MIMEHeader(h).Get(key)
}
```

代码说明如下：

- 第 1 行，Header 实际是一个以字符串为键、字符串切片为值的映射。
- 第 3 行，Add()为 Header 的方法，map 是一个引用类型，因此即便使用(h Header)的非指针接收器，也可以修改 map 的值。

为类型添加方法的过程是一个语言层特性，使用类型方法的代码经过编译器编译后的代码运行效率与传统的面向过程或面向对象的代码没有任何区别。因此，为了代码便于理解，可以在编码时使用 Go 语言的类型方法特性。

3．time包中的类型方法

Go 语言提供的 time 包主要用于时间的获取和计算等。在这个包中，也使用了类型方法，例如：

```
01  package main
02
03  import (
04      "fmt"
05      "time"
06  )
07
08  func main() {
09      fmt.Println(time.Second.String())
10  }
```

第 9 行的 time.Second 是一个常量，下面代码的加粗部分就是 time.Second 的定义：

```
const (
    Nanosecond  Duration = 1
    Microsecond          = 1000  * Nanosecond
    Millisecond          = 1000  * Microsecond
    Second               = 1000  * Millisecond
    Minute               = 60    * Second
    Hour                 = 60    * Minute
)
```

Second 的类型为 Duration，而 Duration 实际是一个 int64 的类型，定义如下：

```
type Duration int64
```

它拥有一个 String 的方法，部分定义如下：

```
func (d Duration) String() string {

    // 一系列生成 buf 的代码
    …

    return string(buf[w:])
}
```

Duration.String 可以将 Duration 的值转为字符串

6.5.5　示例：使用事件系统实现事件的响应和处理

Go 语言可以将类型的方法与普通函数视为一个概念，从而简化方法和函数混合作为回调类型时的复杂性。这个特性和 C#中的代理（delegate）类似，调用者无须关心谁来支持调用，系统会自动处理是否调用普通函数或类型的方法。

本节中，首先将用简单的例子了解 Go 语言是如何将方法与函数视为一个概念，接着会实现一个事件系统，事件系统能有效地将事件触发与响应两端代码解耦。

1．方法和函数的统一调用

本节的例子将让一个结构体的方法（class.Do）的参数和一个普通函数（funcDo）的参数完全一致，也就是方法与函数的签名一致。然后使用与它们签名一致的函数变量（delegate）分别赋值方法与函数，接着调用它们，观察实际效果。详细实现请参考代码 6-6。

代码6-6　函数代理（具体文件：.../chapter06/delegate/delegate.go）

```
package main

import "fmt"

// 声明一个结构体
type class struct {
}

// 给结构体添加 Do() 方法
func (c *class) Do(v int) {

    fmt.Println("call method do:", v)
}

// 普通函数的 Do() 方法
func funcDo(v int) {

    fmt.Println("call function do:", v)
}

func main() {

    // 声明一个函数回调
    var delegate func(int)

    // 创建结构体实例
    c := new(class)

    // 将回调设为 c 的 Do 方法
    delegate = c.Do

    // 调用
```

```
33      delegate(100)
34
35      // 将回调设为普通函数
36      delegate = funcDo
37
38      // 调用
39      delegate(100)
40  }
```

代码说明如下：

- 第 10 行，为结构体添加一个 Do()方法，参数为整型。这个方法的功能是打印提示和输入的参数值。
- 第 16 行，声明一个普通函数，参数也是整型，功能是打印提示和输入的参数值。
- 第 24 行，声明一个 delegate 的变量，类型为 func(int)，与 funcDo 和 class 的 Do()方法的参数一致。
- 第 30 行，将 c.Do 作为值赋给 delegate 变量。
- 第 33 行，调用 delegate()函数，传入 100 的参数。此时会调用 c 实例的 Do()方法。
- 第 36 行，将 funcDo 赋值给 delegate。
- 第 39 行，调用 delegate()，传入 100 的参数。此时会调用 funcDo()方法。

运行代码，输出如下：

```
call method do: 100
call function do: 100
```

这段代码能运行的基础在于：无论是普通函数还是结构体的方法，只要它们的签名一致，与它们签名一致的函数变量就可以保存普通函数或是结构体方法。

了解了 Go 语言的这一特性后，我们就可以将这个特性用在事件中。

2．事件系统基本原理

事件系统可以将事件派发者与事件处理者解耦。例如，网络底层可以生成各种事件，在网络连接上后，网络底层只需将事件派发出去，而不需要关心到底哪些代码来响应连接上的逻辑。或者再比如，你注册、关注或者订阅某“大 V”的社交消息后，“大 V”发生的任何事件都会通知你，但他并不用了解粉丝们是如何为她喝彩或者疯狂的。如图 6-6 所示为事件系统基本原理图。

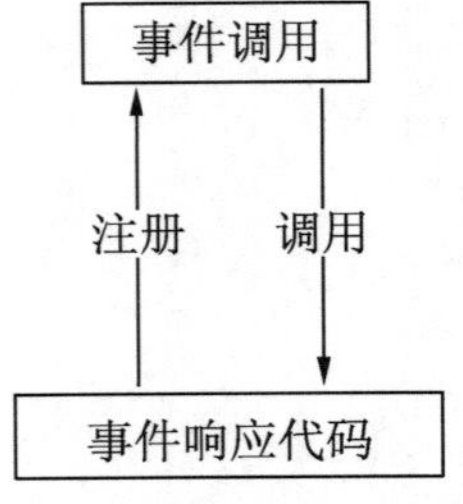

图 6-6　事件系统基本原理

一个事件系统拥有如下特性：

能够实现事件的一方，可以根据事件 ID 或名字注册对应的事件。

事件发起者，会根据注册信息通知这些注册者。

一个事件可以有多个实现方响应。

通过下面的步骤详细了解事件系统的构成及使用。

3．事件注册

事件系统需要为外部提供一个注册入口。这个注册入口传入注册的事件名称和对应事件名称的响应函数，事件注册的过程就是将事件名称和响应函数关联并保存起来，详细实现请参考代码 6-7 的 RegisterEvent()函数。

代码6-7　注册事件（具体文件：.../chapter06/eventsys/reg.go）

```
01  // 实例化一个通过字符串映射函数切片的 map
02  var eventByName = make(map[string][]func(interface{}))
03
04  // 注册事件，提供事件名和回调函数
05  func RegisterEvent(name string, callback func(interface{})) {
06
07      // 通过名字查找事件列表
08      list := eventByName[name]
09
10      // 在列表切片中添加函数
11      list = append(list, callback)
12
13      // 保存修改的事件列表切片
14      eventByName[name] = list
15  }
```

代码说明如下：

- 第 2 行，创建一个 map 实例，这个 map 通过事件名（string）关联回调列表（[]func(interface{})，同一个事件名称可能存在多个事件回调，因此使用回调列表保存。回调的函数声明为 func(interface{})。
- 第 5 行，提供给外部的通过事件名注册响应函数的入口。
- 第 8 行，eventByName 通过事件名（name）进行查询，返回回调列表（[]func(interface{}）。
- 第 11 行，为同一个事件名称在已经注册的事件回调的列表中再添加一个回调函数。
- 第 14 行，将修改后的函数列表设置到 map 的对应事件名中。

拥有事件名和事件回调函数列表的关联关系后，就需要开始准备事件调用的入口了。

4．事件调用

事件调用方和注册方是事件处理中完全不同的两个角色。事件调用方是事发现场，负责将事件和事件发生的参数通过事件系统派发出去，而不关心事件到底由谁处理；事件注

册方通过事件系统注册应该响应哪些事件及如何使用回调函数处理这些事件。事件调用的详细实现请参考代码 6-8 的 CallEvent()函数。

代码6-8　调用事件（具体文件：.../chapter06/eventsys/reg.go）

```
01  // 调用事件
02  func CallEvent(name string, param interface{}) {
03
04      // 通过名字找到事件列表
05      list := eventByName[name]
06
07      // 遍历这个事件的所有回调
08      for _, callback := range list {
09
10          // 传入参数调用回调
11          callback(param)
12      }
13
14  }
```

代码说明如下：

- 第 2 行，调用事件的入口，提供事件名称 name 和参数 param。事件的参数表示描述事件具体的细节，例如门打开的事件触发时，参数可以传入谁进来了。
- 第 5 行，通过注册事件回调的 eventByName 和事件名字查询处理函数列表 list。
- 第 8 行，遍历这个事件列表，如果没有找到对应的事件，list 将是一个空切片。
- 第 11 行，将每个函数回调传入事件参数并调用，就会触发事件实现方的逻辑处理。

事件系统应该具备的事件注册和调用已经实现，下面将会使用事件系统把实际的事发现场和事件处理方联系起来。

5. 使用事件系统

例子中，在 main()函数中调用事件系统的 CallEvent 生成 OnSkill 事件，这个事件有两个处理函数，一个是角色的 OnEvent()方法，还有一个是函数 GlobalEvent()，详细代码实现过程请参考代码 6-9。

代码6-9　使用事件系统（具体文件：.../chapter06/eventsys/main.go）

```
package main

import "fmt"

// 声明角色的结构体
type Actor struct {
}

// 为角色添加一个事件处理函数
func (a *Actor) OnEvent(param interface{}) {

```

```
12        fmt.Println("actor event:", param)
13    }
14
15    // 全局事件
16    func GlobalEvent(param interface{}) {
17
18        fmt.Println("global event:", param)
19    }
20
21    func main() {
22
23        // 实例化一个角色
24        a := new(Actor)
25
26        // 注册名为 OnSkill 的回调
27        RegisterEvent("OnSkill", a.OnEvent)
28
29        // 再次在 OnSkill 上注册全局事件
30        RegisterEvent("OnSkill", GlobalEvent)
31
32        // 调用事件，所有注册的同名函数都会被调用
33        CallEvent("OnSkill", 100)
34
35    }
```

代码说明如下：

- 第 6 行，声明一个角色的结构体。在游戏中，角色是常见的对象，本例中，角色也是 OnSkill 事件的响应处理方。
- 第 10 行，为角色结构添加一个 OnEvent()方法，这个方法拥有 param 参数，类型为 interface{}，与事件系统的函数（func(interface{})）签名一致。
- 第 16 行为全局事件响应函数。有时需要全局进行侦听或者处理一些事件，这里使用普通函数实现全局事件的处理。
- 第 27 行，注册一个 OnSkill 事件，实现代码由 a 的 OnEvent 进行处理。也就是 Actor 的 OnEvent()方法。
- 第 30 行，注册一个 OnSkill 事件，实现代码由 GlobalEvent 进行处理，虽然注册的是同一个名字的事件，但前面注册的事件不会被覆盖，而是被添加到事件系统中，关联 OnSkill 事件的函数列表中。
- 第 33 行，模拟处理事件，通过 CallEvent()函数传入两个参数，第一个为事件名，第二个为处理函数的参数。

整个例子运行结果如下：

```
actor event: 100
global event: 100
```

结果演示，角色和全局的事件会按注册顺序顺序地触发。

一般来说，事件系统不保证同一个事件实现方多个函数列表中的调用顺序，事件系统认为所有实现函数都是平等的。也就是说，无论例子中的 a.OnEvent 先注册，还是 GlobalEvent()函数先注册，最终谁先被调用，都是无所谓的，开发者不应该去关注和要求保证调用的顺序。

一个完善的事件系统还会提供移除单个和所有事件的方法。

6.6 类型内嵌和结构体内嵌

结构体允许其成员字段在声明时没有字段名而只有类型，这种形式的字段被称为类型内嵌或匿名字段

类型内嵌的写法如下：

```
01  type Data struct {
02      int
03      float32
04      bool
05  }
06
07  ins := &Data{
08      int:     10,
09      float32: 3.14,
10      bool:    true,
11  }
```

代码说明如下：

- 第 2～4 行定义结构体中的匿名字段，类型分别是整型、浮点、布尔。
- 第 8～10 行将实例化的 Data 中的字段赋初值。

类型内嵌其实仍然拥有自己的字段名，只是字段名就是其类型本身而已，结构体要求字段名称必须唯一，因此一个结构体中同种类型的匿名字段只能有一个。

结构体实例化后，如果匿名的字段类型为结构体，那么可以直接访问匿名结构体里的所有成员，这种方式被称为结构体内嵌。

6.6.1 声明结构体内嵌

结构体类型内嵌比普通类型内嵌的概念复杂一些，下面通过一个实例来理解。

计算机图形学中的颜色有两种类型，一种是包含红、绿、蓝三原色的基础颜色；另一种是在基础颜色之外增加透明度的颜色。透明度在颜色中叫 Alpha，范围为 0～1 之间。0 表示完全透明，1 表示不透明。使用传统的结构体字段的方法定义基础颜色和带有透明度颜色的过程代码如下：

```
package main

```

```
03  import (
04      "fmt"
05  )
06
07  // 基础颜色
08  type BasicColor struct {
09      // 红、绿、蓝三种颜色分量
10      R, G, B float32
11  }
12
13  // 完整颜色定义
14  type Color struct {
15
16      // 将基本颜色作为成员
17      Basic BasicColor
18
19      // 透明度
20      Alpha float32
21  }
22
23  func main() {
24
25      var c Color
26
27      // 设置基本颜色分量
28      c.Basic.R = 1
29      c.Basic.G = 1
30      c.Basic.B = 0
31
32      // 设置透明度
33      c.Alpha = 1
34
35      // 显示整个结构体内容
36      fmt.Printf("%+v", c)
37  }
```

代码输出如下：

```
{Basic:{R:1 G:1 B:0} Alpha:1}
```

- 第 8 行定义基础颜色结构，包含 3 个颜色分量，分别是红、绿、蓝，范围为 0～1。
- 第 14 行定义了完整颜色结构，包含有基础颜色和透明度。
- 第 25 行，实例化一个完整颜色结构。
- 第 28～30 行访问基础颜色并赋值。

第 28～30 行的代码需要通过 Basic 结构才能设置 R、G、B 分量，虽然合理但是写法很复杂。使用 Go 语言的结构体内嵌写法重新调整代码如下：

```
package main

import (
        "fmt"
)

```

```
07  type BasicColor struct {
08          R, G, B float32
09  }
10
11  type Color struct {
12          BasicColor
13          Alpha float32
14  }
15
16  func main() {
17
18          var c Color
19          c.R = 1
20          c.G = 1
21          c.B = 0
22
23          c.Alpha = 1
24
25          fmt.Printf("%+v", c)
26  }
```

代码加粗部分是经过调整及修改的代码。代码第 12 行中，将 BasicColor 结构体嵌入到 Color 结构体中，BasicColor 没有字段名而只有类型，这种写法就叫做**结构体内嵌**。

第 19～21 行中，可以直接对 Color 的 R、G、B 成员进行设置，编译器通过 Color 的定义知道 R、G、B 成员来自 BasicColor 内嵌的结构体。

6.6.2 结构内嵌特性

Go 语言的结构体内嵌有如下特性。

1. 内嵌的结构体可以直接访问其成员变量

嵌入结构体的成员，可以通过外部结构体的实例直接访问。如果结构体有多层嵌入结构体，结构体实例访问任意一级的嵌入结构体成员时都只用给出字段名，而无须像传统结构体字段一样，通过一层层的结构体字段访问到最终的字段。例如，ins.a.b.c 的访问可以简化为 ins.c。

2. 内嵌结构体的字段名是它的类型名

内嵌结构体字段仍然可以使用详细的字段进行一层层访问，内嵌结构体的字段名就是它的类型名，代码如下：

```
var c Color
c.BasicColor.R = 1
c.BasicColor.G = 1
c.BasicColor.B = 0
```

一个结构体只能嵌入一个同类型的成员，无须担心结构体重名和错误赋值的情况，编译器在发现可能的赋值歧义时会报错。

6.6.3　使用组合思想描述对象特性

在面向对象思想中，实现对象关系需要使用“继承”特性。例如，人类不能飞行，鸟类可以飞行。人类和鸟类都可以继承自可行走类，但只有鸟类继承自飞行类。

面向对象的设计原则中也建议对象最好不要使用多重继承，有些面向对象语言从语言层面就禁止了多重继承，如 C#和 Java 语言。鸟类同时继承自可行走类和飞行类，这显然是存在问题的。在面向对象思想中要正确地实现对象的多重特性，只能使用一些精巧的设计来补救。

Go 语言的结构体内嵌特性就是一种组合特性，使用组合特性可以快速构建对象的不同特性。

下面的代码使用 Go 语言的结构体内嵌实现对象特性组合，请参考代码 6-10。

代码6-10　人和鸟的特性（具体文件：.../chapter06/humanbird/humanbird.go）

```
package main

import "fmt"

// 可飞行的
type Flying struct{}

func (f *Flying) Fly() {
    fmt.Println("can fly")
}

// 可行走的
type Walkable struct{}

func (f *Walkable) Walk() {
    fmt.Println("can calk")
}

// 人类
type Human struct {
    Walkable                       // 人类能行走
}

// 鸟类
type Bird struct {
    Walkable                       // 鸟类能行走
    Flying                         // 鸟类能飞行
}

func main() {

```

```
32      // 实例化鸟类
33      b := new(Bird)
34      fmt.Println("Bird: ")
35      b.Fly()
36      b.Walk()
37
38      // 实例化人类
39      h := new(Human)
40      fmt.Println("Human: ")
41      h.Walk()
42
43  }
```

代码说明如下：

- 第 6 行，声明可飞行结构（Flying）。
- 第 8 行，为可飞行结构添加飞行方法 Fly()。
- 第 13 行，声明可行走结构（Walkable）。
- 第 15 行，为可行走结构添加行走方法 Walk()。
- 第 20 行，声明人类结构。这个结构嵌入可行走结构（Walkable），让人类具备“可行走”特性
- 第 25 行，声明鸟类结构。这个结构嵌入可行走结构（Walkable）和可飞行结构（Flying），让鸟类具备既可行走又可飞行的特性。
- 第 33 行，实例化鸟类结构。
- 第 35 和 36 行，调用鸟类可以使用的功能，如飞行和行走。
- 第 39 行，实例化人类结构。
- 第 41 行，调用人类能使用的功能，如行走。

运行代码，输出如下：

```
Bird:
can fly
can calk
Human:
can calk
```

使用 Go 语言的内嵌结构体实现对象特性，可以自由地在对象中增、删、改各种特性。Go 语言会在编译时检查能否使用这些特性。

6.6.4 初始化结构体内嵌

结构体内嵌初始化时，将结构体内嵌的类型作为字段名像普通结构体一样进行初始化，详细实现过程请参考代码 6-11。

代码6-11 车辆结构的组装和初始化（具体文件：.../chapter06/carinit/carinit.go）

```
package main

```

```
03  import "fmt"
04
05  // 车轮
06  type Wheel struct {
07      Size int
08  }
09
10  // 引擎
11  type Engine struct {
12      Power int                    // 功率
13      Type  string                 // 类型
14  }
15
16  // 车
17  type Car struct {
18      Wheel
19      Engine
20  }
21
22  func main() {
23
24      c := Car{
25
26          // 初始化轮子
27          Wheel: Wheel{
28              Size: 18,
29          },
30
31          // 初始化引擎
32          Engine: Engine{
33              Type:  "1.4T",
34              Power: 143,
35          },
36      }
37
38      fmt.Printf("%+v\n", c)
39
40  }
```

代码说明如下：

- 第 6 行定义车轮结构。
- 第 11 行定义引擎结构。
- 第 17 行定义车结构，由车轮和引擎结构体嵌入。
- 第 27 行，将 Car 的 Wheel 字段使用 Wheel 结构体进行初始化。
- 第 32 行，将 Car 的 Engine 字段使用 Engine 结构体进行初始化。

6.6.5　初始化内嵌匿名结构体

在前面描述车辆和引擎的例子中，有时考虑编写代码的便利性，会将结构体直接定义在嵌入的结构体中。也就是说，结构体的定义不会被外部引用到。在初始化这个被嵌入的结构体时，就需要再次声明结构才能赋予数据。具体请参考代码 6-12。

代码6-12　内嵌结构体（具体文件：.../chapter06/embedstruct/embedstruct.go）

```
01  package main
02
03  import "fmt"
04
05  // 车轮
06  type Wheel struct {
07      Size int
08  }
09
10  // 车
11  type Car struct {
12      Wheel
13      // 引擎
14      Engine struct {
15          Power int                       // 功率
16          Type  string                    // 类型
17      }
18  }
19
20  func main() {
21
22      c := Car{
23
24          // 初始化轮子
25          Wheel: Wheel{
26              Size: 18,
27          },
28
29          // 初始化引擎
30          Engine: struct {
31              Power int
32              Type  string
33          }{
34              Type:  "1.4T",
35              Power: 143,
36          },
37      }
38
39      fmt.Printf("%+v\n", c)
40
41  }
```

代码说明如下：

- 第 14 行中原来的 Engine 结构体被直接定义在 Car 的结构体中。这种嵌入的写法就是将原来的结构体类型转换为 struct{…}。
- 第 30 行，需要对 Car 的 Engine 字段进行初始化，由于 Engine 字段的类型并没有被单独定义，因此在初始化其字段时需要先填写 struct{...}声明其类型。

- 第 34 行开始填充这个匿名结构体的数据，按“键：值”格式填充。

6.6.6　成员名字冲突

嵌入结构体内部可能拥有相同的成员名，成员重名时会发生什么？下面通过例子来讲解。

```
01  package main
02
03  import (
04          "fmt"
05  )
06
07  type A struct {
08          a int
09  }
10
11  type B struct {
12          a int
13  }
14
15  type C struct {
16          A
17          B
18  }
19
20  func main() {
21          c := &C{}
22          c.A.a = 1
23          fmt.Println(c)
24  }
```

代码说明如下：

- 第 7 行和第 11 行分别定义了两个拥有 a int 字段的结构体。
- 第 15 行的结构体嵌入了 A 和 B 的结构体。
- 第 21 行实例化 C 结构体。
- 第 22 行按常规的方法，访问嵌入结构体 A 中的 a 字段，并赋值 1。
- 第 23 行可以正常输出实例化 C 结构体。

接着，将第 22 行修改为如下代码：

```
func main() {
    c := &C{}
    c.a = 1
    fmt.Println(c)

}
```

此时再编译运行，编译器报错：

```
.\main.go:22:3: ambiguous selector c.a
```

编译器告知 C 的选择器 a 引起歧义，也就是说，编译器无法决定将 1 赋给 C 中的 A 还是 B 里的字段 a。

在使用内嵌结构体时，Go 语言的编译器会非常智能地提醒我们可能发生的歧义和错误。

6.7 示例：使用匿名结构体分离 JSON 数据

手机拥有屏幕、电池、指纹识别等信息，将这些信息填充为 JSON 格式的数据。如果需要选择性地分离 JSON 中的数据则较为麻烦。Go 语言中的匿名结构体可以方便地完成这个操作。

代码6-13 JSON数据分离（具体文件：.../chapter06/splitejson/splitejson.go）

1．定义数据结构

首先，定义手机的各种数据结构体，如屏幕和电池，参考如下代码：

```
// 定义手机屏幕
type Screen struct {
    Size       float32                    // 屏幕尺寸
    ResX, ResY int                        // 屏幕水平和垂直分辨率
}

// 定义电池
type Battery struct {
    Capacity int                          // 容量
}
```

上面代码定义了屏幕结构体和电池结构体，它们分别描述屏幕和电池的各种细节参数。

2．准备JSON数据

准备手机数据结构，填充数据，将数据序列化为 JSON 格式的字节数组，代码如下：

```
// 生成 JSON 数据
func genJsonData() []byte {
    // 完整数据结构
    raw := &struct {
        Screen
        Battery
        HasTouchID bool               // 序列化时添加的字段：是否有指纹识别
    }{
        // 屏幕参数
        Screen: Screen{
            Size: 5.5,
            ResX: 1920,
            ResY: 1080,
        },

```

```
16          // 电池参数
17          Battery: Battery{
18              2910,
19          },
20
21          // 是否有指纹识别
22          HasTouchID: true,
23      }
24
25      // 将数据序列化为 JSON
26      jsonData, _ := json.Marshal(raw)
27
28      return jsonData
29  }
```

代码说明如下：

- 第 4 行定义了一个匿名结构体。这个结构体内嵌了 Screen 和 Battery 结构体，同时临时加入了 HasTouchID 字段。
- 第 10 行，为刚声明的匿名结构体填充屏幕数据。
- 第 17 行，填充电池数据。
- 第 22 行，填充指纹识别字段。
- 第 26 行，使用 json.Marshal 进行 JSON 序列化，将 raw 变量序列化为[]byte 格式的 JSON 数据。

3. 分离JSON数据

调用 genJsonData 获得 JSON 数据，将需要的字段填充到匿名结构体实例中，通过 json.Unmarshal 反序列化 JSON 数据达成分离 JSON 数据效果。代码如下：

```
func main() {

    // 生成一段 JSON 数据
    jsonData := genJsonData()

    fmt.Println(string(jsonData))

    // 只需要屏幕和指纹识别信息的结构和实例
    screenAndTouch := struct {
        Screen
        HasTouchID bool
    }{}

    // 反序列化到 screenAndTouch 中
    json.Unmarshal(jsonData, &screenAndTouch)

    // 输出 screenAndTouch 的详细结构
    fmt.Printf("%+v\n", screenAndTouch)

    // 只需要电池和指纹识别信息的结构和实例
    batteryAndTouch := struct {
```

```
22            Battery
23            HasTouchID bool
24        }{}
25
26        // 反序列化到 batteryAndTouch
27        json.Unmarshal(jsonData, &batteryAndTouch)
28
29        // 输出 screenAndTouch 的详细结构
30        fmt.Printf("%+v\n", batteryAndTouch)
31    }
```

代码说明如下：

- 第 4 行，调用 genJsonData()函数，获得[]byte 类型的 JSON 数据。
- 第 6 行，将 jsonData 的[]byte 类型的 JSON 数据转换为字符串格式并打印输出。
- 第 9 行，构造匿名结构体，填充 Screen 结构和 HasTouchID 字段，第 12 行中的{}表示将结构体实例化。
- 第 15 行，调用 json.Unmarshal，输入完整的 JSON 数据（jsonData），将数据按第 9 行定义的结构体格式序列化到 screenAndTouch 中。
- 第 18 行，打印输出 screenAndTouch 中的详细数据信息。
- 第 21 行，构造匿名结构体，填充 Battery 结构和 HasTouchID 字段。
- 第 27 行，调用 json.Unmarshal，输入完整的 JSON 数据（jsonData），将数据按第 21 行定义的结构体格式序列化到 batteryAndTouch 中。
- 第 30 行，打印输出 batteryAndTouch 的详细数据信息。

第 7 章　接口（interface）

接口本身是调用方和实现方均需要遵守的一种协议，大家按照统一的方法命名参数类型和数量来协调逻辑处理的过程。

Go 语言中使用组合实现对象特性的描述。对象的内部使用结构体内嵌组合对象应该具有的特性，对外通过接口暴露能使用的特性。

Go 语言的接口设计是非侵入式的，接口编写者无须知道接口被哪些类型实现。而接口实现者只需知道实现的是什么样子的接口，但无须指明实现哪一个接口。编译器知道最终编译时使用哪个类型实现哪个接口，或者接口应该由谁来实现。

提示：接口是一种较为常见的特性，很多语言都有接口特性。C/C++、C#语言中的接口都可以多重派生实现接口组合；在苹果的 Objective C 中与接口类似的功能被称为 Protocol，这种叫法比接口更形象、具体。

非侵入式设计是 Go 语言设计师经过多年的大项目经验总结出来的设计之道。只有让接口和实现者真正解耦，编译速度才能真正提高，项目之间的耦合度也会降低不少。

7.1　声明接口

接口是双方约定的一种合作协议。接口实现者不需要关心接口会被怎样使用，调用者也不需要关心接口的实现细节。接口是一种类型，也是一种抽象结构，不会暴露所含数据的格式、类型及结构。

7.1.1　接口声明的格式

每个接口类型由数个方法组成。接口的形式代码如下：

```
type 接口类型名 interface{
    方法名1( 参数列表1 ) 返回值列表1
    方法名2( 参数列表2 ) 返回值列表2
    …
}
```

- 接口类型名：使用 type 将接口定义为自定义的类型名。Go 语言的接口在命名时，一般会在单词后面添加 er，如有写操作的接口叫 Writer，有字符串功能的接口叫 Stringer，有关闭功能的接口叫 Closer 等。
- 方法名：当方法名首字母是大写时，且这个接口类型名首字母也是大写时，这个方法可以被接口所在的包（package）之外的代码访问。
- 参数列表、返回值列表：参数列表和返回值列表中的参数变量名可以被忽略，例如：

```
type writer interface{
    Write([]byte) error
}
```

7.1.2 开发中常见的接口及写法

Go 语言提供的很多包中都有接口，例如 io 包中提供的 Writer 接口：

```
type Writer interface {
    Write(p []byte) (n int, err error)
}
```

这个接口可以调用 Write()方法写入一个字节数组（[]byte），返回值告知写入字节数（n int）和可能发生的错误（err error）。

类似的，还有将一个对象以字符串形式展现的接口，只要实现了这个接口的类型，在调用 String()方法时，都可以获得对象对应的字符串。在 fmt 包中定义如下：

```
type Stringer interface {
    String() string
}
```

Stringer 接口在 Go 语言中的使用频率非常高，功能类似于 Java 或者 C#语言里的 ToString 的操作。

Go 语言的每个接口中的方法数量不会很多。Go 语言希望通过一个接口精准描述它自己的功能，而通过多个接口的嵌入和组合的方式将简单的接口扩展为复杂的接口。本章后面的小节中会介绍如何使用组合来扩充接口。

7.2 实现接口的条件

接口定义后，需要实现接口，调用方才能正确编译通过并使用接口。接口的实现需要遵循两条规则才能让接口可用。

7.2.1 接口被实现的条件一：接口的方法与实现接口的类型方法格式一致

在类型中添加与接口签名一致的方法就可以实现该方法。签名包括方法中的名称、参数列表、返回参数列表。也就是说，只要实现接口类型中的方法的名称、参数列表、返回参数列表中的任意一项与接口要实现的方法不一致，那么接口的这个方法就不会被实现。

为了抽象数据写入的过程，定义 DataWriter 接口来描述数据写入需要实现的方法，接口中的 WriteData()方法表示将数据写入，写入方无须关心写入到哪里。实现接口的类型实现 WriteData 方法时，会具体编写将数据写入到什么结构中。这里使用 file 结构体实现 DataWriter 接口的 WriteData 方法，方法内部只是打印一个日志，表示有数据写入，详细实现过程请参考代码 7-1。

代码7-1　数据写入器的抽象（具体文件：.../chapter07/datawriter/datawriter.go）

```
01  package main
02
03  import (
04      "fmt"
05  )
06
07  // 定义一个数据写入器
08  type DataWriter interface {
09      WriteData(data interface{}) error
10  }
11
12  // 定义文件结构，用于实现 DataWriter
13  type file struct {
14  }
15
16  // 实现 DataWriter 接口的 WriteData()方法
17  func (d *file) WriteData(data interface{}) error {
18
19      // 模拟写入数据
20      fmt.Println("WriteData:", data)
21      return nil
22  }
23
24  func main() {
25
26      // 实例化 file
27      f := new(file)
28
29      // 声明一个 DataWriter 的接口
30      var writer DataWriter
31
32      // 将接口赋值 f，也就是*file 类型
33      writer = f
34
35      // 使用 DataWriter 接口进行数据写入
36      writer.WriteData("data")
37  }
```

代码说明如下：

- 第 8 行，定义 DataWriter 接口。这个接口只有一个方法，即 WriteData()，输入一个

interface{}类型的 data，返回一个 error 结构表示可能发生的错误。

- 第 17 行，file 的 WriteData()方法使用指针接收器。输入一个 interface{}类型的 data，返回 error。
- 第 27 行，实例化 file 赋值给 f，f 的类型为*file。
- 第 30 行，声明 DataWriter 类型的 writer 接口变量。
- 第 33 行，将*file 类型的 f 赋值给 DataWriter 接口的 writer，虽然两个变量类型不一致。但是 writer 是一个接口，且 f 已经完全实现了 DataWriter()的所有方法，因此赋值是成功的。
- 第 36 行，DataWriter 接口类型的 writer 使用 WriteData()方法写入一个字符串。

运行代码，输出如下：

```
WriteData: data
```

本例中调用及实现关系如图 7-1 所示。

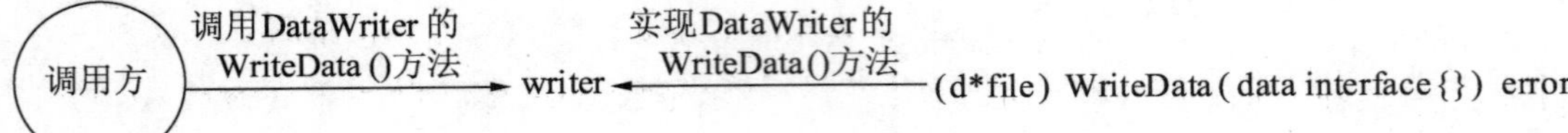

图 7-1 DataWriter 的实现过程

当类型无法实现接口时，编译器会报错，下面列出常见的几种接口无法实现的错误。

1. 函数名不一致导致的报错

在代码 7-1 的基础上尝试修改部分代码，造成编译错误，通过编译器的报错理解如何实现接口的方法。首先，修改 file 结构的 WriteData()方法名，将这个方法签名（第 17 行）修改为：

```
func (d *file) WriteDataX(data interface{}) error {
```

编译代码，报错：

```
cannot use f (type *file) as type DataWriter in assignment:
    *file does not implement DataWriter (missing WriteData method)
```

报错的位置在第 33 行。报错含义是：不能将 f 变量（类型*file）视为 DataWriter 进行赋值。原因：*file 类型未实现 DataWriter 接口（丢失 WriteData 方法）。

WriteDataX 方法的签名本身是合法的。但编译器扫描到第 33 行代码时，发现尝试将*file 类型赋值给 DataWriter 时，需要检查*file 类型是否完全实现了 DataWriter 接口。显然，编译器因为没有找到 DataWriter 需要的 WriteData()方法而报错。

2. 实现接口的方法签名不一致导致的报错

将修改的代码恢复后，再尝试修改 WriteData()方法，把 data 参数的类型从 interface{}

修改为 int 类型，代码如下：

```
func (d *file) WriteData(data int) error {
```

编译代码，报错：

```
cannot use f (type *file) as type DataWriter in assignment:
    *file does not implement DataWriter (wrong type for WriteData method)
        have WriteData(int) error
        want WriteData(interface {}) error
```

这次未实现 DataWriter 的理由变为（错误的 WriteData()方法类型）发现 WriteData(int)error，期望 WriteData(interface {})error。

这种方式的报错就是由实现者的方法签名与接口的方法签名不一致导致的。

7.2.2 条件二：接口中所有方法均被实现

当一个接口中有多个方法时，只有这些方法都被实现了，接口才能被正确编译并使用。

在代码 7-1 中，为 DataWriter 中添加一个方法，代码如下：

```
// 定义一个数据写入器
type DataWriter interface {
    WriteData(data interface{}) error

    // 能否写入
    CanWrite() bool
}
```

新增 CanWrite()方法，返回 bool。此时再次编译代码，报错：

```
cannot use f (type *file) as type DataWriter in assignment:
    *file does not implement DataWriter (missing CanWrite method)
```

需要在 file 中实现 CanWrite()方法才能正常使用 DataWriter()。

Go 语言的接口实现是隐式的，无须让实现接口的类型写出实现了哪些接口。这个设计被称为非侵入式设计。

实现者在编写方法时，无法预测未来哪些方法会变为接口。一旦某个接口创建出来，要求旧的代码来实现这个接口时，就需要修改旧的代码的派生部分，这一般会造成雪崩式的重新编译。

提示： 传统的派生式接口及类关系构建的模式，让类型间拥有强耦合的父子关系。这种关系一般会以"类派生图"的方式进行。经常可以看到大型软件极为复杂的派生树。随着系统的功能不断增加，这棵"派生树"会变得越来越复杂。

对于 Go 语言来说，非侵入式设计让实现者的所有类型均是平行的、组合的。如何组合则留到使用者编译时再确认。因此，使用 GO 语言时，不需要同时也不可能有"类派生图"，开发者唯一需要关注的就是"我需要什么？"，以及"我能实现什么？"。

7.3 理解类型与接口的关系

类型和接口之间有一对多和多对一的关系，下面将列举出这些常见的概念，以方便读者理解接口与类型在复杂环境下的实现关系。

7.3.1 一个类型可以实现多个接口

一个类型可以同时实现多个接口，而接口间彼此独立，不知道对方的实现。

网络上的两个程序通过一个双向的通信连接实现数据的交换，连接的一端称为一个 Socket。Socket 能够同时读取和写入数据，这个特性与文件类似。因此，开发中把文件和 Socket 都具备的读写特性抽象为独立的读写器概念。

Socket 和文件一样，在使用完毕后，也需要对资源进行释放。

把 Socket 能够写入数据和需要关闭的特性使用接口来描述，请参考下面的代码：

```
type Socket struct {
}

func (s *Socket) Write(p []byte) (n int, err error) {

    return 0, nil
}

func (s *Socket) Close() error {

    return nil
}
```

Socket 结构的 Write()方法实现了 io.Writer 接口：

```
type Writer interface {
    Write(p []byte) (n int, err error)
}
```

同时，Socket 结构也实现了 io.Closer 接口：

```
type Closer interface {
    Close() error
}
```

使用 Socket 实现的 Writer 接口的代码，无须了解 Writer 接口的实现者是否具备 Closer 接口的特性。同样，使用 Closer 接口的代码也并不知道 Socket 已经实现了 Writer 接口，如图 7-2 所示。

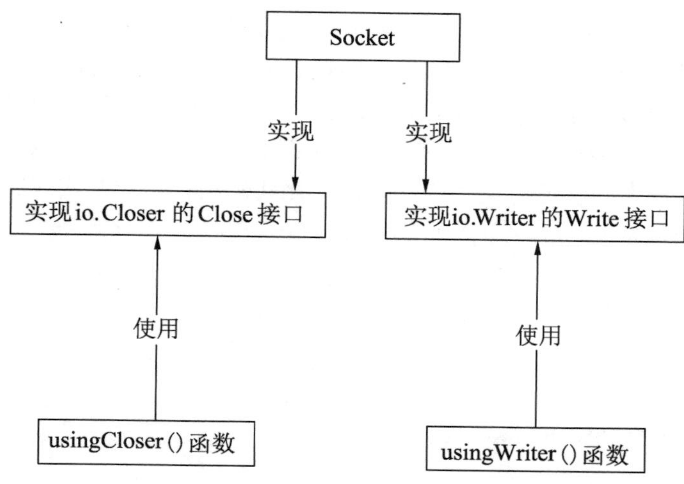

图 7-2　接口的使用和实现过程

在代码中使用 Socket 结构实现的 Writer 接口和 Closer 接口代码如下：

```
// 使用 io.Writer 的代码，并不知道 Socket 和 io.Closer 的存在
func usingWriter( writer io.Writer){
    writer.Write( nil )
}

// 使用 io.Closer，并不知道 Socket 和 io.Writer 的存在
func usingCloser( closer io.Closer) {
    closer.Close()
}

func main() {

    // 实例化 Socket
    s := new(Socket)

    usingWriter(s)

    usingCloser(s)
}
```

usingWriter()和 usingCloser()完全独立，互相不知道对方的存在，也不知道自己使用的接口是 Socket 实现的。

7.3.2　多个类型可以实现相同的接口

一个接口的方法，不一定需要由一个类型完全实现，接口的方法可以通过在类型中嵌入其他类型或者结构体来实现。也就是说，使用者并不关心某个接口的方法是通过一个类型完全实现的，还是通过多个结构嵌入到一个结构体中拼凑起来共同实现的。

Service 接口定义了两个方法：一个是开启服务的方法（Start()），一个是输出日志的方法（Log()）。使用 GameService 结构体来实现 Service，GameService 自己的结构只能实现 Start()方法，而 Service 接口中的 Log()方法已经被一个能输出日志的日志器（Logger）实现了，无须再进行 GameService 封装，或者重新实现一遍。所以，选择将 Logger 嵌入到 GameService 能最大程度地避免代码冗余，简化代码结构。详细实现过程如下：

```
01  // 一个服务需要满足能够开启和写日志的功能
02  type Service interface {
03      Start()                                        // 开启服务
04      Log(string)                                    // 日志输出
05  }
06
07  // 日志器
08  type Logger struct {
09  }
10
11  // 实现 Service 的 Log()方法
12  func (g *Logger) Log(l string) {
13
14  }
15
16  // 游戏服务
17  type GameService struct {
18      Logger                                         // 嵌入日志器
19  }
20
21  // 实现 Service 的 Start()方法
22  func (g *GameService) Start() {
23  }
```

代码说明如下：

- 第 2 行，定义服务接口，一个服务需要实现 Start()方法和日志方法。
- 第 8 行，定义能输出日志的日志器结构。
- 第 12 行，为 Logger 添加 Log()方法，同时实现 Service 的 Log()方法。
- 第 17 行，定义 GameService 结构。
- 第 18 行，在 GameService 中嵌入 Logger 日志器，以实现日志功能。
- 第 22 行，GameService 的 Start()方法实现了 Service 的 Start()方法。

此时，实例化 GameService，并将实例赋给 Service，代码如下：

```
var s Service = new(GameService)
s.Start()
s.Log("hello")
```

s 就可以使用 Start()方法和 Log()方法，其中，Start()由 GameService 实现，Log()方法由 Logger 实现。

7.4 示例：便于扩展输出方式的日志系统

日志可以用于查看和分析应用程序的运行状态。日志一般可以支持输出多种形式，如命令行、文件、网络等。

本例将搭建一个支持多种写入器的日志系统，可以自由扩展多种日志写入设备。

1. 日志对外接口

本例中定义一个日志写入器接口（LogWriter），要求写入设备必须遵守这个接口协议才能被日志器（Logger）注册。日志器有一个写入器的注册方法（Logger 的 RegisterWriter()方法）。

日志器还有一个 Log()方法，进行日志的输出，这个函数会将日志写入到所有已经注册的日志写入器（LogWriter）中，详细代码实现请参考代码 7-2 的 logger 文件。

代码7-2　日志写入器（具体文件：.../chapter07/logger/logger.go）

```
package main

// 声明日志写入器接口
type LogWriter interface {
    Write(data interface{}) error
}

// 日志器
type Logger struct {
    // 这个日志器用到的日志写入器
    writerList []LogWriter
}

// 注册一个日志写入器
func (l *Logger) RegisterWriter(writer LogWriter) {
    l.writerList = append(l.writerList, writer)
}

// 将一个 data 类型的数据写入日志
func (l *Logger) Log(data interface{}) {

    // 遍历所有注册的写入器
    for _, writer := range l.writerList {

        // 将日志输出到每一个写入器中
        writer.Write(data)
    }
}

// 创建日志器的实例
```

```
31  func NewLogger() *Logger {
32      return &Logger{}
33  }
```

代码说明如下：

- 第 4 行，声明日志写入器接口。这个接口可以被外部使用。日志的输出可以有多种设备，这个写入器就是用来实现一个日志的输出设备。
- 第 9 行，声明日志器结构。日志器使用 writeList 记录输出到哪些设备上。
- 第 15 行，使用日志器方法 RegisterWriter()将一个日志写入器（LogWriter）注册到日志器（Logger）中。注册的意思就是将日志写入器的接口添加到 writeList 中。
- 第 20 行，日志器的 Log()方法可以将 interface{}类型的 data 写入到注册过的日志写入器中。
- 第 23 行，遍历日志器拥有的所有日志写入器。
- 第 26 行，将本次日志的内容写入日志写入器。
- 第 31 行，创建日志器的实例。

这个例子中，为了最大程度地展示接口的用法，仅仅只是将数据直接写入日志写入器中。复杂一些的日志器还可以将日期、级别等信息合并到数据中一并写入日志。

2. 文件写入器

文件写入器（fileWriter）是众多日志写入器（LogWriter）中的一种。文件写入器的功能是根据一个文件名创建日志文件（fileWriter 的 SetFile 方法）。在有日志写入时，将日志写入文件中。

代码7-2　文件写入器（具体文件：…/chapter07/logger/file.go）

```
package main

import (
    "errors"
    "fmt"
    "os"
)

// 声明文件写入器
type fileWriter struct {
    file *os.File
}

// 设置文件写入器写入的文件名
func (f *fileWriter) SetFile(filename string) (err error) {

    // 如果文件已经打开，关闭前一个文件
    if f.file != nil {
        f.file.Close()
    }

```

```
22      // 创建一个文件并保存文件句柄
23      f.file, err = os.Create(filename)
24
25      // 如果创建的过程出现错误，则返回错误
26      return err
27  }
28
29  // 实现 LogWriter 的 Write()方法
30  func (f *fileWriter) Write(data interface{}) error {
31
32      // 日志文件可能没有创建成功
33      if f.file == nil {
34
35          // 日志文件没有准备好
36          return errors.New("file not created")
37      }
38
39      // 将数据序列化为字符串
40      str := fmt.Sprintf("%v\n", data)
41
42      // 将数据以字节数组写入文件中
43      _, err := f.file.Write([]byte(str))
44
45      return err
46  }
47
48  // 创建文件写入器实例
49  func newFileWriter() *fileWriter {
50      return &fileWriter{}
51  }
```

代码说明如下：

- 第 10 行，声明文件写入器，在结构体中保存一个文件句柄，以方便每次写入时操作。
- 第 15 行，文件写入器通过文件名创建文件，这里通过 SetFile 的参数提供一个文件名，并创建文件。
- 第 18 行，考虑到 SetFile()方法可以被多次调用（函数可重入性），假设之前已经调用过 SetFile()后再次调用，此时的 f.file 不为空，就需要关闭之前的文件，重新创建新的文件。
- 第 23 行，根据文件名创建文件，如果发生错误，通过 SetFile 的返回值返回。
- 第 30 行，fileWriter 的 Write()方法实现了 LogWriter 接口的 Write()方法。
- 第 33 行，如果文件没有准备好，文件句柄为 nil，此时使用 errors 包的 New()函数返回一个错误对象，包含一个字符串“file not created”。
- 第 40 行，通过 Write()方法传入的 data 参数是 interface{}类型，而 f.file 的 Write()方法需要的是[]byte 类型。使用 fmt.Sprintf 将 data 转换为字符串，这里使用的格式化参数是“%v”，意思是将 data 按其本来的值转换为字符串。
- 第 43 行，通过 f.file 的 Write()方法，将 str 字符串转换为[]byte 字节数组，再写入到

文件中。如果发生错误，则返回。

在操作文件时，会出现文件无法创建、无法写入等错误。开发中尽量不要忽略这些底层报出的错误，应该处理可能发生的所有错误。

文件使用完后，要注意使用 os.File 的 Close()方法进行及时关闭，否则文件再次访问时会因为其属性出现无法读取、无法写入等错误。

提示： 一个完备的文件写入器会提供多种写入文件的模式，例子中使用的模式是将日志添加到日志文件的尾部。随着文件越来越大，文件的访问效率和查看便利性也会大大降低。此时，就需要另外一种写入模式：滚动写入文件。

滚动写入文件模式也是将日志添加到文件的尾部，但当文件达到设定的期望大小时，会自动开启一个新的文件继续写入文件，最终将获得多个日志文件。

日志文件名不仅可以按照文件大小进行分割，还可以按照日期范围进行分割。在到达设定的日期范围，如每天、每小时的周期范围时，日志器会自动创建新的日志文件。这种日志文件创建方法也能方便开发者按日志查看日志。

3. 命令行写入器

在 UNIX 的思想中，一切皆文件。文件包括内存、磁盘、网络和命令行等。这种抽象方法方便我们访问这些看不见摸不着的虚拟资源。命令行在 Go 中也是一种文件，os.Stdout 对应标准输出，一般表示屏幕，也就是命令行，也可以被重定向为打印机或者磁盘文件；os.Stderr 对应标准错误输出，一般将错误输出到日志中，不过大多数情况，os.Stdout 会与 os.Stderr 合并输出；os.Stdin 对应标准输入，一般表示键盘。os.Stdout、os.Stderr、os.Stdin 都是*os.File 类型，和文件一样实现了 io.Writer 接口的 Write()方法。下面的代码展示如何将命令行抽象为日志写入器，如代码 7-2 中的 console.go 文件所示。

代码7-2 命令行写入器（具体文件：…/chapter07/logger/console.go）

```go
package main

import (
    "fmt"
    "os"
)

// 命令行写入器
type consoleWriter struct {
}

// 实现 LogWriter 的 Write()方法
func (f *consoleWriter) Write(data interface{}) error {

    // 将数据序列化为字符串
    str := fmt.Sprintf("%v\n", data)

```

```
18         // 将数据以字节数组写入命令行中
19         _, err := os.Stdout.Write([]byte(str))
20
21         return err
22     }
23
24     // 创建命令行写入器实例
25     func newConsoleWriter() *consoleWriter {
26         return &consoleWriter{}
27     }
```

代码说明如下：

- 第 9 行，声明 consoleWriter 结构，以实现命令行写入器。
- 第 13 行，consoleWriter 的 Write()方法实现了日志写入接口（LogWriter）的 Write()方法。
- 第 16 行，与 fileWriter 类似，这里也将 data 通过 fmt.Sprintf 序列化为字符串。
- 第 19 行，与 fileWriter 类似，这里也将 str 字符串转换为字节数组并写入标准输出 os.Stdout。写入后的内容就会显示在命令行中。
- 第 25 行，创建命令行写入器的实例。

除了命令行写入器（consoleWriter）和文件写入器（fileWriter），读者还可以自行使用 net 包中的 Socket 封装实现网络写入器 socketWriter，让日志可以写入远程的服务器中或者可以跨进程进行日志保存和分析。

4. 使用日志

在程序中使用日志器一般会先通过代码创建日志器（Logger），为日志器添加输出设备（fileWriter、consoleWriter 等）。这些设备中有一部分需要一些参数设定，如文件日志写入器需要提供文件名（fileWriter 的 SetFile()方法）。

下面代码中展示了使用日志器的过程，请参考代码 7-2 中的 main.go 文件。

代码7-2　使用日志（具体文件：…/chapter07/logger/main.go）

```
package main

import "fmt"

// 创建日志器
func createLogger() *Logger {

    // 创建日志器
    l := NewLogger()

    // 创建命令行写入器
    cw := newConsoleWriter()

    // 注册命令行写入器到日志器中
    l.RegisterWriter(cw)

    // 创建文件写入器
```

```
18      fw := newFileWriter()
19
20      // 设置文件名
21      if err := fw.SetFile("log.log"); err != nil {
22          fmt.Println(err)
23      }
24
25      // 注册文件写入器到日志器中
26      l.RegisterWriter(fw)
27
28      return l
29  }
30
31  func main() {
32
33      // 准备日志器
34      l := createLogger()
35
36      // 写一个日志
37      l.Log("hello")
38  }
```

代码说明如下：

- 第 6 行，一个创建日志的过程。这个过程一般隐藏在系统初始化中。程序启动时初始化一次。
- 第 9 行，创建一个日志器的实例，后面的代码会使用到它。
- 第 12 行，创建一个命令行写入器。如果全局有很多日志器，命令行写入器可以被共享，全局只会有一份。
- 第 18 行，创建一个文件写入器。一个程序的日志一般只有一个，因此不同的日志器也应该共享一个文件写入器。
- 第 21 行，创建好的文件写入器需要初始化写入的文件，通过文件名确定写入的文件。设置的过程可能会发生错误，发生错误时会输出错误信息。
- 第 26 行，将文件写入器注册到日志器中。
- 第 34 行，在程序一开始创建日志器。
- 第 37 行，往创建好的日志器中写入日志。

编译整个代码并运行，输出如下：

```
hello
```

同时，当前目录的 log.log 文件中也会出现 hello 字符。

提示： Go 语言的 log 包实现了一个小型的日志系统。这个日志系统可以在创建日志器时选择输出设备、日志前缀及 flag，函数定义如下：

```
func New(out io.Writer, prefix string, flag int) *Logger {
    return &Logger{out: out, prefix: prefix, flag: flag}
}
```

在 flag 中，还可以定制日志中是否输出日期、日期精度和详细文件名等。

这个日志器在编写时，也最大程度地保证了输出的效率，如果读者对日志器的编写比较感兴趣，可以在 log 包的基础上进行扩展，形成方便自己使用的日志库。

7.5　示例：使用接口进行数据的排序

排序是常见的算法之一，也是常见的面试题之一，程序员对各种排序算法也是津津乐道。实际使用中，语言的类库会为我们提供健壮、高性能的排序算法库，开发者在了解排序算法基本原理的基础上，应该避免“造轮子”，直接使用已有的排序算法库，以缩短开发周期，提高开发效率。

Go 语言中在排序时，需要使用者通过 sort.Interface 接口提供数据的一些特性和操作方法。接口定义代码如下：

```
01  type Interface interface {
02      // 获取元素数量
03      Len() int
04
05      // 小于比较
06      Less(i, j int) bool
07
08      // 交换元素
09      Swap(i, j int)
10  }
```

代码说明如下：

- 第 3 行，排序算法需要实现者提供需要排序的数据元素数量。
- 第 6 行，排序需要通过比较元素之间的关系才能做出具体的操作。Less()方法需要提供两个给定索引（i 和 j）对应元素的小于比较（数值的<操作）的结果。参数的 i、j 传入的是元素的索引。将传入的 i、j 索引对应的元素按小于关系进行比较，完成后把结果通过 Less()方法的返回值返回。
- 第 9 行，排序的过程就是不停地交换元素。Swap()方法需要实现者通过传入 i、j 索引找到元素，并交换元素的值。

这个接口需要实现者实现的方法就是排序的经典操作：数量（Len）、比较（Less）、交换（Swap）。

7.5.1　使用 sort.Interface 接口进行排序

对一系列字符串进行排序时，使用字符串切片（[]string）承载多个字符串。使用 type 关键字，将字符串切片（[]string）定义为自定义类型 MyStringList。为了让 sort 包能识别 MyStringList，能够对 MyStringList 进行排序，就必须让 MyStringList 实现 sort.Interface 接口。详细代码实现，请参考代码 7-3。

代码7-3　字符串排序（具体文件：.../chapter07/sortstring/sortstring.go）

```
01  package main
02
03  import (
04      "fmt"
05      "sort"
06  )
07
08  // 将[]string 定义为 MyStringList 类型
09  type MyStringList []string
10
11  // 实现 sort.Interface 接口的获取元素数量方法
12  func (m MyStringList) Len() int {
13      return len(m)
14  }
15
16  // 实现 sort.Interface 接口的比较元素方法
17  func (m MyStringList) Less(i, j int) bool {
18      return m[i] < m[j]
19  }
20
21  // 实现 sort.Interface 接口的交换元素方法
22  func (m MyStringList) Swap(i, j int) {
23      m[i], m[j] = m[j], m[i]
24  }
25
26  func main() {
27
28      // 准备一个内容被打乱顺序的字符串切片
29      names := MyStringList{
30          "3. Triple Kill",
31          "5. Penta Kill",
32          "2. Double Kill",
33          "4. Quadra Kill",
34          "1. First Blood",
35      }
36
37      // 使用 sort 包进行排序
38      sort.Sort(names)
39
40      // 遍历打印结果
41      for _, v := range names {
42          fmt.Printf("%s\n", v)
43      }
44
45  }
```

代码说明如下：

- 第 9 行，接口实现不受限于结构体，任何类型都可以实现接口。要排序的字符串切片[]string 是系统定制好的类型，无法让这个类型去实现 sort.Interface 排序接口。因此，需要将[]string 定义为自定义的类型。

- 第 12 行，实现获取元素数量的 Len()方法，返回字符串切片的元素数量。
- 第 17 行，实现比较元素的 Less()方法，直接取 m 切片的 i 和 j 元素值进行小于比较，并返回比较结果。
- 第 22 行，实现交换元素的 Swap()方法，这里使用 Go 语言的多变量赋值特性实现元素交换。
- 第 29 行，由于将[]string 定义成 MyStringList 类型，字符串切片初始化的过程等效于下面的写法：

```
names := []string {
    "3. Triple Kill",
    "5. Penta Kill",
    "2. Double Kill",
    "4. Quadra Kill",
    "1. First Blood",
}
```

- 第 38 行，使用 sort 包的 Sort()函数，将 names（MyStringList 类型）进行排序。排序时，sort 包会通过 MyStringList 实现的 Len()、Less()、Swap()这 3 个方法进行数据获取和修改。
- 第 41 行，遍历排序好的字符串切片，并打印结果。

代码输出如下：

```
1. First Blood
2. Double Kill
3. Triple Kill
4. Quadra Kill
5. Penta Kill
```

7.5.2　常见类型的便捷排序

通过实现 sort.Interface 接口的排序过程具有很强的可定制性，可以根据被排序对象比较复杂的特性进行定制。例如，需要多种排序逻辑的需求就适合使用 sort.Interface 接口进行排序。但大部分情况中，只需要对字符串、整型等进行快速排序。Go 语言中提供了一些固定模式的封装以方便开发者迅速对内容进行排序。

1．字符串切片的便捷排序

sort 包中有一个 StringSlice 类型，定义如下：

```
type StringSlice []string

func (p StringSlice) Len() int           { return len(p) }
func (p StringSlice) Less(i, j int) bool { return p[i] < p[j] }
func (p StringSlice) Swap(i, j int)      { p[i], p[j] = p[j], p[i] }
```

```
// Sort is a convenience method.
func (p StringSlice) Sort() { Sort(p) }
```

sort 包中的 StringSlice 的代码与 MyStringList 的实现代码几乎一样。因此，只需要使用 sort 包的 StringSlice 就可以更简单快速地进行字符串排序。将代码 7-3 中的排序代码简化后如下所示。

```
names := sort.StringSlice{
    "3. Triple Kill",
    "5. Penta Kill",
    "2. Double Kill",
    "4. Quadra Kill",
    "1. First Blood",
}

sort.Sort(names)
```

简化后，只要两句代码就实现了字符串排序的功能。

2. 对整型切片进行排序

除了字符串可以使用 sort 包进行便捷排序外，还可以使用 sort.IntSlice 进行整型切片的排序。sort.IntSlice 的定义如下：

```
type IntSlice []int

func (p IntSlice) Len() int           { return len(p) }
func (p IntSlice) Less(i, j int) bool { return p[i] < p[j] }
func (p IntSlice) Swap(i, j int)      { p[i], p[j] = p[j], p[i] }

// Sort is a convenience method.
func (p IntSlice) Sort() { Sort(p) }
```

sort 包在 sort.Interface 对各类型的封装上还有更进一步的简化，下面使用 sort.Strings 继续对代码 7-3 进行简化，代码如下：

```
01      names := []string{
02          "3. Triple Kill",
03          "5. Penta Kill",
04          "2. Double Kill",
05          "4. Quadra Kill",
06          "1. First Blood",
07      }
08
09      sort.Strings(names)
10
11      // 遍历打印结果
12      for _, v := range names {
13          fmt.Printf("%s\n", v)
14      }
```

代码说明如下：

- 第 1 行，需要排序的字符串切片。

- 第 9 行，使用 sort.Strings 直接对字符串切片进行排序。

3．sort包内建的类型排序接口一览

Go 语言中的 sort 包中定义了一些常见类型的排序方法，如表 7-1 所示。

表 7-1　sort包中内建的类型排序接口

类　　型	实现sort.Interface的类型	直接排序方法	说　　明
字符串（String）	StringSlice	sort.Strings(a []string)	字符ASCII值升序
整型（int）	IntSlice	sort.Ints(a []int)	数值升序
双精度浮点（float64）	Float64Slice	sort.Float64s(a []float64)	数值升序

编程中经常用到的 int32、int64、float32、bool 类型并没有由 sort 包实现，使用时依然需要开发者自己编写。

7.5.3　对结构体数据进行排序

除了基本类型的排序，也可以对结构体进行排序。结构体比基本类型更为复杂，排序时不能像数值和字符串一样拥有一些固定的单一原则。结构体的多个字段在排序中可能会存在多种排序的规则，例如，结构体中的名字按字母升序排列，数值按从小到大的顺序排序。一般在多种规则同时存在时，需要确定规则的优先度，如先按名字排序，再按年龄排序等。

1．完整实现sort.Interface进行结构体排序

将一批英雄名单使用结构体定义，英雄名单的结构体中定义了英雄的名字和分类。排序时要求按照英雄的分类进行排序，相同分类的情况下按名字进行排序，详细代码实现过程参考代码 7-4。

代码7-4　结构体排序（具体文件：.../chapter07/sortstruct/sortstruct.go）

```
package main

import (
    "fmt"
    "sort"
)

// 声明英雄的分类
type HeroKind int

// 定义 HeroKind 常量，类似于枚举
const (
    None HeroKind = iota
```

```
    Tank
    Assassin
    Mage
)

// 定义英雄名单的结构
type Hero struct {
    Name string                            // 英雄的名字
    Kind HeroKind                          // 英雄的种类
}

// 将英雄指针的切片定义为 Heros 类型
type Heros []*Hero

// 实现 sort.Interface 接口取元素数量方法
func (s Heros) Len() int {
    return len(s)
}

// 实现 sort.Interface 接口比较元素方法
func (s Heros) Less(i, j int) bool {

    // 如果英雄的分类不一致时，优先对分类进行排序
    if s[i].Kind != s[j].Kind {
        return s[i].Kind < s[j].Kind
    }

    // 默认按英雄名字字符升序排列
    return s[i].Name < s[j].Name
}

// 实现 sort.Interface 接口交换元素方法
func (s Heros) Swap(i, j int) {
    s[i], s[j] = s[j], s[i]
}

func main() {

    // 准备英雄列表
    heros := Heros{
        &Hero{"吕布", Tank},
        &Hero{"李白", Assassin},
        &Hero{"妲己", Mage},
        &Hero{"貂蝉", Assassin},
        &Hero{"关羽", Tank},
        &Hero{"诸葛亮", Mage},
    }

```

```
62        // 使用 sort 包进行排序
63        sort.Sort(heros)
64
65        // 遍历英雄列表打印排序结果
66        for _, v := range heros {
67            fmt.Printf("%+v\n", v)
68        }
69    }
```

代码说明如下：

- 第 9 行，将 int 声明为 HeroKind 英雄类型，后面会将这个类型当做枚举来使用。
- 第 13 行，定义一些英雄类型常量，可以理解为枚举的值。
- 第 26 行，为了方便实现 sort.Interface 接口，将[]*Hero 定义为 Heros 类型。
- 第 29 行，Heros 类型实现了 sort.Interface 的 Len()方法，返回英雄的数量。
- 第 34 行，Heros 类型实现了 sort.Interface 的 Less()方法，根据英雄字段的比较结果决定如何排序。
- 第 37 行，当英雄的分类不一致时，优先按分类的枚举数值从小到大排序。。
- 第 42 行，英雄分类相等的情况下，默认根据英雄的名字字符升序排序。
- 第 46 行，Heros 类型实现了 sort.Interface 的 Swap()方法，交换英雄元素的位置。
- 第 53～60 行，准备一系列英雄数据。
- 第 63 行，使用 sort 包进行排序。
- 第 66 行，遍历所有排序完成的英雄数据。

代码输出如下：

```
&{Name:关羽 Kind:1}
&{Name:吕布 Kind:1}
&{Name:李白 Kind:2}
&{Name:貂蝉 Kind:2}
&{Name:妲己 Kind:3}
&{Name:诸葛亮 Kind:3}
```

2．使用sort.Slice进行切片元素排序

从 Go 1.8 开始，Go 语言在 sort 包中提供了 sort.Slice()函数进行更为简便的排序方法。sort.Slice()函数只要求传入需要排序的数据，以及一个排序时对元素的回调函数，类型为 func(i,j int) bool，sort.Slice()函数的定义如下：

```
func Slice(slice interface{}, less func(i, j int) bool)
```

使用 sort.Slice()函数，对代码 7-4 重新优化的完整代码如下：

```
package main

import (
    "fmt"
    "sort"
```

```
06  )
07
08  type HeroKind int
09
10  const (
11      None = iota
12      Tank
13      Assassin
14      Mage
15  )
16
17  type Hero struct {
18      Name string
19      Kind HeroKind
20  }
21
22  func main() {
23
24      heros := []*Hero{
25          {"吕布", Tank},
26          {"李白", Assassin},
27          {"妲己", Mage},
28          {"貂蝉", Assassin},
29          {"关羽", Tank},
30          {"诸葛亮", Mage},
31      }
32
33      sort.Slice(heros, func(i, j int) bool {
34          if heros[i].Kind != heros[j].Kind {
35              return heros[i].Kind < heros[j].Kind
36          }
37
38          return heros[i].Name < heros[j].Name
39      })
40
41      for _, v := range heros {
42          fmt.Printf("%+v\n", v)
43      }
44  }
```

第 33 行到第 39 行加粗部分是新添加的 sort.Slice()及回调函数部分。对比前面的代码，这里去掉了 Heros 及接口实现部分的代码。

使用 sort.Slice()不仅可以完成结构体切片排序，还可以对各种切片类型进行自定义排序。

7.6　接口的嵌套组合——将多个接口放在一个接口内

在 Go 语言中，不仅结构体与结构体之间可以嵌套，接口与接口间也可以通过嵌套创造出新的接口。

接口与接口嵌套组合而成了新接口，只要接口的所有方法被实现，则这个接口中的所有嵌套接口的方法均可以被调用。

1. 系统包中的接口嵌套组合

Go 语言的 io 包中定义了写入器（Writer）、关闭器（Closer）和写入关闭器（WriteCloser）3 个接口，代码如下：

```
01  type Writer interface {
02      Write(p []byte) (n int, err error)
03  }
04
05  type Closer interface {
06      Close() error
07  }
08
09  type WriteCloser interface {
10      Writer
11      Closer
12  }
```

代码说明如下：

- 第 1 行定义了写入器（Writer），如这个接口较为常用，常用于 I/O 设备的数据写入。
- 第 5 行定义了关闭器（Closer），如有非托管内存资源的对象，需要用关闭的方法来实现资源释放。
- 第 9 行定义了写入关闭器（WriteCloser），这个接口由 Writer 和 Closer 两个接口嵌入。也就是说，WriteCloser 同时拥有了 Writer 和 Closer 的特性。

2. 在代码中使用接口嵌套组合

在代码中使用 io.Writer、io.Closer 和 io.WriteCloser 这 3 个接口时，只需要按照接口实现的规则实现 io.Writer 接口和 io.Closer 接口即可。而 io.WriteCloser 接口在使用时，编译器会根据接口的实现者确认它们是否同时实现了 io.Writer 和 io.Closer 接口，详细实现代码如下：

```
package main

import (
    "io"
)

// 声明一个设备结构
type device struct {
}

// 实现io.Writer的Write()方法
```

```
12  func (d *device) Write(p []byte) (n int, err error) {
13      return 0, nil
14  }
15
16  // 实现 io.Closer 的 Close()方法
17  func (d *device) Close() error {
18      return nil
19  }
20
21  func main() {
22
23      // 声明写入关闭器，并赋予 device 的实例
24      var wc io.WriteCloser = new(device)
25
26      // 写入数据
27      wc.Write(nil)
28
29      // 关闭设备
30      wc.Close()
31
32      // 声明写入器，并赋予 device 的新实例
33      var writeOnly io.Writer = new(device)
34
35      // 写入数据
36      writeOnly.Write(nil)
37
38  }
```

代码说明如下：

- 第 8 行定义了 device 结构体，用来模拟一个虚拟设备，这个结构会实现前面提到的 3 种接口。
- 第 12 行，实现了 io.Writer 的 Write()方法。
- 第 17 行，实现了 io.Closer 的 Close()方法。
- 第 24 行，对 device 实例化，由于 device 实现了 io.WriteCloser 的所有嵌入接口，因此 device 指针就会被隐式转换为 io.WriteCloser 接口。
- 第 27 行，调用了 wc（io.WriteCloser 接口）的 Write()方法，由于 wc 被赋值*device，因此最终会调用 device 的 Write()方法
- 第 30 行，与 27 行类似，最终调用 device 的 Close()方法。
- 第 33 行，再次创建一个 device 的实例，writeOnly 是一个 io.Writer 接口，这个接口只有 Write()方法。
- 第 36 行，writeOnly 只能调用 Write()方法，没有 Close()方法。

为了整理思路，将上面的实现、调用关系使用图方式来展现，参见图 7-3 和图 7-4。

（1）io.WriteCloser 的实现及调用过程如图 7-3 所示。

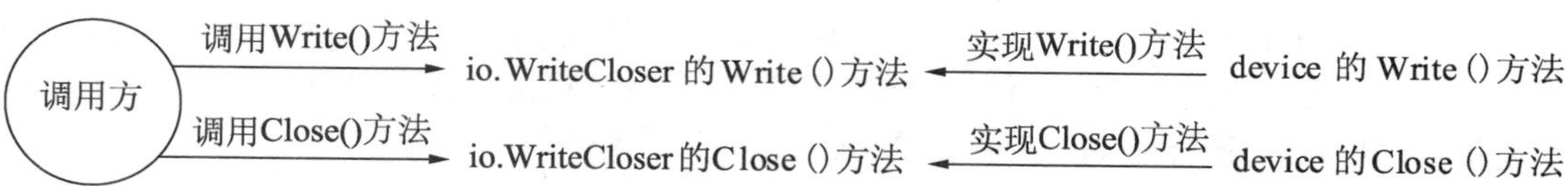

图 7-3　io.WriteCloser 的实现及调用过程

（2）io.Writer 的实现调用过程如图 7-4 所示。

图 7-4　io.Writer 的实现调用过程

给 io.WriteCloser 或 io.Writer 更换不同的实现者，可以动态地切换实现代码。

7.7　在接口和类型间转换

Go 语言中使用接口断言（type assertions）将接口转换成另外一个接口，也可以将接口转换为另外的类型。接口的转换在开发中非常常见，使用也非常频繁。

7.7.1　类型断言的格式

类型断言的基本格式如下：

```
t := i.(T)
```

- i 代表接口变量。
- T 代表转换的目标类型。
- t 代表转换后的变量。

如果 i 没有完全实现 T 接口的方法，这个语句将会触发宕机。触发宕机不是很友好，因此上面的语句还有一种写法：

```
t,ok := i.(T)
```

这种写法下，如果发生接口未实现时，将会把 ok 置为 false，t 置为 T 类型的 0 值。正常实现时，ok 为 true。这里 ok 可以被认为是：i 接口是否实现 T 类型的结果

7.7.2　将接口转换为其他接口

实现某个接口的类型同时实现了另外一个接口，此时可以在两个接口间转换。

鸟和猪具有不同的特性，鸟可以飞，猪不能飞，但两种动物都可以行走。如果使用结构体实现鸟和猪，让它们具备自己特性的 Fly()和 Walk()方法就让鸟和猪各自实现了飞行动物接口（Flyer）和行走动物接口（Walker）。

将鸟和猪的实例创建后，被保存到 interface{}类型的 map 中。interface{}类型表示空接口，意思就是这种接口可以保存为任意类型。对保存有鸟或猪的实例的 interface{}变量进行断言操作，如果断言对象是断言指定的类型，则返回转换为断言对象类型的接口；如果不是指定的断言类型时，断言的第二个参数将返回 false。例如下面的代码：

```
var obj interface{} = new(bird)
f, isFlyer := obj.(Flyer)
```

代码中，new(bird)产生*bird 类型的 bird 实例，这个实例被保存在 interface{}类型的 obj 变量中。使用 obj.(Flyer)类型断言，将 obj 转换为 Flyer 接口。f 为转换成功时的 Flyer 接口类型，isFlyer 表示是否转换成功，类型就是 bool。详细代码请参考代码 7-5。

代码7-5　鸟和猪（具体文件：…/chapter07/birdpig/birdpig.go）

```
package main

import "fmt"

// 定义飞行动物接口
type Flyer interface {
    Fly()
}

// 定义行走动物接口
type Walker interface {
    Walk()
}

// 定义鸟类
type bird struct {
}

// 实现飞行动物接口
func (b *bird) Fly() {
    fmt.Println("bird: fly")
}

// 为鸟添加Walk()方法，实现行走动物接口
func (b *bird) Walk() {
    fmt.Println("bird: walk")
}

// 定义猪
type pig struct {
}

// 为猪添加Walk()方法，实现行走动物接口
```

```
34  func (p *pig) Walk() {
35      fmt.Println("pig: walk")
36  }
37
38  func main() {
39
40      // 创建动物的名字到实例的映射
41      animals := map[string]interface{}{
42          "bird": new(bird),
43          "pig":  new(pig),
44      }
45
46      // 遍历映射
47      for name, obj := range animals {
48
49          // 判断对象是否为飞行动物
50          f, isFlyer := obj.(Flyer)
51          // 判断对象是否为行走动物
52          w, isWalker := obj.(Walker)
53
54          fmt.Printf("name: %s isFlyer: %v isWalker: %v\n", name, isFlyer,
            isWalker)
55
56          // 如果是飞行动物则调用飞行动物接口
57          if isFlyer {
58              f.Fly()
59          }
60
61          // 如果是行走动物则调用行走动物接口
62          if isWalker {
63              w.Walk()
64          }
65      }
66  }
```

代码说明如下：

- 第 6 行定义了飞行动物的接口。
- 第 11 行定义了行走动物的接口。
- 第 16 和 30 行分别定义了鸟和猪两个对象，并分别实现了飞行动物和行走动物接口。
- 第 41 行是一个 map，映射对象名字和对象实例，实例是鸟和猪。
- 第 47 行开始遍历 map，obj 为 interface{}接口类型。
- 第 50 行中，使用类型断言获得 f，类型为 Flyer 及 isFlyer 的断言成功的判定。
- 第 52 行中，使用类型断言获得 w，类型为 Walker 及 isWalker 的断言成功的判定。
- 第 57 和 62 行，根据飞行动物和行走动物两者是否断言成功，调用其接口。

代码输出如下：

```
name: pig isFlyer: false isWalker: true
pig: walk
```

```
name: bird isFlyer: true isWalker: true
bird: fly
bird: walk
```

7.7.3 将接口转换为其他类型

在代码 7-5 中，可以实现将接口转换为普通的指针类型。例如将 Walker 接口转换为*pig 类型，请参考下面的代码：

```
01  p1 := new(pig)
02
03  var a Walker = p1
04  p2 := a.(*pig)
05
06  fmt.Printf("p1=%p p2=%p", p1, p2)
```

- 第 3 行，由于 pig 实现了 Walker 接口，因此可以被隐式转换为 Walker 接口类型保存于 a 中。
- 第 4 行，由于 a 中保存的本来就是*pig 本体，因此可以转换为*pig 类型。
- 第 6 行，对比发现，p1 和 p2 指针是相同的。

如果尝试将上面这段代码中的 Walker 类型的 a 转换为*bird 类型，将会发出运行时错误，请参考下面的代码：

```
p1 := new(pig)

var a Walker = p1
p2 := a.(*bird)
```

运行时报错：

```
panic: interface conversion: main.Walker is *main.pig, not *main.bird
```

报错意思是：接口转换时，main.Walker 接口的内部保存的是*main.pig，而不是*main.bird。

因此，接口在转换为其他类型时，接口内保存的实例对应的类型指针，必须是要转换的对应的类型指针。

总结： 接口和其他类型的转换可以在 Go 语言中自由进行，前提是已经完全实现。
接口断言类似于流程控制中的 if。但大量类型断言出现时，应使用更为高效的类型分支 switch 特性。

7.8 空接口类型（interface{}）——能保存所有值的类型

空接口是接口类型的特殊形式，空接口没有任何方法，因此任何类型都无须实现空接口。从实现的角度看，任何值都满足这个接口的需求。因此空接口类型可以保存任何值，也可以从空接口中取出原值。

提示： 空接口类型类似于C#或Java语言中的Object、C语言中的void*、C++中的std::any。在泛型和模板出现前，空接口是一种非常灵活的数据抽象保存和使用的方法。空接口的内部实现保存了对象的类型和指针。使用空接口保存一个数据的过程会比直接用数据对应类型的变量保存稍慢。因此在开发中，应在需要的地方使用空接口，而不是在所有地方使用空接口。

7.8.1　将值保存到空接口

空接口的赋值如下：

```
01  var any interface{}
02
03  any = 1
04  fmt.Println(any)
05
06  any = "hello"
07  fmt.Println(any)
08
09  any = false
10  fmt.Println(any)
```

代码输出如下：

```
1
hello
false
```

- 第 1 行，声明 any 为 interface{}类型的变量。
- 第 3 行，为 any 赋值一个整型 1。
- 第 4 行，打印 any 的值，提供给 fmt.Println 的类型依然是 interface{}。
- 第 6 行，为 any 赋值一个字符串 hello。此时 any 内部保存了一个字符串。但类型依然是 interface{}。
- 第 9 行，赋值布尔值。

7.8.2　从空接口获取值

保存到空接口的值，如果直接取出指定类型的值时，会发生编译错误，代码如下：

```
// 声明 a 变量，类型 int，初始值为 1
var a int = 1

// 声明 i 变量，类型为 interface{}，初始值为 a，此时 i 的值变为 1
var i interface{} = a

// 声明 b 变量，尝试赋值 i
```

```
08  var b int = i
```

第 8 行代码编译报错：

```
cannot use i (type interface {}) as type int in assignment: need type
assertion
```

编译器告诉我们，不能将 i 变量视为 int 类型赋值给 b。

在代码第 15 行中，将 a 的值赋值给 i 时，虽然 i 在赋值完成后的内部值为 int，但 i 还是一个 interface{}类型的变量。类似于无论集装箱装的是茶叶还是烟草，集装箱依然是金属做的，不会因为所装物的类型改变而改变。

为了让第 8 行的操作能够完成，编译器提示我们得使用 type assertion，意思就是类型断言。

使用类型断言修改第 8 行代码如下：

```
var b int = i.(int)
```

修改后，代码可以编译通过，并且 b 可以获得 i 变量保存的 a 变量的值：1。

7.8.3 空接口的值比较

空接口在保存不同的值后，可以和其他变量值一样使用“==”进行比较操作。空接口的比较有以下几种特性。

1．类型不同的空接口间的比较结果不相同

保存有类型不同的值的空接口进行比较时，Go 语言会优先比较值的类型。因此类型不同，比较结果也是不相同的，代码如下：

```
// a 保存整型
var a interface{} = 100

// b 保存字符串
var b interface{} = "hi"

// 两个空接口不相等
fmt.Println(a == b)
```

代码输出如下：

```
false
```

2．不能比较空接口中的动态值

当接口中保存有动态类型的值时，运行时将触发错误，代码如下：

```
// c 保存包含 10 的整型切片
var c interface{} = []int{10}

// d 保存包含 20 的整型切片
```

```
05  var d interface{} = []int{20}
06
07  // 这里会发生崩溃
08  fmt.Println(c == d)
```

代码运行到第 8 行时发生崩溃：

```
panic: runtime error: comparing uncomparable type []int
```

这是一个运行时错误，提示[]int 是不可比较的类型。表 7-2 中列举出了类型及比较的几种情况。

表 7-2　类型的可比较性

类　　型	说　　明
map	宕机错误，不可比较
切片（[]T）	宕机错误，不可比较
通道（channel）	可比较，必须由同一个make生成，也就是同一个通道才会是true，否则为false
数组（[容量]T）	可比较，编译期知道两个数组是否一致
结构体	可比较，可以逐个比较结构体的值
函数	宕机错误，不可比较

7.9　示例：使用空接口实现可以保存任意值的字典

空接口可以保存任何类型这个特性可以方便地用于容器的设计。下面例子使用 map 和 interface{}实现了一个字典。字典在其他语言中的功能和 map 类似，可以将任意类型的值做成键值对保存，然后进行找回、遍历操作。详细实现过程请参考代码 7-6。

代码7-6　实现字典（具体文件：.../chapter07/dict/dict.go）

1．值设置和获取

字典内部拥有一个 data 字段，其类型为 map。这个 map 的键和值都是 interface{}类型，也就是实现任意类型关联任意类型。字典的值设置和获取通过 Set()和 Get()两个方法来完成，参数都是 interface{}。详细实现代码如下：

```
// 字典结构
type Dictionary struct {
    data map[interface{}]interface{}    // 键值都为 interface{}类型
}

// 根据键获取值
func (d *Dictionary) Get(key interface{}) interface{} {
    return d.data[key]
}

```

```
11  // 设置键值
12  func (d *Dictionary) Set(key interface{}, value interface{}) {
13      d.data[key] = value
14  }
```

代码说明如下：

- 第 3 行，Dictionary 的内部实现是一个键值均为 interface{}类型的 map，map 也具备与 Dictionary 一致的功能。
- 第 8 行，通过 map 直接获取值，如果键不存在，将返回 nil。
- 第 13 行，通过 map 设置键值。

2．遍历字段的所有键值关联数据

每个容器都有遍历操作。遍历时，需要提供一个回调返回需要遍历的数据。为了方便在必要时终止遍历操作，可以将回调的返回值设置为 bool 类型，外部逻辑在回调中不需要遍历时直接返回 false 即可终止遍历。

Dictionary 的 Visit()方法需要传入回调函数，回调函数的类型为 func(k, v interface{}) bool。每次遍历时获得的键值关联数据通过回调函数的 k 和 v 参数返回。Visit 的详细实现请参考下面的代码：

```
01  // 遍历所有的键值，如果回调返回值为 false，停止遍历
02  func (d *Dictionary) Visit(callback func(k, v interface{}) bool) {
03
04      if callback == nil {
05          return
06      }
07
08      for k, v := range d.data {
09          if !callback(k, v) {
10              return
11          }
12      }
13  }
```

代码说明如下：

- 第 2 行，定义回调，类型为 func(k, v interface{}) bool，意思是返回键值数据（k、v）。bool 表示遍历流程控制，返回 true 时继续遍历，返回 false 时终止遍历。
- 第 4 行，当 callback 为空时，退出遍历，避免后续代码访问空的 callback 而导致的崩溃。
- 第 8 行，遍历字典结构的 data 成员，也就是遍历 map 的所有元素。
- 第 9 行，根据 callback 的返回值，决定是否继续遍历。

3．初始化和清除

字典结构包含有 map，需要在创建 Dictionary 实例时初始化 map。这个过程通过 Dictionary 的 Clear()方法完成。在 NewDictionary 中调用 Clear()方法避免了 map 初始化过程的代码重复问题。请参考下面的代码：

```
01 // 清空所有的数据
02 func (d *Dictionary) Clear() {
03     d.data = make(map[interface{}]interface{})
04 }
05
06 // 创建一个字典
07 func NewDictionary() *Dictionary {
08     d := &Dictionary{}
09
10     // 初始化 map
11     d.Clear()
12     return d
13 }
```

代码说明如下：

- 第 3 行，map 没有独立的复位内部元素的操作，需要复位元素时，使用 make 创建新的实例。Go 语言的垃圾回收是并行的，不用担心 map 清除的效率问题。
- 第 7 行，实例化一个 Dictionary。
- 第 11 行，在初始化时调用 Clear 进行 map 初始化操作。

4. 使用字典

字典实现完成后，需要经过一个测试过程，查看这个字典是否存在问题。

将一些字符串和数值组合放入到字典中，然后再从字典中根据键查询出对应的值，接着再遍历一个字典中所有的元素。详细实现过程请参考下面的代码：

```
func main() {

    // 创建字典实例
    dict := NewDictionary()

    // 添加游戏数据
    dict.Set("My Factory", 60)
    dict.Set("Terra Craft", 36)
    dict.Set("Don't Hungry", 24)

    // 获取值及打印值
    favorite := dict.Get("Terra Craft")
    fmt.Println("favorite:", favorite)

    // 遍历所有的字典元素
    dict.Visit(func(key, value interface{}) bool {

        // 将值转为 int 类型，并判断是否大于 40
        if value.(int) > 40 {

            // 输出“很贵”
            fmt.Println(key, "is expensive")
            return true
        }
```

```
25
26              // 默认都是输出“很便宜”
27              fmt.Println(key, "is cheap")
28
29              return true
30          })
31  }
```

代码说明如下：

- 第 4 行创建字典的实例。
- 第 7～9 行，将 3 组键值对通过字典的 Set()方法设置到字典中。
- 第 12 行，根据字符串键查找值，将结果保存在 favorite 中。
- 第 13 行，打印 favorite 的值。
- 第 16 行，遍历字典的所有键值对。遍历的返回数据通过回调提供，key 是键，value 是值。
- 第 19 行，遍历返回的 key 和 value 的类型都是 interface{}，这里确认 value 只有 int 类型，所以将 value 转换为 int 类型判断是否大于 40。
- 第 23 和 29 行，继续遍历，返回 true
- 第 23 行，打印键。

运行代码，输出如下：

```
favorite: 36
My Factory is expensive
Terra Craft is cheap
Don't Hungry is cheap
```

7.10 类型分支——批量判断空接口中变量的类型

Go 语言的 switch 不仅可以像其他语言一样实现数值、字符串的判断，还有一种特殊的用途——判断一个接口内保存或实现的类型。

7.10.1 类型断言的书写格式

switch 实现类型分支时的写法格式如下：

```
switch 接口变量.(type) {
    case 类型 1:
        // 变量是类型 1 时的处理
    case 类型 2:
        // 变量是类型 2 时的处理
…
default:
        // 变量不是所有 case 中列举的类型时的处理
}
```

- 接口变量：表示需要判断的接口类型的变量。
- 类型 1、类型 2……：表示接口变量可能具有的类型列表，满足时，会指定 case 对应的分支进行处理。

7.10.2　使用类型分支判断基本类型

下面的例子将一个 interface{}类型的参数传给 printType()函数，通过 switch 判断 v 的类型，然后打印对应类型的提示，代码如下：

```
01  package main
02
03  import (
04      "fmt"
05  )
06
07  func printType(v interface{}) {
08
09      switch v.(type) {
10      case int:
11          fmt.Println(v, "is int")
12      case string:
13          fmt.Println(v, "is string")
14      case bool:
15          fmt.Println(v, "is bool")
16      }
17  }
18
19  func main() {
20      printType(1024)
21      printType("pig")
22      printType(true)
23  }
```

代码输出如下：

```
1024 is int
pig is string
true is bool
```

代码第 9 行中，v.(type)就是类型分支的典型写法。通过这个写法，在 switch 的每个 case 中写的将是各种类型分支。

代码经过 switch 时，会判断 v 这个 interface{}的具体类型从而进行类型分支跳转。

switch 的 default 也是可以使用的，功能和其他的 switch 一致。

7.10.3　使用类型分支判断接口类型

多个接口进行类型断言时，可以使用类型分支简化判断过程。

现在电子支付逐渐成为人们普遍使用的支付方式，电子支付相比现金支付具备很多优点。例如，电子支付能够刷脸支付，而现金支付容易被偷等。使用类型分支可以方便地判断一种支付方法具备哪些特性，详细代码请参考代码 7-7。

代码7-7　电子支付和现金支付（具体文件：.../chapter07/cashpay/cashandalipay.go）

```go
package main

import "fmt"

// 电子支付方式
type Alipay struct {
}

// 为 Alipay 添加 CanUseFaceID()方法，表示电子支付方式支持刷脸
func (a *Alipay) CanUseFaceID() {
}

// 现金支付方式
type Cash struct {
}

// 为 Cash 添加 Stolen()方法，表示现金支付方式会出现偷窃情况
func (a *Cash) Stolen() {
}

// 具备刷脸特性的接口
type CantainCanUseFaceID interface {
    CanUseFaceID()
}

// 具备被偷特性的接口
type ContainStolen interface {
    Stolen()
}

// 打印支付方式具备的特点
func print(payMethod interface{}) {
    switch payMethod.(type) {
    case CantainCanUseFaceID:                         // 可以刷脸
        fmt.Printf("%T can use faceid\n", payMethod)
    case ContainStolen:                               // 可能被偷
        fmt.Printf("%T may be stolen\n", payMethod)
    }
}

func main() {

    // 使用电子支付判断
    print(new(Alipay))

    // 使用现金判断
    print(new(Cash))
}
```

代码说明如下：

- 第 6～19 行，分别定义 Alipay 和 Cash 结构，并为它们添加具备各自特点的方法。
- 第 22～29 行，定义两种特性，即刷脸和被偷。
- 第 32 行，传入支付方式的接口。
- 第 33 行，使用类型分支进行支付方法的特性判断。
- 第 34～37 行，分别对刷脸和被偷的特性进行打印。

运行代码，输出如下：

```
*main.Alipay can use faceid
*main.Cash may be stolen
```

7.11　示例：实现有限状态机（FSM）

有限状态机（Finite-State Machine，FSM），表示有限个状态及在这些状态间的转移和动作等行为的数学模型。

本例将实现状态接口、状态管理器及一系列的状态和使用状态的逻辑。

1．状态的概念

状态机中的状态与状态间能够自由转换。但是现实当中的状态却不一定能够自由转换，例如：人可以从站立状态转移到卧倒状态，却不能从卧倒状态直接转移到跑步状态，需要先经过站立状态后再转移到跑步状态。

每个状态可以设置它可以转移到的状态。一些状态机还允许在同一个状态间互相转换，这也需要根据实际情况进行配置。

2．自定义状态需要实现的接口

有限状态机系统需要制定一个状态需具备的属性和功能，由于状态需要由用户自定义，为了统一管理状态，就需要使用接口定义状态。状态机从状态接口查询到用户的自定义状态应该具备的属性有：

- 名称，对应 State 接口的 Name()方法。
- 状态是否允许在同状态间转移，对应 State 接口的 EnableSameTransit()方法。
- 能否从当前状态转移到指定的某一个状态，对应 State 接口的 CanTransitTo()方法。

除此之外，状态在转移时会发生的事件可以由状态机通过状态接口的方法通知用户自己的状态，对应的是两个方法 OnBegin()和 OnEnd()，分别代表状态转移前和状态转移后。

详细的状态定义过程，请参考代码 7-8 的 state.go 文件。

代码7-8　状态接口（具体文件：.../chapter07/fsm/state.go）

```
package main
```

```
02
03  import (
04      "reflect"
05  )
06
07  // 状态接口
08  type State interface {
09
10      // 获取状态名字
11      Name() string
12
13      // 该状态是否允许同状态转移
14      EnableSameTransit() bool
15
16      // 响应状态开始时
17      OnBegin()
18
19      // 响应状态结束时
20      OnEnd()
21
22      // 判断能否转移到某个状态
23      CanTransitTo(name string) bool
24  }
25
26  // 从状态实例获取状态名
27  func StateName(s State) string {
28      if s == nil {
29          return "none"
30      }
31
32      // 使用反射获取状态的名称
33      return reflect.TypeOf(s).Elem().Name()
34  }
```

代码说明如下：

- 第 8 行，声明状态接口。此接口用于状态管理器内部保存和外部实现。
- 第 14 行，需要实现是否允许本状态间的互相转换。
- 第 17 和 20 行，需要实现状态的事件，分别是“状态开始”和“状态结束”。当一个状态转移到另外一个状态时，当前状态的 OnEnd()方法会被调用，而目标状态的 OnBegin()方法也将被调用。
- 第 23 行，需要实现本状态能否转移到指定的状态。
- 第 27 行，通过给定的状态接口查找状态的名称。

3. 状态基本信息

State 接口中定义的方法，在用户自定义时都是重复的，为了避免重复地编写很多代码，使用 StateInfo 来协助用户实现一些默认的实现。

StateInfo 包含有名称，在状态初始化时被赋值。StateInfo 同时实现了 OnBegin()、

OnEnd()方法。此外，StateInfo 的 EnableSameTransit()方法还能判断是否允许状态在同类状态中转移，CanTransiTo()方法能判断是否能转移到某个目标状态，详细实现请参考代码 7-8 的 info.go 文件。

代码7-8　状态信息（具体文件：…/chapter07/fsm/info.go）

```
01 package main
02
03 // 状态的基础信息和默认实现
04 type StateInfo struct {
05     // 状态名
06     name string
07 }
08
09 // 状态名
10 func (s *StateInfo) Name() string {
11     return s.name
12 }
13
14 // 提供给内部设置名字
15 func (s *StateInfo) setName(name string) {
16     s.name = name
17 }
18
19 // 允许同状态转移
20 func (s *StateInfo) EnableSameTransit() bool {
21     return false
22 }
23
24 // 默认将状态开启时实现
25 func (s *StateInfo) OnBegin() {
26
27 }
28
29 // 默认将状态结束时实现
30 func (s *StateInfo) OnEnd() {
31
32 }
33
34 // 默认可以转移到任何状态
35 func (s *StateInfo) CanTransitTo(name string) bool {
36     return true
37 }
```

代码说明如下：

- 第 4 行，声明一个 StateInfo 的结构体，拥有名称的成员。
- 第 15 行，setName()方法的首字母小写，表示这个方法只能在同包内被调用。这里我们希望 setName()不能被使用者在状态初始化后随意修改名称，而是通过后面提到的状态管理器自动赋值。
- 第 25 和 30 行，对 State 接口的 OnBegin()和 OnEnd()方法进行默认实现。

4．状态管理

状态管理器管理和维护状态的生命期。用户根据需要，将需要进行状态转移和控制的状态实现后添加（StateManager 的 Add()方法）到状态管理器里，状态管理器使用名称对这些状态进行维护，同一个状态只允许一个实例存在。状态管理器可以通过回调函数（StateManager 的 OnChange 成员）提供状态转移的通知。状态管理器对状态的管理和维护代码请参考代码 7-8 的 statemgr.go 文件。

代码7-8　状态管理器（具体文件：…/chapter07/fsm/statemgr.go）

```
package main

import "errors"

// 状态管理器
type StateManager struct {

    // 已经添加的状态
    stateByName map[string]State

    // 状态改变时的回调
    OnChange func(from, to State)

    // 当前状态
    curr State
}

// 添加一个状态到管理器中
func (sm *StateManager) Add(s State) {

    // 获取状态的名称
    name := StateName(s)

    // 将 s 转换为能设置名字的接口，然后调用该接口
    s.(interface {
        setName(name string)
    }).setName(name)

    // 根据状态名获取已经添加的状态，检查该状态是否存在
    if sm.Get(name) != nil {
        panic("duplicate state:" + name)
    }

    // 根据名字保存到 map 中
    sm.stateByName[name] = s
}

// 根据名字获取指定状态
func (sm *StateManager) Get(name string) State {

```

```
41      if v, ok := sm.stateByName[name]; ok {
42          return v
43      }
44
45      return nil
46  }
47
48  // 初始化状态管理器
49  func NewStateManager() *StateManager {
50      return &StateManager{
51          stateByName: make(map[string]State),
52      }
53  }
```

代码说明如下：

- 第 9 行，声明一个以状态名为键，以 State 接口为值的 map。
- 第 12 行，状态改变时，状态管理器的成员 OnChange()函数回调会被调用。
- 第 15 行，记忆当前状态，当状态改变时，当前状态会变化。
- 第 22 行，添加状态时，无须提供名称，状态管理器内部会根据 State 的实例和反射查询出状态的名称。
- 第 25 行，将 s（State 接口）通过类型断言转换为带有 setName()方法(name string)的接口。接着调用这个接口的 setName()方法设置状态的名称。使用该方法可以快速调用一个接口实现的其他方法。
- 第 30 行，根据状态名，在已经添加的状态中检查是否有重名的状态。
- 第 39 行，根据名称查找状态实例。
- 第 49 行，构造一个状态管理器。

5. 在状态间转移

状态管理器不仅管理状态的实例，还可以控制当前的状态及转移到新的状态。状态管理器从当前状态转移到给定名称的状态过程中，如果发现状态不存在、目标状态不能转移及同类状态不能转移时，将返回 error 错误对象，这些错误以 Err 开头，在包（package）里提前定义好。本例一共涉及 3 种错误，分别是：

- 状态没有找到的错误，对应 ErrStateNotFound。
- 禁止在同状态间转移的错误，对应 ErrForbidSameStateTransit。
- 不能转移到指定状态的错误，对应 ErrCannotTransitToState。

状态转移时，还会调用状态管理器的 OnChange()函数进行外部通知。

状态管理器的状态转移实现请参考代码 7-8 的 statemgr.go 文件。

代码7-8　状态管理器（具体文件：…/chapter07/fsm/statemgr.go）

```
// 状态没有找到的错误
var ErrStateNotFound = errors.New("state not found")
```

```

// 禁止在同状态间转移
var ErrForbidSameStateTransit = errors.New("forbid same state transit")

// 不能转移到指定状态
var ErrCannotTransitToState = errors.New("cannot transit to state")

// 获取当前的状态
func (sm *StateManager) CurrState() State {
    return sm.curr
}

// 当前状态能否转移到目标状态
func (sm *StateManager) CanCurrTransitTo(name string) bool {

    if sm.curr == nil {
        return true
    }

    // 相同的状态不用转换
    if sm.curr.Name() == name && !sm.curr.EnableSameTransit() {
        return false
    }

    // 使用当前状态，检查能否转移到指定名字的状态
    return sm.curr.CanTransitTo(name)
}

// 转移到指定状态
func (sm *StateManager) Transit(name string) error {

    // 获取目标状态
    next := sm.Get(name)

    // 目标不存在
    if next == nil {
        return ErrStateNotFound
    }

    // 记录转移前的状态
    pre := sm.curr

    // 当前有状态
    if sm.curr != nil {

        // 相同的状态不用转换
        if sm.curr.Name() == name && !sm.curr.EnableSameTransit() {
            return ErrForbidSameStateTransit
        }

        // 不能转移到目标状态
        if !sm.curr.CanTransitTo(name) {
            return ErrCannotTransitToState
```

```
56          }
57  
58          // 结束当前状态
59          sm.curr.OnEnd()
60      }
61  
62      // 将当前状态切换为要转移到的目标状态
63      sm.curr = next
64  
65      // 调用新状态的开始
66      sm.curr.OnBegin()
67  
68      // 通知回调
69      if sm.OnChange != nil {
70          sm.OnChange(pre, sm.curr)
71      }
72  
73      return nil
74  }
```

代码说明如下：

- 第 2～5 行，分别预定义状态转移可能发生的错误。
- 第 16 行，检查当前状态能否转移到指定名称的状态。
- 第 32 行，转移到指定状态。
- 第 43 行，记录转移前的状态，方便在后面代码中通过函数通知外部。
- 第 46 行，状态管理器初始时，当前状态为 nil，因此无法结束当前状态，只能开始新的状态。
- 第 49 行，对相同状态的情况进行检查，不能转移时，告知具体错误。
- 第 54 行，对不能转移的状态，返回具体的错误。
- 第 59 行，必须要结束当前状态，才能开始新的状态。

6. 自定义状态实现状态接口

状态的定义和状态管理器的功能已经编写完成，接下来就开始解决具体问题。在解决问题前需要知道有哪些问题：

（1）有哪些状态需要用户自定义及实现？

在使用状态机时，首先需要定义一些状态，并按照 State 状态接口进行实现，以方便自定义的状态能够被状态管理器管理和转移。

本代码定义 3 个状态：闲置（Idle）、移动（Move）、跳跃（Jump）。

（2）这些状态的关系是怎样的？

这 3 个状态间的关系可以通过图 7-5 来描述。

3 个状态可以自由转移，但移动（Move）状态只能单向转移到跳跃（Jump）状态。Move 状态可以自我转换，也就是同类状态转移。

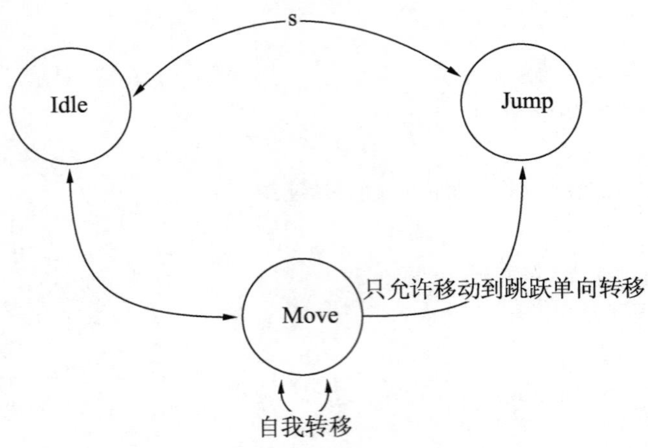

图 7-5　3 个状态间的转移关系

状态的转移关系还可以使用表格来描述，如表 7-3 所示。

表 7-3　使用表格表示状态转移关系

下方为当前状态，右方为目标状态	Idle闲置	Move移动	Jump跳跃
Idle闲置	同类不能转移	允许转移	允许转移
Move移动	允许转移	同类允许转移	允许转移
Jump跳跃	允许转移	不允许转移	同类不能转移

（3）如何组织这些状态间的转移？

定义 3 种状态的结构体并内嵌 StateInfo 结构以实现 State 接口中的默认接口。再根据每个状态各自不同的特点，返回状态的转移特点（EnableSameTransit()及 CanTransitTo()方法等）及重新实现 OnBegin()和 OnEnd()方法的事件回调。详细代码实现，请参考代码 7-8 的 main.go 文件。

代码7-8　一系列状态实现（具体文件：…/chapter07/fsm/main.go）

```
// 闲置状态
type IdleState struct {
    StateInfo // 使用 StateInfo 实现基础接口
}

// 重新实现状态开始
func (i *IdleState) OnBegin() {
    fmt.Println("IdleState begin")
}

// 重新实现状态结束
func (i *IdleState) OnEnd() {
    fmt.Println("IdleState end")
}
```

```
// 移动状态
type MoveState struct {
    StateInfo
}

func (m *MoveState) OnBegin() {
    fmt.Println("MoveState begin")
}

// 允许移动状态互相转换
func (m *MoveState) EnableSameTransit() bool {
    return true
}

// 跳跃状态
type JumpState struct {
    StateInfo
}

func (j *JumpState) OnBegin() {
    fmt.Println("JumpState begin")
}

// 跳跃状态不能转移到移动状态
func (j *JumpState) CanTransitTo(name string) bool {
    return name != "MoveState"
}
```

7. 使用状态机

3 种自定义状态定义完成后，需要将所有代码整合起来。将自定义状态添加到状态管理器（StateManager）中，同时在状态改变（StateManager 的 OnChange 成员）时，打印状态转移的详细日志。

在状态转移时，获得转移时可能发生的错误，并且打印错误，详细代码实现请参考代码 7-8 的 main.go 文件。

代码7-8　一系列状态实现（具体文件：…/chapter07/fsm/main.go）

```
package main

import (
    "fmt"
)

func main() {
    // 实例化一个状态管理器
    sm := NewStateManager()

    // 响应状态转移的通知
    sm.OnChange = func(from, to State) {

        // 打印状态转移的流向
        fmt.Printf("%s ---> %s\n\n", StateName(from), StateName(to))
```

```
16      }
17
18      // 添加 3 个状态
19      sm.Add(new(IdleState))
20      sm.Add(new(MoveState))
21      sm.Add(new(JumpState))
22
23      // 在不同状态间转移
24      transitAndReport(sm, "IdleState")
25
26      transitAndReport(sm, "MoveState")
27
28      transitAndReport(sm, "MoveState")
29
30      transitAndReport(sm, "JumpState")
31
32      transitAndReport(sm, "JumpState")
33
34      transitAndReport(sm, "IdleState")
35  }
36
37  // 封装转移状态和输出日志
38  func transitAndReport(sm *StateManager, target string) {
39      if err := sm.Transit(target); err != nil {
40          fmt.Printf("FAILED! %s --> %s, %s\n\n", sm.CurrState().Name(),
target, err.Error())
41      }
42  }
```

代码说明如下：

- 第 9 行，创建状态管理器实例。
- 第 12 行，使用匿名函数响应状态转移的通知。
- 第 19～21 行，实例化 3 个状态并且添加到管理器。
- 第 24 行，调用 transitAndReport()函数，在各种状态间转移。
- 第 38 行，封装状态转移的过程，并且打印可能发生的错误。

运行代码，输出如下：

```
IdleState begin
none ---> IdleState

IdleState end
MoveState begin
IdleState ---> MoveState

MoveState begin
MoveState ---> MoveState

JumpState begin
MoveState ---> JumpState

FAILED! JumpState --> JumpState, forbid same state transit

IdleState begin
JumpState ---> IdleState
```

第 8 章　包（package）

Go 语言的源码复用建立在包（package）基础之上。Go 语言的入口 main()函数所在的包（package）叫 main，main 包想要引用别的代码，必须同样以包的方式进行引用，本章内容将详细讲解如何导出包的内容及如何导入其他包。

Go 语言的包与文件夹一一对应，所有与包相关的操作，必须依赖于工作目录（GOPATH）。

8.1　工作目录（GOPATH）

GOPATH 是 Go 语言中使用的一个环境变量，它使用绝对路径提供项目的工作目录。工作目录是一个工程开发的相对参考目录。好比当你要在公司编写一套服务器代码，你的工位所包含的桌面、计算机及椅子就是你的工作区。工作区的概念与工作目录的概念也是类似的。如果不使用工作目录的概念，在多人开发时，每个人有一套自己的目录结构，读取配置文件的位置不统一，输出的二进制运行文件也不统一，这样会导致开发的标准不统一，影响开发效率。

GOPATH 适合处理大量 Go 语言源码、多个包组合而成的复杂工程。

提示： C、C++、Java、C#及其他语言发展到后期，都拥有自己的 IDE（集成开发环境），并且工程（Project）、解决方案（Solution）和工作区（Workspace）等概念将源码和资源组织了起来，方便编译和输出。

8.1.1　使用命令行查看 GOPATH 信息

在第 1 章中我们已经介绍过 Go 语言的安装方法。在安装过 Go 开发包的操作系统中，可以使用命令行查看 Go 开发包的环境变量配置信息，这些配置信息里可以查看到当前的 GOPATH 路径设置情况。在命令行中运行 go env 后，命令行将提示以下信息：

```
$ go env
GOARCH="amd64"
GOBIN=""
GOEXE=""
```

```
05 GOHOSTARCH="amd64"
06 GOHOSTOS="linux"
07 GOOS="linux"
08 GOPATH="/home/davy/go"
09 GORACE=""
10 GOROOT="/usr/local/go"
11 GOTOOLDIR="/usr/local/go/pkg/tool/linux_amd64"
12 GCCGO="gccgo"
13 CC="gcc"
14 GOGCCFLAGS="-fPIC -m64 -pthread -fmessage-length=0"
15 CXX="g++"
16 CGO_ENABLED="1"
17 CGO_CFLAGS="-g -O2"
18 CGO_CPPFLAGS=""
19 CGO_CXXFLAGS="-g -O2"
20 CGO_FFLAGS="-g -O2"
21 CGO_LDFLAGS="-g -O2"
22 PKG_CONFIG="pkg-config"
```

命令行说明如下：

- 第 1 行，执行 go env 指令，将输出当前 Go 开发包的环境变量状态。
- 第 2 行，GOARCH 表示目标处理器架构。
- 第 3 行，GOBIN 表示编译器和链接器的安装位置。
- 第 7 行，GOOS 表示目标操作系统。
- 第 8 行，GOPATH 表示当前工作目录。
- 第 10 行，GOROOT 表示 Go 开发包的安装目录。

从命令行输出中，可以看到 GOPATH 设定的路径为：/home/davy/go（davy 为笔者的用户名）。

在 Go 1.8 版本之前，GOPATH 环境变量默认是空的。从 Go 1.8 版本开始，Go 开发包在安装完成后，将 GOPATH 赋予了一个默认的目录，参见表 8-1 所示。

表 8-1　GOPATH在不同平台上的安装路径

平　　台	GOPATH默认值	举　　例
Windows平台	%USERPROFILE%/go	C:\Users\用户名\go
Unix平台	$HOME/go	/home/用户名/go

8.1.2　使用 GOPATH 的工程结构

在 GOPATH 指定的工作目录下，代码总是会保存在$GOPATH/src 目录下。在工程经过 go build、go install 或 go get 等指令后，会将产生的二进制可执行文件放在$GOPATH/bin 目录下，生成的中间缓存文件会被保存在$GOPATH/pkg 下。

如果需要将整个源码添加到版本管理工具(Version Control System，VCS)中时，只需要添加$GOPATH/src 目录的源码即可。bin 和 pkg 目录的内容都可以由 src 目录生成。

8.1.3 设置和使用 GOPATH

本节以 Linux 为演示平台，为大家演示使用 GOPATH 的方法。

1．设置当前目录为GOPATH

选择一个目录，在目录中的命令行中执行下面的指令：

```
export GOPATH=`pwd`
```

该指令中的 pwd 将输出当前的目录，使用反引号“`”将 pwd 指令括起来表示命令行替换，也就是说，使用`pwd`将获得 pwd 返回的当前目录的值。例如，假设你的当前目录是“/home/davy/go”，那么使用`pwd`将获得返回值“/home/davy/go”。

使用 export 指令可以将当前目录的值设置到环境变量 GOPATH 中。

2．建立GOPATH中的源码目录

使用下面的指令创建 GOPATH 中的 src 目录，在 src 目录下还有一个 hello 目录，该目录用于保存源码。

```
mkdir -p src/hello
```

mkdir 指令的-p 可以连续创建一个路径。

3．添加main.go源码文件

使用 Linux 编辑器将下面的源码保存为 main.go 并保存到$GOPATH/src/hello 目录下。

```
package main

import "fmt"

func main(){
    fmt.Println("hello")
}
```

4．编译源码并运行

此时我们已经设定了 GOPATH，因此在 Go 语言中可以通过 GOPATH 找到工程的位置。

在命令行中执行如下指令编译源码：

```
go install hello
```

编译完成的可执行文件会保存在$GOPATH/bin 目录下。

在 bin 目录中执行./hello，命令行输出如下：

```
hello world
```

8.1.4 在多项目工程中使用 GOPATH

在很多与 Go 语言相关的书籍、文章中描述的 GOPATH 都是通过修改系统全局的环境变量来实现的。然而，根据笔者多年的 Go 语言使用和实践经验及周边朋友、同事的反馈，这种设置全局 GOPATH 的方法可能会导致当前项目错误引用了其他目录的 Go 源码文件从而造成编译输出错误的版本或编译报出一些无法理解的错误提示。

比如说，将某项目代码保存在/home/davy/projectA 目录下，将该目录设置为 GOPATH。随着开发进行，需要再次获取一份工程项目的源码，此时源码保存在/home/davy/projectB 目录下，如果此时需要编译 projectB 目录的项目，但开发者忘记设置 GOPATH 而直接使用命令行编译，则当前的 GOPATH 指向的是/home/davy/projectA 目录，而不是开发者编译时期望的 projectB 目录。编译完成后，开发者就会将错误的工程版本发布到外网。

因此，建议大家无论是使用命令行或者使用集成开发环境编译 Go 源码时，GOPATH 跟随项目设定。在 Jetbrains 公司的 GoLand 集成开发环境（IDE）中的 GOPATH 设置分为全局 GOPATH 和项目 GOPATH，如图 8-1 所示。

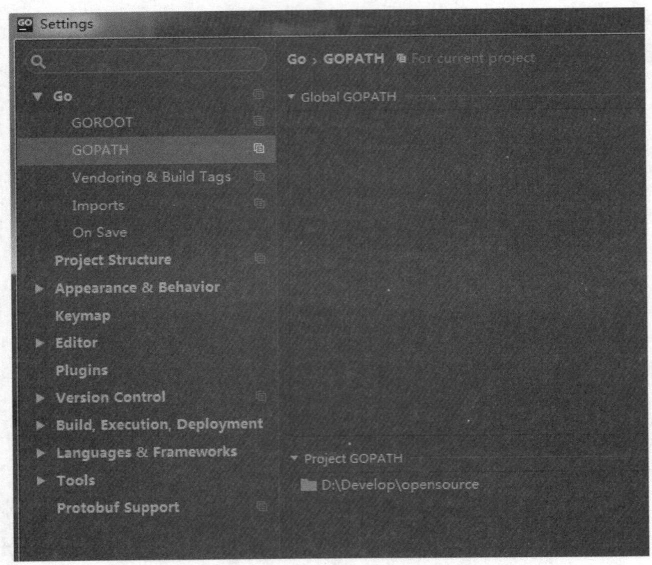

图 8-1　全局和项目 GOPATH

图 8-1 中的 Global GOPATH 代表全局 GOPATH，一般来源于系统环境变量中的 GOPATH；Project GOPATH 代表项目所使用的 GOPATH，该设置会被保存在工作目录的.idea 目录下，不会被设置到环境变量的 GOPATH 中，但会在编译时使用到这个目录。建议在开发时只填写项目 GOPATH，每一个项目尽量只设置一个 GOPATH，不使用多个 GOPATH 和全局的 GOPATH。

提示： Visual Studio 早期在设计时，允许 C++语言在全局拥有一个包含路径。当一个工程多个版本的编译，或者两个项目混杂有不同的共享全局包含时，会发生难以察觉的错误。在新版本 Visual Studio 中已经废除了这种全局包含的路径设计，并建议开发者将包含目录与项目关联。

Go 语言中的 GOPATH 也是一种类似全局包含的设计，因此鉴于 Visual Studio 在设计上的失误，建议开发者不要设置全局的 GOPATH，而是随项目设置 GOPATH。

8.2　创建包 package——编写自己的代码扩展

包（package）是多个 Go 源码的集合，是一种高级的代码复用方案，Go 语言默认为我们提供了很多包，如 fmt、os、io 包等，开发者可以根据自己的需要创建自己的包。

包要求在同一个目录下的所有文件的第一行添加如下代码，以标记该文件归属的包：

```
package 包名
```

包的特性如下：

- 一个目录下的同级文件归属一个包。
- 包名可以与其目录不同名。
- 包名为 main 的包为应用程序的入口包，编译源码没有 main 包时，将无法编译输出可执行的文件。

8.3　导出标识符——让外部访问包的类型和值

在 Go 语言中，如果想在一个包里引用另外一个包里的标识符（如类型、变量、常量等）时，必须首先将被引用的标识符导出，将要导出的标识符的首字母大写就可以让引用者可以访问这些标识符了。

8.3.1　导出包内标识符

下面代码中包含一系列未导出标识符，它们的首字母都为小写，这些标识符可以在包内自由使用，但是包外无法访问它们，代码如下：

```
package mypkg

var myVar = 100
```

```
const myConst = "hello"

type myStruct struct {
}
```

将 myStruct 和 myConst 首字母大写，导出这些标识符，修改后代码如下：

```
package mypkg

var myVar = 100

const MyConst = "hello"

type MyStruct struct {
}
```

此时，MyConst 和 MyStruct 可以被外部访问，而 myVar 由于首字母是小写，因此只能在 mypkg 包内使用，不能被外部包引用。

8.3.2 导出结构体及接口成员

在被导出的结构体或接口中，如果它们的字段或方法首字母是大写，外部可以访问这些字段和方法，代码如下：

```
type MyStruct struct {

    // 包外可以访问的字段
    ExportedField int

    // 仅限包内访问的字段
    privateField int
}

type MyInterface interface {

    // 包外可以访问的方法
    ExportedMethod()

    // 仅限包内访问的方法
    privateMethod()
}
```

在代码中，MyStruct 的 ExportedField 和 MyInterface 的 ExportedMethod()可以被包外访问。

8.4 导入包（import）——在代码中使用其他的代码

要引用其他包的标识符，可以使用 import 关键字，导入的包名使用双引号包围，包名是从 GOPATH 开始计算的路径，使用“/”进行路径分隔。

8.4.1　默认导入的写法

导入有两种基本格式，即单行导入和多行导入,两种导入方法的导入代码效果是一致的。

1．单行导入

单行导入格式如下：

```
import "包 1"
import "包 2"
```

2．多行导入

当多行导入时，包名在 import 中的顺序不影响导入效果，格式如下：

```
import(
        "包 1"
        "包 2"
        …
)
```

参考代码 8-1 的例子来理解 import 的机制。

代码 8-1 的目录层次如下：

```
.
└──── src
    └── chapter08
        └── importadd
            ├── main.go
            └── mylib
                └── add.go
```

代码8-1　加函数（具体文件：…/chapter08/importadd/mylib/add.go）

```
01  package mylib
02
03  func Add(a, b int) int {
04      return a + b
05  }
```

第 3 行中的 Add()函数以大写 A 开头，表示将 Add()函数导出供包外使用。当首字母小写时，为包内使用，包外无法引用到。

add.go 在 mylib 文件夹下，习惯上将文件夹的命名与包名一致，命名为 mylib 包。

代码8-2　导入包（具体文件：…/chapter08/importadd/main.go）

```
package main

import (
    "chapter08/importadd/mylib"
    "fmt"
```

```
06  )
07
08  func main() {
09      fmt.Println(mylib.Add(1, 2))
10  }
```

代码说明如下：

- 第 4 行，导入 chapter08/importadd/mylib 包。
- 第 9 行，使用 mylib 作为包名，并引用 Add()函数调用。

在命令行中运行下面代码：

```
01  export GOPATH=/home/davy/golangbook/code
02  go install chapter08/importadd
03  $GOPATH/bin/importadd
```

命令说明如下：

- 第 1 行，根据你的 GOPATH 不同，设置 GOPATH。
- 第 2 行，使用 go install 指令编译并安装 chapter08/code8-1 到 GOPATH 的 bin 目录下。
- 第 3 行，执行 GOPATH 的 bin 目录下的可执行文件 code8-1。

运行代码，输出结果如下：

```
3
```

8.4.2 导入包后自定义引用的包名

在默认导入包的基础上，在导入包路径前添加标识符即可形成自定义引用包，格式如下：

```
customName "path/to/package"
```

- path/to/package：为要导入的包路径。
- customName：自定义的包名。

在 code8-1 的基础上，在 mylib 导入的包名前添加一个标识符，代码如下：

```
01  package main
02
03  import (
04      renameLib "chapter08/importadd/mylib"
05      "fmt"
06  )
07
08  func main() {
09      fmt.Println(renameLib.Add(1, 2))
10  }
```

代码说明如下：

- 第 4 行，将 chapter08/importadd/mylib 包导入，并且使用 renameLib 进行引用。
- 第 9 行，使用 renameLib 调用 chapter08/importadd/mylib 包中的 Add()函数。

8.4.3　匿名导入包——只导入包但不使用包内类型和数值

如果只希望导入包，而不使用任何包内的结构和类型，也不调用包内的任何函数时，可以使用匿名导入包，格式如下：

```
import (
        _ "path/to/package"
)
```

- path/to/package 表示要导入的包名。
- 下画线：表示匿名导入包。

匿名导入的包与其他方式导入包一样会让导入包编译到可执行文件中，同时，导入包也会触发 init()函数调用。

8.4.4　包在程序启动前的初始化入口：init

在某些需求的设计上需要在程序启动时统一调用程序引用到的所有包的初始化函数，如果需要通过开发者手动调用这些初始化函数，那么这个过程可能会发生错误或者遗漏。我们希望在被引用的包内部，由包的编写者获得代码启动的通知，在程序启动时做一些自己包内代码的初始化工作。

例如，为了提高数学库计算三角函数的执行效率，可以在程序启动时，将三角函数的值提前在内存中建成索引表，外部程序通过查表的方式迅速获得三角函数的值。但是三角函数索引表的初始化函数的调用不希望由每一个外部使用三角函数的开发者调用，如果在三角函数的包内有一个机制可以告诉三角函数包程序何时启动，那么就可以解决初始化的问题。

Go 语言为以上问题提供了一个非常方便的特性：init()函数。

init()函数的特性如下：

- 每个源码可以使用 1 个 init()函数。
- init()函数会在程序执行前（main()函数执行前）被自动调用。
- 调用顺序为 main()中引用的包，以深度优先顺序初始化。

例如，假设有这样的包引用关系：main→A→B→C，那么这些包的 init()函数调用顺序为：C.init→B.init→A.init→main。

- 同一个包中的多个 init()函数的调用顺序不可预期。
- init()函数不能被其他函数调用。

8.4.5　理解包导入后的 init()函数初始化顺序

Go 语言包会从 main 包开始检查其引用的所有包，每个包也可能包含其他的包。Go

编译器由此构建出一个树状的包引用关系，再根据引用顺序决定编译顺序，依次编译这些包的代码。

在运行时，被最后导入的包会最先初始化并调用 init()函数。

通过下面的代码理解包的初始化顺序。

代码8-3　包导入初始化顺序入口（.../chapter08/pkginit/main.go）

```
01  package main
02
03  import "chapter08/code8-2/pkg1"
04
05  func main() {
06
07      pkg1.ExecPkg1()
08  }
```

代码说明如下：

- 第 3 行，导入 pkg1 包。
- 第 7 行，调用 pkg1 包的 ExecPkg1()函数。

代码8-4　包导入初始化顺序pkg1（.../chapter08/pkginit/pkg1/pkg1.go）

```
01  package pkg1
02
03  import (
04      "chapter08/code8-2/pkg2"
05      "fmt"
06  )
07
08  func ExecPkg1() {
09
10      fmt.Println("ExecPkg1")
11
12      pkg2.ExecPkg2()
13  }
14
15  func init() {
16      fmt.Println("pkg1 init")
17  }
```

代码说明如下：

- 第 4 行，导入 pkg2 包。
- 第 8 行，声明 ExecPkg1()函数。
- 第 12 行，调用 pkg2 包的 ExecPkg2()函数。
- 第 15 行，在 pkg1 包初始化时，打印 pkg1 init。

代码8-5　包导入初始化顺序pkg2（.../chapter08/pkginit/pkg2/pkg2.go）

```
package pkg2

import "fmt"

```

```
05  func ExecPkg2() {
06      fmt.Println("ExecPkg2")
07  }
08
09  func init() {
10      fmt.Println("pkg2 init")
11  }
```

代码说明如下：

- 第 5 行，声明 ExecPkg2()函数。
- 第 10 行，在 pkg2 包初始化时，打印 pkg2 init。

执行代码，输出如下：

```
pkg2 init
pkg1 init
ExecPkg1
ExecPkg2
```

8.5　示例：工厂模式自动注册——管理多个包的结构体

本例利用包的 init 特性，将 cls1 和 cls2 两个包注册到工厂，使用字符串创建这两个注册好的结构实例。

代码8-6　类工厂（具体文件：.../chapter08/clsfactory/base/factory.go）

```
package base

// 类接口
type Class interface {
    Do()
}

var (
    // 保存注册好的工厂信息
    factoryByName = make(map[string]func() Class)
)

// 注册一个类生成工厂
func Register(name string, factory func() Class) {
    factoryByName[name] = factory
}

// 根据名称创建对应的类
func Create(name string) Class {
    if f, ok := factoryByName[name]; ok {
        return f()
    } else {
        panic("name not found")
```

```
24      }
25  }
```

这个包叫 base，负责处理注册和使用工厂的基础代码，该包不会引用任何外部的包。

- 第 4 行定义了“产品”：类。
- 第 10 行使用了一个 map 保存注册的工厂信息。
- 第 14 行提供给工厂方注册使用，所谓的“工厂”，就是一个定义为

```
func() Class
```

的普通函数，调用此函数，创建一个类实例，实现的工厂内部结构体会实现 Class 接口。

- 第 19 行定义通过名字创建类实例的函数，该函数会在注册好后调用。
- 第 20 行在已经注册的信息中查找名字对应的工厂函数，找到后，在第 21 行调用并返回接口。
- 第 23 行是如果创建的名字没有找到时，报错。

代码8-7　类1及注册代码（具体文件：…/chapter08/clsfactory/cls1/reg.go）

```
01  package cls1
02
03  import (
04      "chapter08/clsfactory/base"
05      "fmt"
06  )
07
08  // 定义类 1
09  type Class1 struct {
10  }
11
12  // 实现 Class 接口
13  func (c *Class1) Do() {
14      fmt.Println("Class1")
15  }
16
17  func init() {
18
19      // 在启动时注册类 1 工厂
20      base.Register("Class1", func() base.Class {
21          return new(Class1)
22      })
23  }
```

上面的代码展示了 Class1 的工厂及产品定义过程。

- 第 9～15 行定义 Class1 结构，该结构实现了 base 中的 Class 接口。
- 第 20 行，Class1 结构的实例化过程叫 Class1 的工厂，使用 base.Register()函数在 init()函数被调用时与一个字符串关联，这样，方便以后通过名字重新调用该函数并创建实例。

代码8-8　类2及注册代码（具体文件：.../chapter08/clsfactory/cls2/reg.go）

```
package cls2

import (
    "chapter08/clsfactory/base"
    "fmt"
)

// 定义类 2
type Class2 struct {
}

// 实现 Class 接口
func (c *Class2) Do() {
    fmt.Println("Class2")
}

func init() {

    // 在启动时注册类 2 工厂
    base.Register("Class2", func() base.Class {
        return new(Class2)
    })
}
```

Class2 的注册与 Class1 的定义和注册过程类似。

代码8-9　类工程主流程（具体文件：.../chapter08/clsfactory/main.go）

```
01  package main
02
03  import (
04      "chapter08/clsfactory/base"
05      _ "chapter08/clsfactory/cls1"          // 匿名引用 cls1 包，自动注册
06      _ "chapter08/clsfactory/cls2"          // 匿名引用 cls2 包，自动注册
07  )
08
09  func main() {
10
11      // 根据字符串动态创建一个 Class1 实例
12      c1 := base.Create("Class1")
13      c1.Do()
14
15      // 根据字符串动态创建一个 Class2 实例
16      c2 := base.Create("Class2")
17      c2.Do()
18
19  }
```

- 第 5 和第 6 行使用匿名引用方法导入了 cls1 和 cls2 两个包。在 main()函数调用前，这两个包的 init()函数会被自动调用，从而自动注册 Class1 和 Class2。

- 第 12 和第 16 行，通过 base.Create()方法查找字符串对应的类注册信息，调用工厂方法进行实例创建。
- 第 13 和第 17 行，调用类的方法。

执行下面的指令进行编译：

```
export GOPATH=/home/davy/golangbook/code
go install chapter08/clsfactory
$GOPATH/bin/clsfactory
```

代码输出如下：

```
Class1
Class2
```

第 9 章　并发

并发指在同一时间内可以执行多个任务。并发编程含义比较广泛，包含多线程编程、多进程编程及分布式程序等。本章讲解的并发含义属于多线程编程。

Go 语言通过编译器运行时（runtime），从语言上支持了并发的特性。Go 语言的并发通过 goroutine 特性完成。goroutine 类似于线程，但是可以根据需要创建多个 goroutine 并发工作。goroutine 是由 Go 语言的运行时调度完成，而线程是由操作系统调度完成。

Go 语言还提供 channel 在多个 goroutine 间进行通信。goroutine 和 channel 是 Go 语言秉承的 CSP（Communicating Sequential Process）并发模式的重要实现基础。本章中，将详细为大家讲解 goroutine 和 channel 及相关特性。

9.1　轻量级线程（goroutine）——根据需要随时创建的“线程”

在编写 Socket 网络程序时，需要提前准备一个线程池为每一个 Socket 的收发包分配一个线程。开发人员需要在线程数量和 CPU 数量间建立一个对应关系，以保证每个任务能及时地被分配到 CPU 上进行处理，同时避免多个任务频繁地在线程间切换执行而损失效率。

虽然，线程池为逻辑编写者提供了线程分配的抽象机制。但是，如果面对随时随地可能发生的并发和线程处理需求，线程池就不是非常直观和方便了。能否有一种机制：使用者分配足够多的任务，系统能自动帮助使用者把任务分配到 CPU 上，让这些任务尽量并发运作。这种机制在 Go 语言中被称为 goroutine。

goroutine 的概念类似于线程，但 goroutine 由 Go 程序运行时的调度和管理。Go 程序会智能地将 goroutine 中的任务合理地分配给每个 CPU。

Go 程序从 main 包的 main()函数开始，在程序启动时，Go 程序就会为 main()函数创建一个默认的 goroutine。

9.1.1　使用普通函数创建 goroutine

Go 程序中使用 go 关键字为一个函数创建一个 goroutine。一个函数可以被创建多个

goroutine，一个 goroutine 必定对应一个函数。

1. 格式

为一个普通函数创建 goroutine 的写法如下：

```
go 函数名( 参数列表 )
```

- 函数名：要调用的函数名。
- 参数列表：调用函数需要传入的参数。

使用 go 关键字创建 goroutine 时，被调用函数的返回值会被忽略。

提示：如果需要在 goroutine 中返回数据，请使用 9.2 节介绍的通道（channel）特性，通过通道把数据从 goroutine 中作为返回值传出。

2. 例子

使用 go 关键字，将 running()函数并发执行，每隔一秒打印一次计数器，而 main 的 goroutine 则等待用户输入，两个行为可以同时进行。请参考下面代码：

```
package main

import (
    "fmt"
    "time"
)

func running() {

    var times int
    // 构建一个无限循环
    for {
        times++
        fmt.Println("tick", times)

        // 延时 1 秒
        time.Sleep(time.Second)
    }

}

func main() {

    // 并发执行程序
    go running()

    // 接受命令行输入，不做任何事情
    var input string
    fmt.Scanln(&input)
}
```

命令行输出如下：

```
tick 1
tick 2
tick 3
tick 4
tick 5
```

代码执行后，命令行会不断地输出 tick，同时可以使用 fmt.Scanln()接受用户输入。两个环节可以同时进行。

代码说明如下：

- 第 12 行，使用 for 形成一个无限循环。
- 第 13 行，times 变量在循环中不断自增。
- 第 14 行，输出 times 变量的值。
- 第 17 行，使用 time.Sleep 暂停 1 秒后继续循环。
- 第 25 行，使用 go 关键字让 running()函数并发运行。
- 第 29 行，接受用户输入，直到按 Enter 键时将输入的内容写入 input 变量中并返回，整个程序终止。

这段代码的执行顺序如图 9-1 所示。

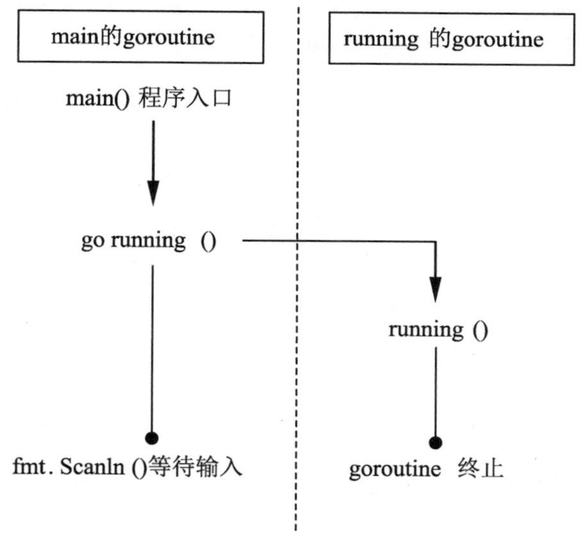

图 9-1　并发运行图

这个例子中，Go 程序在启动时，运行时（runtime）会默认为 main()函数创建一个 goroutine。在 main()函数的 goroutine 中执行到 go running 语句时，归属于 running()函数的 goroutine 被创建，running()函数开始在自己的 goroutine 中执行。此时，main()继续执行，两个 goroutine 通过 Go 程序的调度机制同时运作。

9.1.2 使用匿名函数创建 goroutine

go 关键字后也可以为匿名函数或闭包启动 goroutine。

1. 使用匿名函数创建goroutine的格式

使用匿名函数或闭包创建 goroutine 时，除了将函数定义部分写在 go 的后面之外，还需要加上匿名函数的调用参数，格式如下：

```
go func( 参数列表 ){
        函数体
}( 调用参数列表 )
```

- 参数列表：函数体内的参数变量列表。
- 函数体：匿名函数的代码。
- 调用参数列表：启动 goroutine 时，需要向匿名函数传递的调用参数。

2. 使用匿名函数创建goroutine的例子

在 main()函数中创建一个匿名函数并为匿名函数启动 goroutine。匿名函数没有参数。代码将并行执行定时打印计数的效果。参见下面的代码：

```
package main

import (
    "fmt"
    "time"
)

func main() {

    go func() {

        var times int

        for {
            times++
            fmt.Println("tick", times)

            time.Sleep(time.Second)
        }

    }()

    var input string
    fmt.Scanln(&input)
}
```

代码说明如下：

- 第 10 行，go 后面接匿名函数启动 goroutine。
- 第 12～19 行的逻辑与前面程序的 running()函数一致。
- 第 21 行的括号的功能是调用匿名函数的参数列表。由于第 10 行的匿名函数没有参数，因此第 21 行的参数列表也是空的。

提示：所有 goroutine 在 main()函数结束时会一同结束。

goroutine 虽然类似于线程概念，但是从调度性能上没有线程细致，而细致程度取决于 Go 程序的 goroutine 调度器的实现和运行环境。

终止 goroutine 的最好方法就是自然返回 goroutine 对应的函数。虽然可以用 golang.org/x/net/context 包进行 goroutine 生命期深度控制，但这种方法仍然处于内部试验阶段，并不是官方推荐的特性。

截止 Go 1.9 版本，暂时没有标准接口获取 goroutine 的 ID。

9.1.3　调整并发的运行性能（GOMAXPROCS）

在 Go 程序运行时（runtime）实现了一个小型的任务调度器。这套调度器的工作原理类似于操作系统调度线程，Go 程序调度器可以高效地将 CPU 资源分配给每一个任务。传统逻辑中，开发者需要维护线程池中线程与 CPU 核心数量的对应关系。同样的，Go 地中也可以通过 runtime.GOMAXPROCS()函数做到，格式为：

```
runtime.GOMAXPROCS(逻辑 CPU 数量)
```

这里的逻辑 CPU 数量可以有如下几种数值：

- <1：不修改任何数值。
- =1：单核心执行。
- >1：多核并发执行。

一般情况下，可以使用 runtime.NumCPU()查询 CPU 数量，并使用 runtime.GOMAXPROCS()函数进行设置，例如：

```
runtime.GOMAXPROCS(runtime.NumCPU())
```

Go 1.5 版本之前，默认使用的是单核心执行。从 Go 1.5 版本开始，默认执行上面语句以便让代码并发执行，最大效率地利用 CPU。

GOMAXPROCS 同时也是一个环境变量，在应用程序启动前设置环境变量也可以起到相同的作用。

9.1.4　理解并发和并行

在讲解并发概念时，总会涉及另外一个概念并行。下面让我们来了解并发和并行之间的区别。

- 并发（concurrency）：把任务在不同的时间点交给处理器进行处理。在同一时间点，任务并不会同时运行。
- 并行（parallelism）：把每一个任务分配给每一个处理器独立完成。在同一时间点，任务一定是同时运行。

两个概念的区别是：任务是否同时执行。举一个生活中的例子：打电话和吃饭。

吃饭时，电话来了，需要停止吃饭去接电话。电话接完后回来继续吃饭，这个过程是并发执行。

吃饭时，电话来了，边吃饭边接电话。这个过程是并行执行。

GO 在 GOMAXPROCS 数量与任务数量相等时，可以做到并行执行，但一般情况下都是并发执行。

9.1.5 Go 语言的协作程序（goroutine）和普通的协作程序（coroutine）

C#、Lua、Python 语言都支持 coroutine 特性。coroutine 与 goroutine 在名字上类似，都可以将函数或者语句在独立的环境中运行，但是它们之间有两点不同：

- goroutine 可能发生并行执行；但 coroutine 始终顺序执行。

狭义地说，goroutine 可能发生在多线程环境下，goroutine 无法控制自己获取高优先度支持；coroutine 始终发生在单线程，coroutine 程序需要主动交出控制权，宿主才能获得控制权并将控制权交给其他 coroutine。

- goroutine 间使用 channel 通信；coroutine 使用 yield 和 resume 操作。

goroutine 和 coroutine 的概念和运行机制都是脱胎于早期的操作系统。

coroutine 的运行机制属于协作式任务处理，早期的操作系统要求每一个应用必须遵守操作系统的任务处理规则，应用程序在不需要使用 CPU 时，会主动交出 CPU 使用权。如果开发者无意间或者故意让应用程序长时间占用 CPU，操作系统也无能为力，表现出来的效果就是计算机很容易失去响应或者死机。

goroutine 属于抢占式任务处理，已经和现有的多线程和多进程任务处理非常类似。应用程序对 CPU 的控制最终还需要由操作系统来管理，操作系统如果发现一个应用程序长时间大量地占用 CPU，那么用户有权终止这个任务。

9.2 通道（channel）——在多个 goroutine 间通信的管道

单纯地将函数并发执行是没有意义的。函数与函数间需要交换数据才能体现并发执行函数的意义。虽然可以使用共享内存进行数据交换，但是共享内存在不同的 goroutine 中容易发生竞态问题。为了保证数据交换的正确性，必须使用互斥量对内存进行加锁，这种做法势必造成性能问题。

Go 语言提倡使用通信的方法代替共享内存，这里通信的方法就是使用通道（channel），如图 9-2 所示。

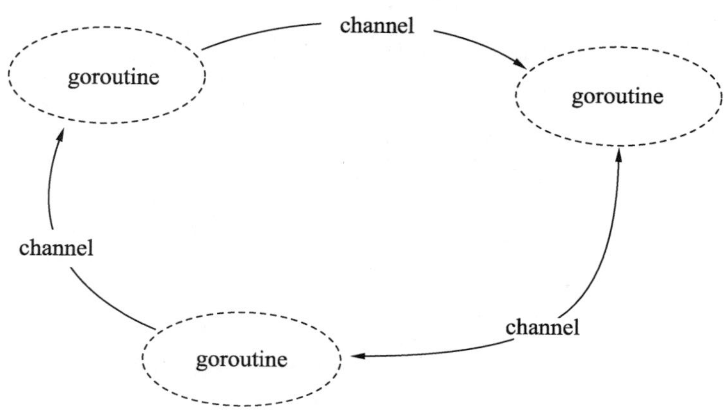

图 9-2　goroutine 与 channel 的通信

提示：在地铁站、食堂、洗手间等公共场所人很多的情况下，大家养成了排队的习惯，目的也是避免拥挤、插队导致的低效的资源使用和交换过程，代码与数据也是如此。多个 goroutine 为了争抢数据，势必造成执行的低效率，使用队列的方式是最高效的，channel 就是一种队列一样的结构。

9.2.1　通道的特性

Go 语言中的通道（channel）是一种特殊的类型。在任何时候，同时只能有一个 goroutine 访问通道进行发送和获取数据。goroutine 间通过通道就可以通信。

通道像一个传送带或者队列，总是遵循先入先出（First In First Out）的规则，保证收发数据的顺序。

9.2.2　声明通道类型

通道本身需要一个类型进行修饰，就像切片类型需要标识元素类型。通道的元素类型就是在其内部传输的数据类型，声明如下：

```
var 通道变量 chan 通道类型
```

- 通道类型：通道内的数据类型。
- 通道变量：保存通道的变量。

chan 类型的空值是 nil，声明后需要配合 make 后才能使用。

9.2.3 创建通道

通道是引用类型，需要使用 make 进行创建，格式如下：

```
通道实例 := make(chan 数据类型)
```

- 数据类型：通道内传输的元素类型。
- 通道实例：通过 make 创建的通道句柄。

例如：

```
ch1 := make(chan int)                 // 创建一个整型类型的通道
ch2 := make(chan interface{})         // 创建一个空接口类型的通道，可以存放任意格式

type Equip struct{ /* 一些字段 */ }
ch2 := make(chan *Equip)              // 创建 Equip 指针类型的通道，可以存放*Equip
```

9.2.4 使用通道发送数据

通道创建后，就可以使用通道进行发送和接收操作。

1. 通道发送数据的格式

通道的发送使用特殊的操作符“<-”，将数据通过通道发送的格式为：

```
通道变量 <- 值
```

- 通道变量：通过 make 创建好的通道实例。
- 值：可以是变量、常量、表达式或者函数返回值等。值的类型必须与 ch 通道的元素类型一致。

2. 通过通道发送数据的例子

使用 make 创建一个通道后，就可以使用“<-”向通道发送数据，代码如下：

```
// 创建一个空接口通道
ch := make(chan interface{})
// 将 0 放入通道中
ch <- 0
// 将 hello 字符串放入通道中
ch <- "hello"
```

3. 发送将持续阻塞直到数据被接收

把数据往通道中发送时，如果接收方一直都没有接收，那么发送操作将持续阻塞。Go 程序运行时能智能地发现一些永远无法发送成功的语句并做出提示，代码如下：

```
package main
```

```
func main() {
    // 创建一个整型通道
    ch := make(chan int)

    // 尝试将 0 通过通道发送
    ch <- 0
}
```

运行代码，报错：

```
fatal error: all goroutines are asleep - deadlock!
```

报错的意思是：运行时发现所有的 goroutine（包括 main）都处于等待 goroutine。也就是说所有 goroutine 中的 channel 并没有形成发送和接收对应的代码。

9.2.5　使用通道接收数据

通道接收同样使用“<-”操作符，通道接收有如下特性：

- 通道的收发操作在不同的两个 goroutine 间进行。

由于通道的数据在没有接收方处理时，数据发送方会持续阻塞，因此通道的接收必定在另外一个 goroutine 中进行。

- 接收将持续阻塞直到发送方发送数据。

如果接收方接收时，通道中没有发送方发送数据，接收方也会发生阻塞，直到发送方发送数据为止。

- 每次接收一个元素。

通道一次只能接收一个数据元素。

通道的数据接收一共有以下 4 种写法。

1．阻塞接收数据

阻塞模式接收数据时，将接收变量作为“<-”操作符的左值，格式如下：

```
data := <-ch
```

执行该语句时将会阻塞，直到接收到数据并赋值给 data 变量。

2．非阻塞接收数据

使用非阻塞方式从通道接收数据时，语句不会发生阻塞，格式如下：

```
data, ok := <-ch
```

- data：表示接收到的数据。未接收到数据时，data 为通道类型的零值。
- ok：表示是否接收到数据。

非阻塞的通道接收方法可能造成高的 CPU 占用，因此使用非常少。如果需要实现接收超时检测，可以配合 select 和计时器 channel 进行，可以参见后面的内容。

3．接收任意数据，忽略接收的数据

阻塞接收数据后，忽略从通道返回的数据，格式如下：

```
<-ch
```

执行该语句时将会发生阻塞，直到接收到数据，但接收到的数据会被忽略。这个方式实际上只是通过通道在 goroutine 间阻塞收发实现并发同步。

使用通道做并发同步的写法，可以参考下面的例子：

```
01  package main
02
03  import (
04      "fmt"
05  )
06
07  func main() {
08
09      // 构建一个通道
10      ch := make(chan int)
11
12      // 开启一个并发匿名函数
13      go func() {
14
15          fmt.Println("start goroutine")
16
17          // 通过通道通知 main 的 goroutine
18          ch <- 0
19
20          fmt.Println("exit goroutine")
21
22      }()
23
24      fmt.Println("wait goroutine")
25
26      // 等待匿名 goroutine
27      <-ch
28
29      fmt.Println("all done")
30
31  }
```

代码说明如下：

- 第 10 行，构建一个同步用的通道。
- 第 13 行，开启一个匿名函数的并发。
- 第 18 行，匿名 goroutine 即将结束时，通过通道通知 main 的 goroutine，这一句会一直阻塞直到 main 的 goroutine 接收为止。
- 第 27 行，开启 goroutine 后，马上通过通道等待匿名 goroutine 结束。

执行代码，输出如下：

```
wait goroutine
```

```
start goroutine
exit goroutine
all done
```

4. 循环接收

通道的数据接收可以借用 for range 语句进行多个元素的接收操作，格式如下：

```
for data := range ch {

}
```

通道 ch 是可以进行遍历的，遍历的结果就是接收到的数据。数据类型就是通道的数据类型。通过 for 遍历获得的变量只有一个，即上面例子中的 data。

遍历通道数据的例子请参考代码 9-1。

代码9-1　使用for从通道中接收数据（具体文件：.../chapter09/forchan/forchan.go）

```
package main

import (
    "fmt"

    "time"
)

func main() {

    // 构建一个通道
    ch := make(chan int)

    // 开启一个并发匿名函数
    go func() {

        // 从 3 循环到 0
        for i := 3; i >= 0; i-- {

            // 发送 3 到 0 之间的数值
            ch <- i

            // 每次发送完时等待
            time.Sleep(time.Second)
        }

    }()

    // 遍历接收通道数据
    for data := range ch {

        // 打印通道数据
        fmt.Println(data)

        // 当遇到数据 0 时，退出接收循环
```

```
36          if data == 0 {
37              break
38          }
39      }
40
41  }
```

代码说明如下：

- 第 12 行，通过 make 生成一个整型元素的通道。
- 第 15 行，将匿名函数并发执行。
- 第 18 行，用循环生成 3 到 0 之间的数值。
- 第 21 行，将 3 到 0 之间的数值依次发送到通道 ch 中。
- 第 24 行，每次发送后暂停 1 秒。
- 第 30 行，使用 for 从通道中接收数据。
- 第 33 行，将接收到的数据打印出来。
- 第 36 行，当接收到数值 0 时，停止接收。如果继续发送，由于接收 goroutine 已经退出，没有 goroutine 发送到通道，因此运行时将会触发宕机报错。

执行代码，输出如下：

```
3
2
1
0
```

9.2.6 示例：并发打印

上面的例子创建的都是无缓冲通道。使用无缓冲通道往里面装入数据时，装入方将被阻塞，直到另外通道在另外一个 goroutine 中被取出。同样，如果通道中没有放入任何数据，接收方试图从通道中获取数据时，同样也是阻塞。发送和接收的操作是同步完成的。

下面的例子中将 goroutine 和 channel 放在一起展示它们的用法。

代码9-2 并发打印（具体文件：.../chapter09/conprint/conprint.go）

```
package main

import (
    "fmt"
)

func printer(c chan int) {

    // 开始无限循环等待数据
    for {

        // 从 channel 中获取一个数据
        data := <-c

```

```
15          // 将 0 视为数据结束
16          if data == 0 {
17              break
18          }
19
20          // 打印数据
21          fmt.Println(data)
22      }
23
24      // 通知 main 已经结束循环（我搞定了！）
25      c <- 0
26
27  }
28
29  func main() {
30
31      // 创建一个 channel
32      c := make(chan int)
33
34      // 并发执行 printer，传入 channel
35      go printer(c)
36
37      for i := 1; i <= 10; i++ {
38
39          // 将数据通过 channel 投送给 printer
40          c <- i
41      }
42
43      // 通知并发的 printer 结束循环（没数据啦！）
44      c <- 0
45
46      // 等待 printer 结束（搞定喊我！）
47      <-c
48
49  }
```

代码说明如下：

- 第 10 行，创建一个无限循环，只有当第 16 行获取到的数据为 0 时才会退出循环。
- 第 13 行，从函数参数传入的通道中获取一个整型数值。
- 第 21 行，打印整型数值。
- 第 25 行，在退出循环时，通过通道通知 main()函数已经完成工作。
- 第 32 行，创建一个整型通道进行跨 goroutine 的通信。
- 第 35 行，创建一个 goroutine，并发执行 printer()函数。
- 第 37 行，构建一个数值循环，将 1～10 的数通过通道传送给 printer 构造出的 goroutine。
- 第 44 行，给通道传入一个 0，表示将前面的数据处理完成后，退出循环。
- 第 47 行，在数据发送过去后，因为并发和调度的原因，任务会并发执行。这里需要等待 printer 的第 25 行返回数据后，才可以退出 main()。

运行代码，输出如下：

```
1
2
3
4
5
6
7
8
9
10
```

本例的设计模式就是典型的生产者和消费者。生产者是第 37 行的循环，而消费者是 printer()函数。整个例子使用了两个 goroutine，一个是 main()，一个是通过第 35 行 printer()函数创建的 goroutine。两个 goroutine 通过第 32 行创建的通道进行通信。这个通道有下面两重功能。

- 数据传送：第 40 行中发送数据和第 13 行接收数据。
- 控制指令：类似于信号量的功能。同步 goroutine 的操作。功能简单描述为：
  - 第 44 行：“没数据啦！”
  - 第 25 行：“我搞定了！”
  - 第 47 行：“搞定喊我！”

9.2.7 单向通道——通道中的单行道

Go 的通道可以在声明时约束其操作方向，如只发送或是只接收。这种被约束方向的通道被称做单向通道。

1. 单向通道的声明格式

只能发送的通道类型为 chan<-，只能接收的通道类型为<-chan，格式如下：

```
var 通道实例 chan<- 元素类型                    // 只能发送通道
var 通道实例 <-chan 元素类型                    // 只能接收通道
```

- 元素类型：通道包含的元素类型。
- 通道实例：声明的通道变量。

2. 单向通道的使用例子

示例代码如下：

```
ch := make(chan int)
// 声明一个只能发送的通道类型，并赋值为 ch
var chSendOnly chan<- int = ch
//声明一个只能接收的通道类型，并赋值为 ch
var chRecvOnly <-chan int = ch
```

上面的例子中，**chSendOnly** 只能发送数据，如果尝试接收数据，将会出现如下报错：

```
invalid operation: <-chSendOnly (receive from send-only type chan<- int)
```

同理，chRecvOnly 也是不能发送的。

当然，使用 make 创建通道时，也可以创建一个只发送或只读取的通道：

```
ch := make(<-chan int)

var chReadOnly <-chan int = ch
<-chReadOnly
```

上面代码编译正常，运行也是正确的。但是，一个不能填充数据（发送）只能读取的通道是毫无意义的。

3. time包中的单向通道

time 包中的计时器会返回一个 timer 实例，代码如下：

```
timer := time.NewTimer(time.Second)
```

timer 的 Timer 类型定义如下：

```
01  type Timer struct {
02      C <-chan Time
03      r runtimeTimer
04  }
```

第 2 行中 C 通道的类型就是一种只能接收的单向通道。如果此处不进行通道方向约束，一旦外部向通道发送数据，将会造成其他使用到计时器的地方逻辑产生混乱。

因此，单向通道有利于代码接口的严谨性。

9.2.8 带缓冲的通道

在无缓冲通道的基础上，为通道增加一个有限大小的存储空间形成带缓冲通道。带缓冲通道在发送时无需等待接收方接收即可完成发送过程，并且不会发生阻塞，只有当存储空间满时才会发生阻塞。同理，如果缓冲通道中有数据，接收时将不会发生阻塞，直到通道中没有数据可读时，通道将会再度阻塞。

提示： 无缓冲通道保证收发过程同步。无缓冲收发过程类似于快递员给你电话让你下楼取快递，整个递交快递的过程是同步发生的，你和快递员不见不散。但这样做快递员就必须等待所有人下楼完成操作后才能完成所有投递工作。如果快递员将快递放入快递柜中，并通知用户来取，快递员和用户就成了异步收发过程，效率可以有明显的提升。带缓冲的通道就是这样的一个“快递柜”。

1. 创建带缓冲通道

如何创建带缓冲的通道呢？参见如下代码：

```
通道实例 := make(chan 通道类型, 缓冲大小)
```

- 通道类型：和无缓冲通道用法一致，影响通道发送和接收的数据类型。

- 缓冲大小：决定通道最多可以保存的元素数量。
- 通道实例：被创建出的通道实例。

下面通过一个例子中来理解带缓冲通道的用法，参见下面的代码：

```
01  package main
02
03  import "fmt"
04
05  func main() {
06
07      // 创建一个 3 个元素缓冲大小的整型通道
08      ch := make(chan int, 3)
09
10      // 查看当前通道的大小
11      fmt.Println(len(ch))
12
13      // 发送 3 个整型元素到通道
14      ch <- 1
15      ch <- 2
16      ch <- 3
17
18      // 查看当前通道的大小
19      fmt.Println(len(ch))
20  }
```

代码输出如下：

```
0
3
```

代码说明如下：

- 第 8 行，创建一个带有 3 个元素缓冲大小的整型类型的通道。
- 第 11 行，查看当前通道的大小。带缓冲的通道在创建完成时，内部的元素是空的，因此使用 len()获取到的返回值为 0。
- 第 14～16 行，发送 3 个整型元素到通道。因为使用了缓冲通道。即便没有 goroutine 接收，发送者也不会发生阻塞。
- 第 19 行，由于填充了 3 个通道，此时的通道长度变为 3。

2. 阻塞条件

带缓冲通道在很多特性上和无缓冲通道是类似的。无缓冲通道可以看作是长度永远为 0 的带缓冲通道。因此根据这个特性，带缓冲通道在下面列举的情况下依然会发生阻塞：

（1）带缓冲通道被填满时，尝试再次发送数据时发生阻塞。

（2）带缓冲通道为空时，尝试接收数据时发生阻塞。

提示： 为什么 Go 语言对通道要限制长度而不提供无限长度的通道？

我们知道通道（channel）是在两个 goroutine 间通信的桥梁。使用 goroutine 的代码必然有一方提供数据，一方消费数据。当提供数据一方的数据供给速度大于消费方的数据处理速度时，如果通道不限制长度，那么内存将不断膨胀直到应用崩溃。因此，限制通道的长度有利于约束数据提供方的供给速度，供给数据量必须在消费方处理量+通道长度的范围内，才能正常地处理数据。

9.2.9　通道的多路复用——同时处理接收和发送多个通道的数据

多路复用是通信和网络中的一个专业术语。多路复用通常表示在一个信道上传输多路信号或数据流的过程和技术。

提示： 报话机同一时刻只能有一边进行收或者发的单边通信，报话机需要遵守的通信流程如下：

（1）说话方在完成时需要补上一句“完毕”，随后放开通话按钮，从发送切换到接收状态，收听对方说话。

（2）收听方在听到对方说“完毕”时，按下通话按钮，从接收切换到发送状态，开始说话。

电话可以在说话的同时听到对方说话，所以电话是一种多路复用的设备，一条通信线路上可以同时接收或者发送数据。同样的，网线、光纤也都是基于多路复用模式来设计的，网线、光纤不仅可支持同时收发数据，还支持多个人同时收发数据。

在使用通道时，想同时接收多个通道的数据是一件困难的事情。通道在接收数据时，如果没有数据可以接收将会发生阻塞。虽然可以使用如下模式进行遍历，但运行性能会非常差。

```
for{
    // 尝试接收 ch1 通道
    data, ok := <-ch1
    // 尝试接收 ch2 通道
    data, ok := <-ch2
    // 接收后续通道
    …

}
```

Go 语言中提供了 select 关键字，可以同时响应多个通道的操作。select 的每个 case 都会对应一个通道的收发过程。当收发完成时，就会触发 case 中响应的语句。多个操作在每次 select 中挑选一个进行响应。格式如下：

```
select{
  case 操作 1:
    响应操作 1
  case 操作 2:
    响应操作 2
```

```
…
default:
    没有操作情况
}
```

- 操作 1、操作 2：包含通道收发语句，请参考表 9-1。

表 9-1　select多路复用中可以接收的样式

操　作	语句示例
接收任意数据	case <-ch:
接收变量	case d := <-ch:
发送数据	case ch<-100;

- 响应操作 1、响应操作 2：当操作发生时，会执行对应 case 的响应操作。
- default：当没有任何操作时，默认执行 default 中的语句。

select 的详细使用方法，请参考远程过程调用的示例。

9.2.10　示例：模拟远程过程调用（RPC）

服务器开发中会使用 RPC（Remote Procedure Call，远程过程调用）简化进程间通信的过程。RPC 能有效地封装通信过程，让远程的数据收发通信过程看起来就像本地的函数调用一样。

本例中，使用通道代替 Socket 实现 RPC 的过程。客户端与服务器运行在同一个进程，服务器和客户端在两个 goroutine 中运行。

1．客户端请求和接收封装

下面的代码封装了向服务器请求数据，等待服务器返回数据，如果请求方超时，该函数还会处理超时逻辑，详细实现过程请参考代码 9-3。

代码9-3　模拟RPC（具体文件：…/chapter09/rpc/rpc.go）

```
// 模拟 RPC 客户端的请求和接收消息封装
func RPCClient(ch chan string, req string) (string, error) {

    // 向服务器发送请求
    ch <- req

    // 等待服务器返回
    select {
    case ack := <-ch:                          // 接收到服务器返回数据
        return ack, nil
    case <-time.After(time.Second):            // 超时
        return "", errors.New("Time out")
    }
}
```

代码说明如下：

- 第 5 行，模拟 socket 向服务器发送一个字符串信息。服务器接收后，结束阻塞执行下一行。
- 第 8 行，使用 select 开始做多路复用。注意，select 虽然在写法上和 switch 一样，都可以拥有 case 和 default。但是 select 关键字后面不接任何语句，而是将要复用的多个通道语句写在每一个 case 上，如第 9 行和第 11 行所示。
- 第 11 行，使用了 time 包提供的函数 After()，从字面意思看就是多少时间之后，其参数是 time 包的一个常量，time.Second 表示 1 秒。time.After 返回一个通道，这个通道在指定时间后，通过通道返回当前时间。
- 第 12 行，在超时时，返回超时错误。

RPCClient()函数中，执行到 select 语句时，第 9 行和第 11 行的通道操作会同时开启。如果第 9 行的通道先返回，则执行第 10 行逻辑，表示正常接收到服务器数据；如果第 11 行的通道先返回，则执行第 12 行的逻辑，表示请求超时，返回错误。

2．服务器接收和反馈数据

服务器接收到客户端的任意数据后，先打印再通过通道返回给客户端一个固定字符串，表示服务器已经收到请求。

```
01  // 模拟 RPC 服务器端接收客户端请求和回应
02  func RPCServer(ch chan string) {
03      for {
04          // 接收客户端请求
05          data := <-ch
06
07          // 打印接收到的数据
08          fmt.Println("server received:", data)
09
10          //向客户端反馈已收到
11          ch <- "roger"
12      }
13  }
```

代码说明如下：

- 第 3 行，构造出一个无限循环。服务器处理完客户端请求后，通过无限循环继续处理下一个客户端请求。
- 第 5 行，通过字符串通道接收一个客户端的请求。
- 第 8 行，将接收到的数据打印出来。
- 第 11 行，给客户端反馈一个字符串。

运行整个程序，客户端可以正确收到服务器返回的数据，客户端 RPCClient()函数的代码按下面代码中加粗部分的分支执行。

```
01      // 等待服务器返回
02      select {
```

```
    case ack := <-ch:                           // 接收到服务器返回数据
        return ack, nil
    case <-time.After(time.Second):             // 超时
        return "", errors.New("Time out")
    }
```

程序输出如下：

```
server received: hi
client received roger
```

3. 模拟超时

上面的例子虽然有客户端超时处理，但是永远不会触发，因为服务器的处理速度很快，也没有真正的网络延时或者“服务器宕机”的情况。因此，为了展示 select 中超时的处理，在服务器逻辑中增加一条语句，故意让服务器延时处理一段时间，造成客户端请求超时，代码如下：

```
01  // 模拟 RPC 服务器端接收客户端请求和回应
02  func RPCServer(ch chan string) {
03      for {
04          // 接收客户端请求
05          data := <-ch
06
07          // 打印接收到的数据
08          fmt.Println("server received:", data)
09
10          // 通过睡眠函数让程序执行阻塞 2 秒的任务
11          time.Sleep(time.Second * 2)
12
13          // 反馈给客户端收到
14          ch <- "roger"
15      }
16  }
```

第 11 行中，time.Sleep()函数会让 goroutine 执行暂停 2 秒。使用这种方法模拟服务器延时，造成客户端超时。客户端处理超时 1 秒时通道就会返回：

```
    // 等待服务器返回
    select {
    case ack := <-ch:                           // 接收到服务器返回数据
        return ack, nil
    case <-time.After(time.Second):             // 超时
        return "", errors.New("Time out")
    }
```

上面代码中，加黑部分的代码就会被执行。

4. 主流程

主流程中会创建一个无缓冲的字符串格式通道。将通道传给服务器的 RPCServer()函数，这个函数并发执行。使用 RPCClient()函数通过 ch 对服务器发出 RPC 请求，同时接收服务器反馈数据或者等待超时。参考下面代码：

```
01  func main() {
02
03      // 创建一个无缓冲字符串通道
04      ch := make(chan string)
05
06      // 并发执行服务器逻辑
07      go RPCServer(ch)
08
09      // 客户端请求数据和接收数据
10      recv, err := RPCClient(ch, "hi")
11      if err != nil {
12          // 发生错误打印
13          fmt.Println(err)
14      } else {
15          // 正常接收到数据
16          fmt.Println("client received", recv)
17      }
18
19  }
```

代码说明如下：

- 第 4 行，创建无缓冲的字符串通道，这个通道用于模拟网络和 socket 概念，既可以从通道接收数据，也可以发送。
- 第 7 行，并发执行服务器逻辑。服务器一般都是独立进程的，这里使用并发将服务器和客户端逻辑同时在一个进程内运行。
- 第 10 行，使用 RPCClient() 函数，发送“hi”给服务器，同步等待服务器返回。
- 第 13 行，如果通信过程发生错误，打印错误。
- 第 16 行，正常接收时，打印收到的数据。

9.2.11　示例：使用通道响应计时器的事件

Go 语言中的 time 包提供了计时器的封装。由于 Go 语言中的通道和 goroutine 的设计，定时任务可以在 goroutine 中通过同步的方式完成，也可以通过在 goroutine 中异步回调完成。这里将分两种用法进行例子展示。

1. 一段时间之后（time.After）

代码9-4　延迟回调（具体文件：.../chapter09/delaycall/delaycall.go）

```
package main

import (
    "fmt"
    "time"
)

func main() {
    // 声明一个退出用的通道
```

```
10      exit := make(chan int)
11
12      // 打印开始
13      fmt.Println("start")
14
15      // 过 1 秒后，调用匿名函数
16      time.AfterFunc(time.Second, func() {
17
18          // 1 秒后，打印结果
19          fmt.Println("one second after")
20
21          // 通知 main()的 goroutine 已经结束
22          exit <- 0
23      })
24
25      // 等待结束
26      <-exit
27  }
```

代码说明如下：

- 第 10 行，声明一个退出用的通道，往这个通道里写数据表示退出。
- 第 16 行，调用 time.AfterFunc()函数，传入等待的时间和一个回调。回调使用一个匿名函数，在时间到达后，匿名函数会在另外一个 goroutine 中被调用。
- 第 22 行，任务完成后，往退出通道中写入数值表示需要退出。
- 第 26 行，运行到此处时持续阻塞，直到 1 秒后第 22 行被执行后结束阻塞。

time.AfterFunc()函数是在 time.After 基础上增加了到时的回调，方便使用。

而 time.After()函数又是在 time.NewTimer()函数上进行的封装，下面的例子展示如何使用 timer.NewTimer()和 time.NewTicker()。

2．定点计时

计时器（Timer）的原理和倒计时闹钟类似，都是给定多少时间后触发。打点器（Ticker）的原理和钟表类似，钟表每到整点就会触发。这两种方法创建后会返回 time.Ticker 对象和 time.Timer 对象，里面通过一个 C 成员，类型是只能接收的时间通道（<-chan Time），使用这个通道就可以获得时间触发的通知。

下面代码创建一个打点器，每 500 毫秒触发一起；创建一个计时器，2 秒后触发，只触发一次。

代码9-5　计时器（具体文件：…/chapter09/timer/timer.go）

```
package main

import (
    "fmt"
    "time"
)

```

```
08  func main() {
09
10      // 创建一个打点器，每 500 毫秒触发一次
11      ticker := time.NewTicker(time.Millisecond * 500)
12
13      // 创建一个计时器，2 秒后触发
14      stopper := time.NewTimer(time.Second * 2)
15
16      // 声明计数变量
17      var i int
18
19      // 不断地检查通道情况
20      for {
21
22          // 多路复用通道
23          select {
24          case <-stopper.C:            // 计时器到时了
25
26              fmt.Println("stop")
27
28              // 跳出循环
29              goto StopHere
30
31          case <-ticker.C:             // 打点器触发了
32              // 记录触发了多少次
33              i++
34              fmt.Println("tick", i)
35          }
36      }
37
38      // 退出的标签，使用 goto 跳转
39  StopHere:
40      fmt.Println("done")
41
42  }
```

代码说明如下：

- 第 11 行，创建一个打点器，500 毫秒触发一次，返回*time.Ticker 类型变量。
- 第 14 行，创建一个计时器，2 秒后返回，返回*time.Timer 类型变量。
- 第 17 行，声明一个变量，用于累计打点器触发次数。
- 第 20 行，每次触发后，select 会结束，需要使用循环再次从打点器返回的通道中获取触发通知。
- 第 23 行，同时等待多路计时器信号。
- 第 24 行，计时器信号到了。
- 第 29 行，通过 goto 跳出循环。
- 第 31 行，打点器信号到了，通过 i 自加记录触发次数并打印。

9.2.12 关闭通道后继续使用通道

通道是一个引用对象，和 map 类似。map 在没有任何外部引用时，Go 程序在运行时（runtime）会自动对内存进行垃圾回收（Garbage Collection,GC）。类似的，通道也可以被垃圾回收，但是通道也可以被主动关闭。

1. 格式

使用 close()来关闭一个通道：

```
close(ch)
```

关闭的通道依然可以被访问，访问被关闭的通道将会发生一些问题。

2. 给被关闭通道发送数据将会触发panic

被关闭的通道不会被置为 nil。如果尝试对已经关闭的通道进行发送，将会触发宕机，代码如下：

```
01  package main
02
03  import "fmt"
04
05  func main() {
06      // 创建一个整型的通道
07      ch := make(chan int)
08
09      // 关闭通道
10      close(ch)
11
12      // 打印通道的指针，容量和长度
13      fmt.Printf("ptr:%p cap:%d len:%d\n", ch, cap(ch), len(ch))
14
15      // 给关闭的通道发送数据
16      ch <- 1
17  }
```

代码说明如下：

- 第 7 行，创建一个整型通道。
- 第 10 行，关闭通道，注意 ch 不会被 close 设置为 nil，依然可以被访问。
- 第 13 行，打印已经关闭通道的指针、容量和长度。
- 第 16 行，尝试给已经关闭的通道发送数据。

代码运行后触发宕机：

```
panic: send on closed channel
```

提示触发宕机的原因是给一个已经关闭的通道发送数据。

3. 从已关闭的通道接收数据时将不会发生阻塞

从已经关闭的通道接收数据或者正在接收数据时，将会接收到通道类型的零值，然后停止阻塞并返回。

代码9-6　操作关闭后的通道（具体文件：…/chapter09/closedchannel/closedchannel.go）

```
01 package main
02 
03 import "fmt"
04 
05 func main() {
06     // 创建一个整型带两个缓冲的通道
07     ch := make(chan int, 2)
08 
09     // 给通道放入两个数据
10     ch <- 0
11     ch <- 1
12 
13     // 关闭缓冲
14     close(ch)
15 
16     // 遍历缓冲所有数据，且多遍历 1 个
17     for i := 0; i < cap(ch)+1; i++ {
18 
19         // 从通道中取出数据
20         v, ok := <-ch
21 
22         // 打印取出数据的状态
23         fmt.Println(v, ok)
24     }
25 }
```

代码说明如下：

- 第 7 行，创建一个能保存两个元素的带缓冲的通道，类型为整型。
- 第 10 行和第 11 行，给这个带缓冲的通道放入两个数据。这时，通道装满了。
- 第 14 行，关闭通道。此时，带缓冲通道的数据不会被释放，通道也没有消失。
- 第 17 行，cap()函数可以获取一个对象的容量，这里获取的是带缓冲通道的容量，也就是这个通道在 make 时的大小。虽然此时这个通道的元素个数和容量都是相同的，但是 cap 取出的并不是元素个数。这里多遍历一个元素，故意造成这个通道的超界访问。
- 第 20 行，从已关闭的通道中获取数据，取出的数据放在 v 变量中，类型为 int。ok 变量的结果表示数据是否获取成功。
- 第 23 行，将 v 和 ok 变量打印出来。

代码运行结果如下：

```
0 true
1 true
0 false
```

运行结果前两行正确输出带缓冲通道的数据，表明缓冲通道在关闭后依然可以访问内部的数据。

运行结果第三行的“0 false”表示通道在关闭状态下取出的值。0 表示这个通道的默认值，false 表示没有获取成功，因为此时通道已经空了。我们发现，在通道关闭后，即便通道没有数据，在获取时也不会发生阻塞，但此时取出数据会失败。

9.3 示例：Telnet 回音服务器——TCP 服务器的基本结构

Telnet 协议是 TCP / IP 协议族中的一种。它允许用户(Telnet 客户端)通过一个协商过程与一个远程设备进行通信。本例将使用一部分 Telnet 协议与服务器进行通信。

服务器的网络库为了完整展示自己的代码实现了完整的收发过程，一般比较倾向于使用发送任意封包返回原数据的逻辑。这个过程类似于对着大山高喊，大山把你的声音原样返回的过程。也就是回音（Echo）。本节使用 Go 语言中的 Socket、goroutine 和通道编写一个简单的 Telnet 协议的回音服务器。

回音服务器的代码分为 4 个部分，分别是接受连接、会话处理、Telnet 命令处理和程序入口。

1. 接受连接

回音服务器能同时服务于多个连接。要接受连接就需要先创建侦听器，侦听器需要一个侦听地址和协议类型。就像你想卖东西，需要先确认卖什么东西，卖东西的类型就是协议类型，然后需要一个店面，店面位于街区的某个位置，这就是侦听器的地址。一个服务器可以开启多个侦听器，就像一个街区可以有多个店面。街区上的编号对应的就是地址中的端口号，如图 9-3 所示。

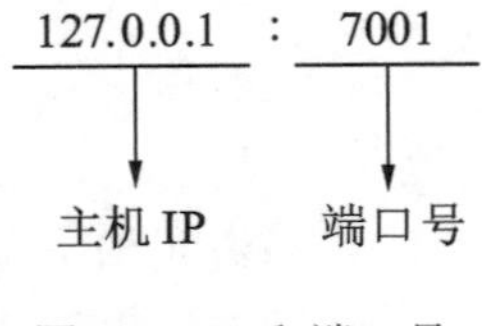

图 9-3　IP 和端口号

- 主机 IP：一般为一个 IP 地址或者域名，127.0.0.1 表示本机地址。
- 端口号：16 位无符号整型值，一共有 65536 个有效端口号。

通过地址和协议名创建侦听器后，可以使用侦听器响应客户端连接。响应连接是一个不断循环的过程，就像到银行办理业务时，一般是排队处理，前一个人办理完后，轮到下一个人办理。

我们把每个客户端连接处理业务的过程叫做会话。在会话中处理的操作和接受连接的业务并不冲突可以同时进行。就像银行有 3 个窗口，喊号器会将用户分配到不同的柜台。这里的喊号器就是 Accept 操作，窗口的数量就是 CPU 的处理能力。因此，使用 goroutine 可以轻松实现会话处理和接受连接的并发执行。

如图 9-4 清晰地展现了这一过程。

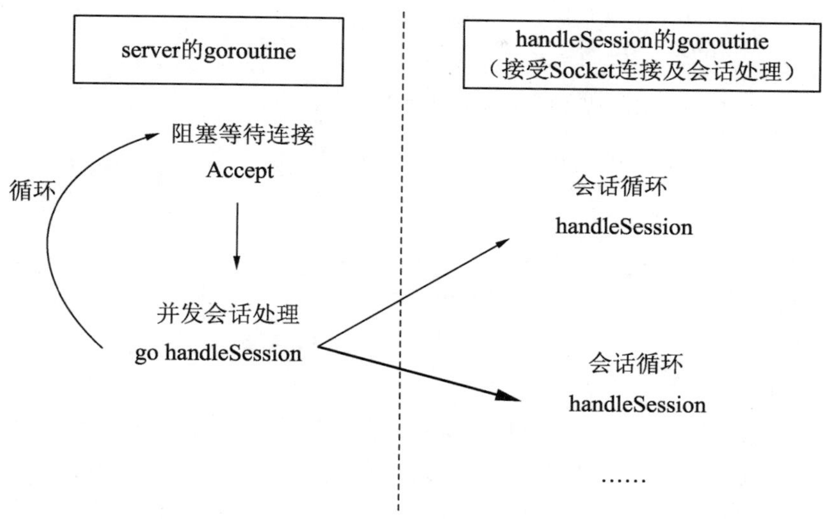

图 9-4　Socket 处理过程

Go 语言中可以根据实际会话数量创建多个 goroutine，并自动的调度它们的处理。

代码9-7　telnet服务器处理（具体文件：…/chapter09/telnetecho/server.go）

```
package main

import (
    "fmt"
    "net"
)

// 服务逻辑，传入地址和退出的通道
func server(address string, exitChan chan int) {

    // 根据给定地址进行侦听
    l, err := net.Listen("tcp", address)

    // 如果侦听发生错误，打印错误并退出
    if err != nil {
        fmt.Println(err.Error())
        exitChan <- 1
    }

    // 打印侦听地址，表示侦听成功
    fmt.Println("listen: " + address)

    // 延迟关闭侦听器
    defer l.Close()

    // 侦听循环
```

```
27      for {
28
29          // 新连接没有到来时，Accept 是阻塞的
30          conn, err := l.Accept()
31
32          // 发生任何的侦听错误，打印错误并退出服务器
33          if err != nil {
34              fmt.Println(err.Error())
35              continue
36          }
37
38          // 根据连接开启会话，这个过程需要并行执行
39          go handleSession(conn, exitChan)
40      }
41  }
```

代码说明如下：

- 第 9 行，接受连接的入口，address 为传入的地址，退出服务器使用 exitChan 的通道控制。往 exitChan 写入一个整型值时，进程将以整型值作为程序返回值来结束服务器。
- 第 12 行，使用 net 包的 Listen()函数进行侦听。这个函数需要提供两个参数，第一个参数为协议类型，本例需要做的是 TCP 连接，因此填入“tcp”；address 为地址，格式为“主机:端口号”。
- 第 15 行，如果侦听发生错误，通过第 17 行，往 exitChan 中写入非 0 值结束服务器，同时打印侦听错误。
- 第 24 行，使用 defer，将侦听器的结束延迟调用。
- 第 27 行，侦听开始后，开始进行连接接受，每次接受连接后需要继续接受新的连接，周而复始。
- 第 30 行，服务器接受了一个连接。在没有连接时，Accept()函数调用后会一直阻塞。连接到来时，返回 conn 和错误变量，conn 的类型是*tcp.Conn。
- 第 33 行，某些情况下，连接接受会发生错误，不影响服务器逻辑，这时重新进行新连接接受。
- 第 39 行，每个连接会生成一个会话。这个会话的处理与接受逻辑需要并行执行，彼此不干扰。

2．会话处理

每个连接的会话就是一个接收数据的循环。当没有数据时，调用 reader.ReadString 会发生阻塞，等待数据的到来。一旦数据到来，就可以进行各种逻辑处理。

回音服务器的基本逻辑是“收到什么返回什么”，reader.ReadString 可以一直读取 Socket 连接中的数据直到碰到期望的结尾符。这种期望的结尾符也叫定界符，一般用于将 TCP 封包中的逻辑数据拆分开。下例中使用的定界符是回车换行符（“\r\n”），HTTP 协议也是使用同样的定界符。使用 reader.ReadString()函数可以将封包简单地拆分开。

如图 9-5 所示为 Telnet 数据处理过程。

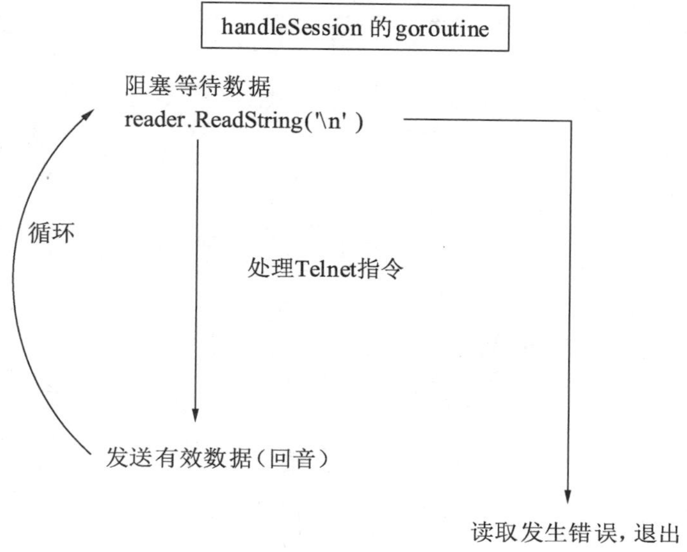

图 9-5　Telnet 数据处理过程

回音服务器需要将收到的有效数据通过 Socket 发送回去。

代码9-8　Telnet会话处理（具体文件：.../chapter09/telnetecho/session.go）

```
package main

import (
    "bufio"
    "fmt"
    "net"
    "strings"
)

// 连接的会话逻辑
func handleSession(conn net.Conn, exitChan chan int) {

    fmt.Println("Session started:")

    // 创建一个网络连接数据的读取器
    reader := bufio.NewReader(conn)

    // 接收数据的循环
    for {

        // 读取字符串，直到碰到回车返回
        str, err := reader.ReadString('\n')

        // 数据读取正确
```

```
25         if err == nil {
26
27             // 去掉字符串尾部的回车
28             str = strings.TrimSpace(str)
29
30             // 处理 Telnet 指令
31             if !processTelnetCommand(str, exitChan) {
32                 conn.Close()
33                 break
34             }
35
36             // Echo 逻辑，发什么数据，原样返回
37             conn.Write([]byte(str + "\r\n"))
38
39         } else {
40             // 发生错误
41             fmt.Println("Session closed")
42             conn.Close()
43             break
44         }
45     }
46
47 }
```

代码说明如下：

- 第 11 行是会话入口，传入连接和退出用的通道。handle Session()函数被并发执行。
- 第 16 行，使用 bufio 包的 NewReader()方法，创建一个网络数据读取器，这个 Reader 将输入数据的读取过程进行封装，方便我们迅速获取到需要的数据。
- 第 19 行，会话处理开始时，从 Socket 连接，通过 reader 读取器读取封包，处理封包后需要继续读取从网络发送过来的下一个封包，因此需要一个会话处理循环。
- 第 22 行，使用 reader.ReadString()方法进行封包读取。内部会自动处理粘包过程，直到下一个回车符到达后返回数据。这里认为封包来自 Telnet，每个指令以回车换行符（“\r\n”）结尾。
- 第 25 行，数据读取正常时，返回 err 为 nil。如果发生连接断开、接收错误等网络错误时，err 就不是 nil 了。
- 第 28 行，reader.ReadString 读取返回的字符串尾部带有回车符，使用 strings.TrimSpace()函数将尾部带的回车和空白符去掉。
- 第 31 行，将 str 字符串传入 Telnet 指令处理函数 processTelnetCommand()中，同时传入退出控制通道 exitChan。当这个函数返回 false 时，表示需要关闭当前连接。
- 第 32 行和第 33 行，关闭当前连接并退出会话接受循环。
- 第 37 行，将有效数据通过 conn 的 Write()方法写入，同时在字符串尾部添加回车换行符（“\r\n”），数据将被 Socket 发送给连接方。
- 第 41～43 行，处理当 reader.ReadString()函数返回错误时，打印错误信息并关闭连接，退出会话并接收循环。

3．Telnet命令处理

Telnet 是一种协议。在操作系统中可以在命令行使用 Telnet 命令发起 TCP 连接。我们一般用 Telnet 来连接 TCP 服务器，键盘输入一行字符回车后，即被发送到服务器上。

在下例中，定义了以下两个特殊控制指令，用以实现一些功能：

- 输入“@close”退出当前连接会话。
- 输入“@shutdown”终止服务器运行。

代码9-9　Telnet命令处理（具体文件：…/chapter09/telnetecho/telnet.go）

```
01  package main
02
03  import (
04      "fmt"
05      "strings"
06  )
07
08  func processTelnetCommand(str string, exitChan chan int) bool {
09
10      // @close 指令表示终止本次会话
11      if strings.HasPrefix(str, "@close") {
12
13          fmt.Println("Session closed")
14
15          // 告诉外部需要断开连接
16          return false
17
18          // @shutdown 指令表示终止服务进程
19      } else if strings.HasPrefix(str, "@shutdown") {
20
21          fmt.Println("Server shutdown")
22
23          // 往通道中写入 0，阻塞等待接收方处理
24          exitChan <- 0
25
26          // 告诉外部需要断开连接
27          return false
28      }
29
30      // 打印输入的字符串
31      fmt.Println(str)
32
33      return true
34
35  }
```

代码说明如下：

- 第 8 行，处理 Telnet 命令的函数入口，传入有效字符并退出通道。
- 第 11～16 行，当输入字符串中包含“@close”前缀时，在第 16 行返回 false，表示需要关闭当前会话。

- 第 19～27 行，当输入字符串中包含“@shutdown”前缀时，第 24 行将 0 写入 exitChan，表示结束服务器。
- 第 31 行，没有特殊的控制字符时，打印输入的字符串。

4．程序入口

代码9-10　Telnet回音处理主流程（具体文件：.../chapter09/telnetecho/main.go）

```
01  package main
02
03  import (
04      "os"
05  )
06
07  func main() {
08
09      // 创建一个程序结束码的通道
10      exitChan := make(chan int)
11
12      // 将服务器并发运行
13      go server("127.0.0.1:7001", exitChan)
14
15      // 通道阻塞，等待接收返回值
16      code := <-exitChan
17
18      // 标记程序返回值并退出
19      os.Exit(code)
20  }
```

代码说明如下：

- 第 10 行，创建一个整型的无缓冲通道作为退出信号。
- 第 13 行，接受连接的过程可以并发操作，使用 go 将 server()函数开启 goroutine。
- 第 16 行，从 exitChan 中取出返回值。如果取不到数据就一直阻塞。
- 第 19 行，将程序返回值传入 os.Exit()函数中并终止程序。

编译所有代码并运行，命令行提示如下：

```
listen: 127.0.0.1:7001
```

此时，Socket 侦听成功。在操作系统中的命令行中输入：

```
telnet 127.0.0.1 7001
```

尝试连接本地的 7001 端口。接下来进入测试服务器的流程。

5．测试输入字符串

在 Telnet 连接后，输入字符串 hello，Telnet 命令行显示如下：

```
$ telnet 127.0.0.1 7001
Trying 127.0.0.1...
Connected to 127.0.0.1.
```

```
Escape character is '^]'.
hello
hello
```

服务器显示如下：

```
listen: 127.0.0.1:7001
Session started:
hello
```

客户端输入的字符串会在服务器中显示，同时客户端也会收到自己发给服务器的内容，这就是一次回音。

6. 测试关闭会话

当输入@close 时，Telnet 命令行显示如下：

```
@close
Connection closed by foreign host
```

服务器显示如下：

```
Session closed
```

此时，客户端 Telnet 与服务器断开连接。

7. 测试关闭服务器

当输入@shutdown 时，Telnet 命令行显示如下：

```
@shutdown
Connection closed by foreign host
```

服务器显示如下：

```
Server shutdown
```

此时服务器会自动关闭。

9.4 同步——保证并发环境下数据访问的正确性

Go 程序可以使用通道进行多个 goroutine 间的数据交换，但这仅仅是数据同步中的一种方法。通道内部的实现依然使用了各种锁，因此优雅代码的代价是性能。在某些轻量级的场合，原子访问（atomic 包）、互斥锁（sync.Mutex）以及等待组（sync.WaitGroup）能最大程度满足需求。

9.4.1 竞态检测——检测代码在并发环境下可能出现的问题

当多线程并发运行的程序竞争访问和修改同一块资源时，会发生竞态问题。

下面的代码中有一个 ID 生成器，每次调用生成器将会生成一个不会重复的顺序序号，使用 10 个并发生成序号，观察 10 个并发后的结果。

代码9-11　竞态检测（具体文件：…/chapter09/racedetect/racedetect.go）

```
01  package main
02
03  import (
04      "fmt"
05      "sync/atomic"
06  )
07
08  var (
09      // 序列号
10      seq int64
11  )
12
13  // 序列号生成器
14  func GenID() int64 {
15
16  // 尝试原子的增加序列号
17      atomic.AddInt64(&seq, 1)
18      return seq
19  }
20
21  func main() {
22
23      //生成 10 个并发序列号
24      for i := 0; i < 10; i++ {
25          go GenID()
26      }
27
28      fmt.Println(GenID())
29  }
```

代码说明如下：

- 第 10 行，序列号生成器中的保存上次序列号的变量。
- 第 17 行，使用原子操作函数 atomic.AddInt64()对 seq()函数加 1 操作。不过这里故意没有使用 atomic.AddInt64()的返回值作为 GenID()函数的返回值，因此会造成一个竞态问题。
- 第 25 行，循环 10 次生成 10 个 goroutine 调用 GenID()函数，同时忽略 GenID()的返回值。
- 第 28 行，单独调用一次 GenID()函数。

在运行程序时，为运行参数加入“-race”参数，开启运行时（runtime）对竞态问题的分析，命令如下：

```
go run -race racedetect.go
```

代码运行发生宕机，输出信息如下：

```
==================
WARNING: DATA RACE
```

```
Write at 0x000000f52f40 by goroutine 7:
  sync/atomic.AddInt64()
      C:/Go/src/runtime/race_amd64.s:276 +0xb
  main.GenID()
      racedetect.go:17 +0x4a

Previous read at 0x000000f52f40 by goroutine 6:
  main.GenID()
      racedetect.go:18 +0x5a

Goroutine 7 (running) created at:
  main.main()
      racedetect.go:25 +0x5a

Goroutine 6 (finished) created at:
  main.main()
      racedetect.go:25 +0x5a
==================
10
Found 1 data race(s)
exit status 66
```

根据报错信息，第 18 行有竞态问题，根据 atomic.AddInt64()的参数声明，这个函数会将修改后的值以返回值方式传出。下面代码对加粗部分进行了修改：

```
func GenID() int64 {

    // 尝试原子的增加序列号
    return atomic.AddInt64(&seq, 1)
}
```

再次运行：

```
go run -race main.go
```

代码输出如下：

```
10
```

没有发生竞态问题，程序运行正常。

本例中只是对变量进行增减操作，虽然可以使用互斥锁（sync.Mutex）解决竞态问题，但是对性能消耗较大。在这种情况下，推荐使用原子操作（atomic）进行变量操作。

9.4.2　互斥锁（sync.Mutex）——保证同时只有一个 goroutine 可以访问共享资源

互斥锁是一种常用的控制共享资源访问的方法。在 Go 程序中的使用非常简单，参见下面的代码：

```
package main

import (
    "fmt"
```

```
05      "sync"
06  )
07
08  var (
09      // 逻辑中使用的某个变量
10      count int
11
12      // 与变量对应的使用互斥锁
13      countGuard sync.Mutex
14  )
15
16  func GetCount() int {
17
18      // 锁定
19      countGuard.Lock()
20
21      // 在函数退出时解除锁定
22      defer countGuard.Unlock()
23
24      return count
25  }
26
27  func SetCount(c int) {
28      countGuard.Lock()
29      count = c
30      countGuard.Unlock()
31  }
32
33  func main() {
34
35      // 可以进行并发安全的设置
36      SetCount(1)
37
38      // 可以进行并发安全的获取
39      fmt.Println(GetCount())
40
41  }
```

代码说明如下：

- 第 10 行是某个逻辑步骤中使用到的变量，无论是包级的变量还是结构体成员字段，都可以。
- 第 13 行，一般情况下，建议将互斥锁的粒度设置得越小越好，降低因为共享访问时等待的时间。这里笔者习惯性地将互斥锁的变量命名为以下格式：

```
变量名+Guard
```

以表示这个互斥锁用于保护这个变量。

- 第 16 行是一个获取 count 值的函数封装，通过这个函数可以并发安全的访问变量 count。
- 第 19 行，尝试对 countGuard 互斥量进行加锁。一旦 countGuard 发生加锁，如果另外一个 goroutine 尝试继续加锁时将会发生阻塞，直到这个 countGuard 被解锁。

- 第 22 行使用 defer 将 countGuard 的解锁进行延迟调用，解锁操作将会发生在 GetCount()函数返回时。
- 第 27 行在设置 count 值时，同样使用 countGuard 进行加锁、解锁操作，保证修改 count 值的过程是一个原子过程，不会发生并发访问冲突。

9.4.3 读写互斥锁（sync.RWMutex）——在读比写多的环境下比互斥锁更高效

在读多写少的环境中，可以优先使用读写互斥锁，sync 包中的 RWMutex 提供了读写互斥锁的封装。

我们将互斥锁例子中的一部分代码修改为读写互斥锁，参见下面代码：

```
01  var (
02      // 逻辑中使用的某个变量
03      count int
04
05      // 与变量对应的使用互斥锁
06      countGuard sync.RWMutex
07  )
08
09  func GetCount() int {
10
11      // 锁定
12      countGuard.RLock()
13
14      // 在函数退出时解除锁定
15      defer countGuard.RUnlock()
16
17      return count
18  }
```

代码说明如下：

- 第 6 行，在声明 countGuard 时，从 sync.Mutex 互斥锁改为 sync.RWMutex 读写互斥锁。
- 第 12 行，获取 count 的过程是一个读取 count 数据的过程，适用于读写互斥锁。在这一行，把 countGuard.Lock()换做 countGuard.RLock()，将读写互斥锁标记为读状态。如果此时另外一个 goroutine 并发访问了 countGuard，同时也调用了 countGuard.RLock()时，并不会发生阻塞。
- 第 15 行，与读模式加锁对应的，使用读模式解锁。

9.4.4 等待组（sync.WaitGroup）——保证在并发环境中完成指定数量的任务

除了可以使用通道（channel）和互斥锁进行两个并发程序间的同步外，还可以使用等待组进行多个任务的同步。

等待组有下面几个方法可用，如表 9-2 所示。

表 9-2　等待组的方法

方　法　名	功　　能
(wg *WaitGroup) Add(delta int)	等待组的计数器+1
(wg *WaitGroup) Done()	等待组的计数器-1
(wg *WaitGroup) Wait()	当等待组计数器不等于0时阻塞直到变0。

等待组内部拥有一个计数器，计数器的值可以通过方法调用实现计数器的增加和减少。当我们添加了 *N* 个并发任务进行工作时，就将等待组的计数器值增加 *N*。每个任务完成时，这个值减 1。同时，在另外一个 goroutine 中等待这个等待组的计数器值为 0 时，表示所有任务已经完成。代码 9-12 演示了这一过程。

代码9-12　等待组（具体文件：.../chapter09/waitgroup/waitgroup.go）

```
package main

import (
    "fmt"
    "net/http"
    "sync"
)

func main() {

    // 声明一个等待组
    var wg sync.WaitGroup

    // 准备一系列的网站地址
    var urls = []string{
        "http://www.github.com/",
        "https://www.qiniu.com/",
        "https://www.golangtc.com/",
    }

    // 遍历这些地址
    for _, url := range urls {

        // 每一个任务开始时，将等待组增加 1
        wg.Add(1)

        // 开启一个并发
        go func(url string) {

            // 使用 defer，表示函数完成时将等待组值减 1
            defer wg.Done()

            // 使用 http 访问提供的地址
```

```
34              _, err := http.Get(url)
35
36              // 访问完成后，打印地址和可能发生的错误
37              fmt.Println(url, err)
38
39              // 通过参数传递 url 地址
40          }(url)
41      }
42
43      // 等待所有的任务完成
44      wg.Wait()
45
46      fmt.Println("over")
47  }
```

代码说明如下：

- 第 12 行，声明一个等待组，对一组等待任务只需要一个等待组，而不需要每一个任务都使用一个等待组。
- 第 15 行，准备一系列可访问的网站地址的字符串切片。
- 第 22 行，遍历这些字符串切片。
- 第 25 行，将等待组的计数器加 1，也就是每一个任务加 1。
- 第 28 行，将一个匿名函数开启并发。
- 第 31 行，在匿名函数结束时会执行这一句以表示任务完成。wg.Done()方法等效于执行 wg.Add(-1)。
- 第 34 行，使用 http 包提供的 Get()函数对 url 进行访问，Get()函数会一直阻塞直到网站响应或者超时。
- 第 37 行，在网站响应和超时后，打印这个网站的地址和可能发生的错误。
- 第 40 行，这里将 url 通过 goroutine 的参数进行传递，是为了避免 url 变量通过闭包放入匿名函数后又被修改的问题。
- 第 44 行，等待所有的网站都响应或者超时后，任务完成，Wait 就会停止阻塞。

第 10 章　反射

反射是指在程序运行期对程序本身进行访问和修改的能力。程序在编译时，变量被转换为内存地址，变量名不会被编译器写入到可执行部分。在运行程序时，程序无法获取自身的信息。支持反射的语言可以在程序编译期将变量的反射信息，如字段名称、类型信息、结构体信息等整合到可执行文件中，并给程序提供接口访问反射信息，这样就可以在程序运行期获取类型的反射信息，并且有能力修改它们。

Go 程序在运行期使用 reflect 包访问程序的反射信息。

提示： C/C++语言没有支持反射功能，只能通过 typeid 提供非常弱化的程序运行时类型信息。Java、C#等语言都支持完整的反射功能。

Lua、JavaScript 类动态语言，由于其本身的语法特性就可以让代码在运行期访问程序自身的值和类型信息，因此不需要反射系统。

Go 程序的反射系统无法获取到一个可执行文件空间中或者是一个包中的所有类型信息，需要配合使用标准库中对应的词法、语法解析器和抽象语法树（AST）对源码进行扫描后获得这些信息。

10.1　反射的类型对象（reflect.Type）

在 Go 程序中，使用 reflect.TypeOf()函数可以获得任意值的类型对象（reflect.Type），程序通过类型对象可以访问任意值的类型信息。下面通过例子来理解获取类型对象的过程：

```
package main
import (
    "fmt"
    "reflect"
)
func main() {
    var a int
    typeOfA := reflect.TypeOf(a)
```

```
14      fmt.Println(typeOfA.Name(), typeOfA.Kind())
15
16  }
```

代码输出如下：

```
int int
```

代码说明如下：

- 第 10 行，定义一个 int 类型的变量。
- 第 12 行，通过 reflect.TypeOf()取得变量 a 的类型对象 typeOfA，类型为 reflect.Type()。
- 第 14 行中，通过 typeOfA 类型对象的成员函数，可以分别获取到 typeOfA 变量的类型名为 int，种类（Kind）为 int。

10.1.1　理解反射的类型（Type）与种类（Kind）

在使用反射时，需要首先理解类型（Type）和种类（Kind）的区别。编程中，使用最多的是类型，但在反射中，当需要区分一个大品种的类型时，就会用到种类（Kind）。例如，需要统一判断类型中的指针时，使用种类（Kind）信息就较为方便。

1. 反射种类（Kind）的定义

Go 程序中的类型（Type）指的是系统原生数据类型，如 int、string、bool、float32 等类型，以及使用 type 关键字定义的类型，这些类型的名称就是其类型本身的名称。例如使用 type A struct{}定义结构体时，A 就是 struct{}的类型。

种类（Kind）指的是对象归属的品种，在 reflect 包中有如下定义：

```
type Kind uint

const (
    Invalid Kind = iota            // 非法类型
    Bool                           // 布尔型
    Int                            // 有符号整型
    Int8                           // 有符号 8 位整型
    Int16                          // 有符号 16 位整型
    Int32                          // 有符号 32 位整型
    Int64                          // 有符号 64 位整型
    Uint                           // 无符号整型
    Uint8                          // 无符号 8 位整型
    Uint16                         // 无符号 16 位整型
    Uint32                         // 无符号 32 位整型
    Uint64                         // 无符号 64 位整型
    Uintptr                        // 指针
    Float32                        // 单精度浮点数
    Float64                        // 双精度浮点数
    Complex64                      // 64 位复数类型
    Complex128                     // 128 位复数类型
```

```
    Array                       // 数组
    Chan                        // 通道
    Func                        // 函数
    Interface                   // 接口
    Map                         // 映射
    Ptr                         // 指针
    Slice                       // 切片
    String                      // 字符串
    Struct                      // 结构体
    UnsafePointer               // 底层指针
)
```

Map、Slice、Chan 属于引用类型，使用起来类似于指针，但是在种类常量定义中仍然属于独立的种类，不属于 Ptr。

type A struct{}定义的结构体属于 Struct 种类，*A 属于 Ptr。

2. 从类型对象中获取类型名称和种类的例子

Go 语言中的类型名称对应的反射获取方法是 reflect.Type 中的 Name()方法，返回表示类型名称的字符串。

类型归属的种类（Kind）使用的是 reflect.Type 中的 Kind()方法，返回 reflect.Kind 类型的常量。

下面的代码中会对常量和结构体进行类型信息获取。

```
package main

import (
    "fmt"
    "reflect"
)

// 定义一个 Enum 类型
type Enum int

const (
    Zero Enum = 0
)

func main() {

    // 声明一个空结构体
    type cat struct {
    }

    // 获取结构体实例的反射类型对象
    typeOfCat := reflect.TypeOf(cat{})

    // 显示反射类型对象的名称和种类
    fmt.Println(typeOfCat.Name(), typeOfCat.Kind())

```

```
27        // 获取 Zero 常量的反射类型对象
28        typeOfA := reflect.TypeOf(Zero)
29
30        // 显示反射类型对象的名称和种类
31        fmt.Println(typeOfA.Name(), typeOfA.Kind())
32
33    }
```

代码输出如下：

```
cat struct
Enum int
```

代码说明如下：

- 第 18 行，声明结构体类型 cat。
- 第 22 行，将 cat 实例化，并且使用 reflect.TypeOf()获取被实例化后的 cat 的反射类型对象。
- 第 25 行，输出 cat 的类型名称和种类，类型名称就是 cat，而 cat 属于一种结构体种类，因此种类为 struct。
- 第 28 行，Zero 是一个 Enum 类型的常量。这个 Enum 类型在第 9 行声明，第 12 行声明了常量。如没有常量也不能创建实例，通过 reflect.TypeOf()直接获取反射类型对象。
- 第 31 行，输出 Zero 对应的类型对象的类型名和种类。

10.1.2　指针与指针指向的元素

Go 程序中对指针获取反射对象时，可以通过 reflect.Elem()方法获取这个指针指向的元素类型。这个获取过程被称为取元素，等效于对指针类型变量做了一个“*”操作，代码如下：

```
package main

import (
    "fmt"
    "reflect"
)

func main() {

    // 声明一个空结构体
    type cat struct {
    }

    // 创建 cat 的实例
    ins := &cat{}

    // 获取结构体实例的反射类型对象
    typeOfCat := reflect.TypeOf(ins)

```

```
20      // 显示反射类型对象的名称和种类
21      fmt.Printf("name:'%v' kind:'%v'\n",typeOfCat.Name(), typeOfCat.Kind())
22
23      // 取类型的元素
24      typeOfCat = typeOfCat.Elem()
25
26      // 显示反射类型对象的名称和种类
27      fmt.Printf("element name: '%v', element kind: '%v'\n", typeOfCat.Name(), typeOfCat.Kind())
28
29  }
```

代码输出如下：

```
name: '' kind: 'ptr'
element name: 'cat', element kind: 'struct'
```

代码说明如下：

- 第 15 行，创建了 cat 结构体的实例，ins 是一个*cat 类型的指针变量。
- 第 18 行，对指针变量获取反射类型信息。
- 第 21 行，输出指针变量的类型名称和种类。Go 语言的反射中对所有指针变量的种类都是 Ptr，但注意，**指针变量的类型名称是空**，不是*cat。
- 第 24 行，取指针类型的元素类型，也就是 cat 类型。这个操作不可逆，不可以通过一个非指针类型获取它的指针类型。
- 第 27 行，输出指针变量指向元素的类型名称和种类，得到了 cat 的类型名称（cat）和种类（struct）。

10.1.3 使用反射获取结构体的成员类型

任意值通过 reflect.TypeOf()获得反射对象信息后，如果它的类型是结构体，可以通过反射值对象（reflect.Type）的 NumField()和 Field()方法获得结构体成员的详细信息。与成员获取相关的 reflect.Type 的方法如表 10-1 所示。

表 10-1 结构体成员访问的方法列表

方　法	说　明
Field(i int) StructField	根据索引，返回索引对应的结构体字段的信息。当值不是结构体或索引超界时发生宕机
NumField() int	返回结构体成员字段数量。当类型不是结构体或索引超界时发生宕机
FieldByName(name string) (StructField,bool)	根据给定字符串返回字符串对应的结构体字段的信息。没有找到时bool返回false，当类型不是结构体或索引超界时发生宕机
FieldByIndex(index []int) StructField	多层成员访问时，根据[]int提供的每个结构体的字段索引，返回字段的信息。没有找到时返回零值。当类型不是结构体或索引超界时发生宕机

（续）

方　法	说　明
FieldByNameFunc(match func(string) bool) (StructField,bool)	根据匹配函数匹配需要的字段。当值不是结构体或索引超界时发生宕机

1．结构体字段类型

reflect.Type 的 Field()方法返回 StructField 结构，这个结构描述结构体的成员信息，通过这个信息可以获取成员与结构体的关系，如偏移、索引、是否为匿名字段、结构体标签（Struct Tag）等，而且还可以通过 StructField 的 Type 字段进一步获取结构体成员的类型信息。StructField 的结构如下：

```
type StructField struct {
    Name string                    // 字段名
    PkgPath string                 // 字段路径
    Type      Type                 // 字段反射类型对象
    Tag       StructTag            // 字段的结构体标签
    Offset    uintptr              // 字段在结构体中的相对偏移
    Index     []int                // Type.FieldByIndex 中的返回的索引值
    Anonymous bool                 // 是否为匿名字段
}
```

字段说明如下。

- Name：为字段名称。
- PkgPath：字段在结构体中的路径。
- Type：字段本身的反射类型对象，类型为 reflect.Type，可以进一步获取字段的类型信息。
- Tag：结构体标签，为结构体字段标签的额外信息，可以单独提取。
- Index：FieldByIndex 中的索引顺序。
- Anonymous：表示该字段是否为匿名字段。

2．获取成员反射信息

下面代码中，实例化一个结构体并遍历其结构体成员，再通过 reflect.Type 的 FieldByName()方法查找结构体中指定名称的字段，直接获取其类型信息。

代码10-1　反射访问结构体成员类型及信息（具体文件：…/chapter10/typemember/typemember.go）

```
package main

import (
    "fmt"
    "reflect"
)

func main() {
```

```
09
10      // 声明一个空结构体
11      type cat struct {
12          Name string
13
14          // 带有结构体 tag 的字段
15          Type int `json:"type" id:"100"`
16      }
17
18      // 创建 cat 的实例
19      ins := cat{Name: "mimi", Type: 1}
20
21      // 获取结构体实例的反射类型对象
22      typeOfCat := reflect.TypeOf(ins)
23
24      // 遍历结构体所有成员
25      for i := 0; i < typeOfCat.NumField(); i++ {
26
27          // 获取每个成员的结构体字段类型
28          fieldType := typeOfCat.Field(i)
29
30          // 输出成员名和 tag
31          fmt.Printf("name: %v  tag: '%v'\n", fieldType.Name, fieldType.Tag)
32      }
33
34      // 通过字段名，找到字段类型信息
35      if catType, ok := typeOfCat.FieldByName("Type"); ok {
36
37          // 从 tag 中取出需要的 tag
38          fmt.Println(catType.Tag.Get("json"), catType.Tag.Get("id"))
39      }
40  }
```

代码输出如下：

```
name: Name  tag: ''
name: Type  tag: 'json:"type" id:"100"'
type 100
```

代码说明如下：

- 第 11 行，声明了带有两个成员的 cat 结构体。
- 第 15 行，Type 是 cat 的一个成员，这个成员类型后面带有一个以“`”开始和结尾的字符串。这个字符串在 Go 语言中被称为 Tag（标签）。一般用于给字段添加自定义信息，方便其他模块根据信息进行不同功能的处理。
- 第 19 行，创建 cat 实例，并对两个字段赋值。结构体标签属于类型信息，无须且不能赋值。
- 第 22 行，获取实例的反射类型对象。
- 第 25 行，使用 reflect.Type 类型的 NumField()方法获得一个结构体类型共有多少个字段。如果类型不是结构体，将会触发宕机错误。
- 第 28 行，reflect.Type 中的 Field()方法和 NumField 一般都是配对使用，用来实现结

构体成员的遍历操作。

- 第 31 行，使用 reflect.Type 的 Field()方法返回的结构不再是 reflect.Type 而是 StructField 结构体。
- 第 35 行，使用 reflect.Type 的 FieldByName()根据字段名查找结构体字段信息，cat Type 表示返回的结构体字段信息，类型为 StructField，ok 表示是否找到结构体字段的信息。
- 第 38 行中，使用 StructField 中 Tag 的 Get()方法，根据 Tag 中的名字进行信息获取。

10.1.4　结构体标签（Struct Tag）——对结构体字段的额外信息标签

通过 reflect.Type 获取结构体成员信息 reflect.StructField 结构中的 Tag 被称为结构体标签（Struct Tag）。

JSON、BSON 等格式进行序列化及对象关系映射（Object Relational Mapping，简称 ORM）系统都会用到结构体标签，这些系统使用标签设定字段在处理时应该具备的特殊属性和可能发生的行为。这些信息都是静态的，无须实例化结构体，可以通过反射获取到。

提示：结构体标签（Struct Tag）类似于 C#中的特性（Attribute）。C#允许在类、字段、方法等前面添加 Attribute，然后在反射系统中可以获取到这个属性系统。例如：

```
[Conditional("DEBUG")]
public static void Message(string msg)
{
        Console.WriteLine(msg);
}
```

1．结构体标签的格式

Tag 在结构体字段后方书写的格式如下：

```
`key1:"value1" key2:"value2"`
```

结构体标签由一个或多个键值对组成。键与值使用冒号分隔，值用双引号括起来。键值对之间使用一个空格分隔。

2．从结构体标签中获取值

StructTag 拥有一些方法，可以进行 Tag 信息的解析和提取，如下所示。

- func (tag StructTag) Get(key string) string：根据 Tag 中的键获取对应的值，例如`key1:"value1" key2:"value2"`的 Tag 中，可以传入“key1”获得“value1”。
- func (tag StructTag) Lookup(key string) (value string, ok bool)：根据 Tag 中的键，查询值是否存在。

3．结构体标签格式错误导致的问题

编写 Tag 时，必须严格遵守键值对的规则。结构体标签的解析代码的容错能力很差，一旦格式写错，编译和运行时都不会提示任何错误，参见下面这个例子：

```
01  package main
02
03  import (
04      "fmt"
05      "reflect"
06  )
07
08  func main() {
09
10      type cat struct {
11          Name string
12          Type int `json: "type" id:"100"`
13      }
14
15      typeOfCat := reflect.TypeOf(cat{})
16
17      if catType, ok := typeOfCat.FieldByName("Type"); ok {
18
19          fmt.Println(catType.Tag.Get("json"))
20      }
21
22  }
```

代码输出空字符串，并不会输出期望的 type。

第 12 行中，在 json:和 " type " 之间增加了一个空格。这种写法没有遵守结构体标签的规则，因此无法通过 Tag.Get 获取到正确的 json 对应的值。

这个错误在开发中非常容易被疏忽，造成难以察觉的错误。

10.2 反射的值对象（reflect.Value）

反射不仅可以获取值的类型信息，还可以动态地获取或者设置变量的值。Go 语言中使用 reflect.Value 获取和设置变量的值。

10.2.1 使用反射值对象包装任意值

Go 语言中，使用 reflect.ValueOf()函数获得值的反射值对象（reflect.Value）。书写格式如下：

```
value := reflect.ValueOf(rawValue)
```

reflect.ValueOf 返回 reflect.Value 类型，包含有 rawValue 的值信息。reflect.Value 与原值间可以通过值包装和值获取互相转化。reflect.Value 是一些反射操作的重要类型，如反

射调用函数。

10.2.2　从反射值对象获取被包装的值

Go 语言中可以通过 reflect.Value 重新获得原始值。

1．从反射值对象（reflect.Value）中获取值的方法

可以通过下面几种方法从反射值对象 reflect.Value 中获取原值，如表 10-2 所示。

表 10-2　反射值获取原始值的方法

方法名	说明
Interface() interface{}	将值以interface{}类型返回，可以通过类型断言转换为指定类型
Int() int64	将值以int类型返回，所有有符号整型均可以此方式返回
Uint() uint64	将值以uint类型返回，所有无符号整型均可以此方式返回
Float() float64	将值以双精度（float64）类型返回，所有浮点数（float32、float64）均可以此方式返回
Bool() bool	将值以bool类型返回
Bytes() []bytes	将值以字节数组[]bytes类型返回
String() string	将值以字符串类型返回

2．从反射值对象（reflect.Value）中获取值的例子

下面代码中，将整型变量中的值使用 reflect.Value 获取反射值对象（reflect.Value）。再通过 reflect.Value 的 Interface()方法获得 interface{}类型的原值，通过 int 类型对应的 reflect.Value 的 Int()方法获得整型值。

```
package main

import (
    "fmt"
    "reflect"
)

func main() {

    // 声明整型变量 a 并赋初值
    var a int = 1024

    // 获取变量 a 的反射值对象
    valueOfA := reflect.ValueOf(a)

    // 获取 interface{}类型的值，通过类型断言转换
    var getA int = valueOfA.Interface().(int)

    // 获取 64 位的值，强制类型转换为 int 类型
```

```
20      var getA2 int = int(valueOfA.Int())
21
22      fmt.Println(getA, getA2)
23  }
```

代码输出如下：

```
1024 1024
```

代码说明如下：

- 第 11 行，声明一个变量，类型为 int，设置初值为 1024。
- 第 14 行，获取变量 a 的反射值对象，类型为 reflect.Value，这个过程和 reflect.TypeOf()类似。
- 第 17 行，将 valueOfA 反射值对象以 interface{}类型取出，通过类型断言转换为 int 类型并赋值给 getA。
- 第 20 行，将 valueOfA 反射值对象通过 Int 方法，以 int64 类型取出，通过强制类型转换，转换为原本的 int 类型。

10.2.3 使用反射访问结构体的成员字段的值

反射值对象（reflect.Value）提供对结构体访问的方法，通过这些方法可以完成对结构体任意值的访问，如表 10-3 所示。

表 10-3 反射值对象的成员访问方法

方 法	备 注
Field(i int) Value	根据索引，返回索引对应的结构体成员字段的反射值对象。当值不是结构体或索引超界时发生宕机
NumField() int	返回结构体成员字段数量。当值不是结构体或索引超界时发生宕机
FieldByName(name string) Value	根据给定字符串返回字符串对应的结构体字段。没有找到时返回零值，当值不是结构体或索引超界时发生宕机
FieldByIndex(index []int) Value	多层成员访问时，根据[]int提供的每个结构体的字段索引，返回字段的值。没有找到时返回零值，当值不是结构体或索引超界时发生宕机
FieldByNameFunc(match func(string) bool) Value	根据匹配函数匹配需要的字段。找到时返回零值，当值不是结构体或索引超界时发生宕机

下面代码构造一个结构体包含不同类型的成员。通过 reflect.Value 提供的成员访问函数，可以获得结构体值的各种数据。

代码10-2 反射访问结构体成员值（具体文件：.../chapter10/typemember/typemember.go）

```
package main

import (
    "fmt"
    "reflect"
)

```

```
08  // 定义结构体
09  type dummy struct {
10      a int
11      b string
12
13      // 嵌入字段
14      float32
15      bool
16
17      next *dummy
18  }
19
20
21  func main() {
22
23      // 值包装结构体
24      d := reflect.ValueOf(dummy{
25          next: &dummy{},
26      })
27
28      // 获取字段数量
29      fmt.Println("NumField", d.NumField())
30
31      // 获取索引为 2 的字段（float32 字段）
32      floatField := d.Field(2)
33
34      // 输出字段类型
35      fmt.Println("Field", floatField.Type())
36
37      // 根据名字查找字段
38      fmt.Println("FieldByName(\"b\").Type", d.FieldByName("b").Type())
39
40      // 根据索引查找值中，next 字段的 int 字段的值
41      fmt.Println("FieldByIndex([]int{4, 0}).Type()", d.FieldByIndex
        ([]int{4, 0}).Type())
42  }
```

代码说明如下：

- 第 9 行，定义结构体，结构体的每个字段的类型都不一样。
- 第 24 行，实例化结构体并包装为 reflect.Value 类型，成员中包含一个*dummy 的实例。
- 第 29 行，获取结构体的字段数量。
- 第 32 和 35 行，获取索引为 2 的字段值（float32 字段），并且打印类型。
- 第 38 行，根据“b”字符串，查找到 b 字段的类型。
- 第 41 行，[]int{4,0}中的 4 表示，在 dummy 结构中索引值为 4 的成员，也就是 next。next 的类型为 dummy，也是一个结构体，因此使用[]int{4,0}中的 0 继续在 next 值的基础上索引，结构为 dummy 中索引值为 0 的 a 字段，类型为 int。

代码输出如下：

```
NumField 5
Field float32
```

```
FieldByName("b").Type string
FieldByIndex([]int{4, 0}).Type() int
```

10.2.4 反射对象的空和有效性判断

反射值对象（reflect.Value）提供一系列方法进行零值和空判定，如表 10-4 所示。

表 10-4 反射值对象的零值和有效性判断方法

方 法	说 明
IsNil() bool	返回值是否为nil。如果值类型不是通道（channel）、函数、接口、map、指针或切片时发生panic。类似于语言层的“v == nil”操作
IsValid() bool	判断值是否有效。当值本身非法时，返回false，例如reflect Value不包含任何值，值为nil等

下面的例子将会对各种方式的空指针进行 IsNil 和 IsValid 的返回值判定检测。同时对结构体成员及方法查找 map 键值对的返回值进行 IsValid 判定，参考代码 10-3。

代码10-3 反射值对象的零值和有效性判断（具体文件：.../chapter10/validnisnil/validnisnil.go）

```
package main

import (
    "fmt"
    "reflect"
)

func main() {

    // *int 的空指针
    var a *int
    fmt.Println("var a *int:", reflect.ValueOf(a).IsNil())

    // nil 值
    fmt.Println("nil:", reflect.ValueOf(nil).IsValid())

    // *int 类型的空指针
    fmt.Println("(*int)(nil):", reflect.ValueOf((*int)(nil)).Elem().IsValid())

    // 实例化一个结构体
    s := struct{}{}

    // 尝试从结构体中查找一个不存在的字段
    fmt.Println("不存在的结构体成员:", reflect.ValueOf(s).FieldByName("").IsValid())

    // 尝试从结构体中查找一个不存在的方法
    fmt.Println("不存在的结构体方法:", reflect.ValueOf(s).MethodByName("").IsValid())

```

```
29      // 实例化一个 map
30      m := map[int]int{}
31
32      // 尝试从 map 中查找一个不存在的键
33      fmt.Println("不存在的键：", reflect.ValueOf(m).MapIndex(reflect.
        ValueOf(3)).IsValid())
34  }
```

代码说明如下：

- 第 11 行，声明一个*int 类型的指针，初始值为 nil。
- 第 12 行，将变量 a 包装为 reflect.Value 并且判断是否为空，此时变量 a 为空指针，因此返回 true。
- 第 15 行，对 nil 进行 IsValid（有效性）判定，返回 false。
- 第 18 行，(*int)(nil)的含义是将 nil 转换为*int，也就是*int 类型的空指针。此行将 nil 转换为*int 类型，并取指针指向元素。由于 nil 不指向任何元素，*int 类型的 nil 也不能指向任何元素，值不是有效的。因此这个反射值使用 Isvalid 判断时返回 false。
- 第 21 行，实例化一个结构体。
- 第 24 行，通过 FieldByName 查找 s 结构体中一个空字符串的成员，如成员不存在，IsValid 返回 false。
- 第 27 行，通过 MethodByName 查找 s 结构体中一个空字符串的方法，如方法不存在，IsValid 返回 false。
- 第 30 行，实例化一个 map，这种写法与 make 方式创建的 map 等效。
- 第 33 行，MapIndex()方法能根据给定的 reflect.Value 类型的值查找 map，并且返回查找到的结果。

IsNil 常被用于判断指针是否为空；IsValid 常被用于判定返回值是否有效。

代码输出如下：

```
var a *int: true
nil: false
(*int)(nil): false
不存在的结构体成员： false
不存在的结构体方法： false
不存在的键： false
```

10.2.5　使用反射值对象修改变量的值

使用 reflect.Value 对包装的值进行修改时，需要遵循一些规则。如果没有按照规则进行代码设计和编写，轻则无法修改对象值，重则程序在运行时会发生宕机。

1．判定及获取元素的相关方法

使用 reflect.Value 取元素、取地址及修改值的属性方法请参考表 10-5 所示。

表 10-5 反射值对象的判定及获取元素的方法

方 法 名	备 注
Elem() Value	取值指向的元素值，类似于语言层"*"操作。当值类型不是指针或接口时发生宕机，空指针时返回nil的Value
Addr() Value	对可寻址的值返回其地址，类似于语言层"&"操作。当值不可寻址时发生宕机
CanAddr() bool	表示值是否可寻址
CanSet() bool	返回值能否被修改。要求值可寻址且是导出的字段

2. 值修改相关方法

使用 reflect.Value 修改值的相关方法如表 10-6 所示。

表 10-6 反射值对象修改值的方法

Set(x Value)	将值设置为传入的反射值对象的值
SetInt(x int64)	使用int64设置值。当值的类型不是int、int8、int16、int32、int64时会发生宕机
SetUint(x uint64)	使用uint64设置值。当值的类型不是uint、uint8、uint16、uint32、uint64时会发生宕机
SetFloat(x float64)	使用float64设置值。当值的类型不是float32、float64时会发生宕机
SetBool(x bool)	使用bool设置值。当值的类型不是bool时会发生宕机
SetBytes(x []byte)	设置字节数组[]bytes值。当值的类型不是[]byte时会发生宕机
SetString(x string)	设置字符串值。当值的类型不是string时会发生宕机

以上方法，在 reflect.Value 的 CanSet 返回 false 仍然修改值时会发生宕机。

在已知值的类型时，应尽量使用值对应类型的反射设置值。

3. 值可修改条件之一：可被寻址

通过反射修改变量值的前提条件之一：**这个值必须可以被寻址**。简单地说就是这个变量必须能被修改。示例代码如下：

```
package main

import (
    "reflect"
)

func main() {

    // 声明整型变量 a 并赋初值
    var a int = 1024

    // 获取变量 a 的反射值对象
    valueOfA := reflect.ValueOf(a)

    // 尝试将 a 修改为 1（此处会发生崩溃）
    valueOfA.SetInt(1)
}
```

程序运行崩溃，打印错误：

```
panic: reflect: reflect.Value.SetInt using unaddressable value
```

报错意思是：SetInt 正在使用一个不能被寻址的值。从 reflect.ValueOf 传入的是 a 的值，而不是 a 的地址，这个 reflect.Value 当然是不能被寻址的。将代码修改一下，重新运行：

```
01 package main
02
03 import (
04     "fmt"
05     "reflect"
06 )
07
08 func main() {
09
10     // 声明整型变量 a 并赋初值
11     var a int = 1024
12
13     // 获取变量 a 的反射值对象（a 的地址）
14     valueOfA := reflect.ValueOf(&a)
15
16     // 取出 a 地址的元素（a 的值）
17     valueOfA = valueOfA.Elem()
18
19     // 修改 a 的值为 1
20     valueOfA.SetInt(1)
21
22     // 打印 a 的值
23     fmt.Println(valueOfA.Int())
24 }
```

代码输出如下：

```
1
```

- 第 14 行中，将变量 a 取值后传给 reflect.ValueOf()。此时 reflect.ValueOf()返回的 valueOfA 持有变量 a 的地址。
- 第 17 行中，使用 reflect.Value 类型的 Elem()方法获取 a 地址的元素，也就是 a 的值。reflect.Value 的 Elem()方法返回的值类型也是 reflect.Value。
- 第 20 行，此时 valueOfA 表示的是 a 的值且可以寻址。使用 SetInt()方法设置值时不再发生崩溃。
- 第 23 行，正确打印修改的值。

提示：当 reflect.Value 不可寻址时，使用 Addr()方法也是无法取到值的地址的，同时会发生宕机。虽然说 reflect.Value 的 Addr()方法类似于语言层的“&”操作；Elem()方法类似于语言层的“*”操作，但并不代表这些方法与语言层操作等效。

4．值可修改条件之一：被导出

结构体成员中，如果字段没有被导出，即便不使用反射也可以被访问，但不能通过反射修改，代码如下：

```
01  package main
02
03  import (
04      "reflect"
05  )
06
07  func main() {
08
09      type dog struct {
10          legCount int
11      }
12      // 获取 dog 实例的反射值对象
13      valueOfDog := reflect.ValueOf(dog{})
14
15      // 获取 legCount 字段的值
16      vLegCount := valueOfDog.FieldByName("legCount")
17
18      // 尝试设置 legCount 的值（这里会发生崩溃）
19      vLegCount.SetInt(4)
20  }
```

程序发生崩溃，报错：

```
panic: reflect: reflect.Value.SetInt using value obtained using unexported
field
```

报错的意思是：SetInt()使用的值来自于一个未导出的字段。

为了能修改这个值，需要将该字段导出。将 dog 中的 legCount 的成员首字母大写，导出 LegCount 让反射可以访问，修改后的代码如下：

```
type dog struct {
    LegCount int
}
```

然后根据字段名获取字段的值时，将字符串的字段首字母大写，修改后的代码如下：

```
vLegCount := valueOfDog.FieldByName("LegCount")
```

再次运行程序，发现仍然报错：

```
panic: reflect: reflect.Value.SetInt using unaddressable value
```

这个错误表示第 13 行构造的 valueOfDog 这个结构体实例不能被寻址，因此其字段也不能被修改。修改代码，取结构体的指针，再通过 reflect.Value 的 Elem()方法取到值的反射值对象。修改后的完整代码如下：

```
package main

import (
    "reflect"
    "fmt"
)

func main() {
```

```
09
10          type dog struct {
11              LegCount int
12          }
13          // 获取 dog 实例地址的反射值对象
14          valueOfDog := reflect.ValueOf(&dog{})
15
16          // 取出 dog 实例地址的元素
17          valueOfDog = valueOfDog.Elem()
18
19          // 获取 legCount 字段的值
20          vLegCount := valueOfDog.FieldByName("LegCount")
21
22          // 尝试设置 legCount 的值（这里会发生崩溃）
23          vLegCount.SetInt(4)
24
25          fmt.Println(vLegCount.Int())
26      }
```

代码输出如下：

```
4
```

代码说明如下：

- 第 11 行，将 LegCount 首字母大写导出该字段。
- 第 14 行，获取 dog 实例指针的反射值对象。
- 第 17 行，取 dog 实例的指针元素，也就是 dog 的实例。
- 第 20 行，取 dog 结构体中 LegCount 字段的成员值。
- 第 23 行，修改该成员值。
- 第 25 行，打印该成员值。

值的修改从表面意义上叫可寻址，换一种说法就是值必须 “可被设置”。那么，想修改变量值，一般的步骤是：

（1）取这个变量的地址或者这个变量所在的结构体已经是指针类型。

（2）使用 reflect.ValueOf 进行值包装。

（3）通过 Value.Elem()获得指针值指向的元素值对象（Value），因为值对象（Value）内部对象为指针时，使用 set 设置时会报出宕机错误。

（4）使用 Value.Set 设置值。

10.2.6　通过类型创建类型的实例

当已知 reflect.Type 时，可以动态地创建这个类型的实例，实例的类型为指针。例如 reflect.Type 的类型为 int 时，创建 int 的指针，即*int，代码如下：

```
package main

import (
```

```
04      "fmt"
05      "reflect"
06  )
07
08  func main() {
09
10      var a int
11
12      // 取变量 a 的反射类型对象
13      typeOfA := reflect.TypeOf(a)
14
15      // 根据反射类型对象创建类型实例
16      aIns := reflect.New(typeOfA)
17
18      // 输出 Value 的类型和种类
19      fmt.Println(aIns.Type(), aIns.Kind())
20  }
```

代码输出如下：

```
*int ptr
```

代码说明如下：

- 第 13 行，获取变量 a 的反射类型对象。
- 第 16 行，使用 reflect.New()函数传入变量 a 的反射类型对象，创建这个类型的实例值，值以 reflect.Value 类型返回。这步操作等效于：new(int)，因此返回的是*int 类型的实例。
- 第 19 行，打印 aIns 的类型为*int，种类为指针。

10.2.7 使用反射调用函数

如果反射值对象（reflect.Value）中值的类型为函数时，可以通过 reflect.Value 调用该函数。使用反射调用函数时，需要将参数使用反射值对象的切片[]reflect.Value 构造后传入 Call()方法中，调用完成时，函数的返回值通过[]reflect.Value 返回。

下面的代码声明一个加法函数，传入两个整型值，返回两个整型值的和。将函数保存到反射值对象（reflect.Value）中，然后将两个整型值构造为反射值对象的切片（[]reflect.Value），使用 Call()方法进行调用。

代码10-4　反射调用函数（具体文件：.../chapter10/reflectcall/reflectcall.go）

```
package main

import (
    "fmt"
    "reflect"
)

// 普通函数
func add(a, b int) int {

```

```
11       return a + b
12   }
13
14   func main() {
15
16       // 将函数包装为反射值对象
17       funcValue := reflect.ValueOf(add)
18
19       // 构造函数参数，传入两个整型值
20       paramList := []reflect.Value{reflect.ValueOf(10), reflect.ValueOf(20)}
21
22       // 反射调用函数
23       retList := funcValue.Call(paramList)
24
25       // 获取第一个返回值，取整数值
26       fmt.Println(retList[0].Int())
27   }
```

代码说明如下：

- 第 9～12 行，定义一个普通的加法函数。
- 第 17 行，将 add 函数包装为反射值对象。
- 第 20 行，将 10 和 20 两个整型值使用 reflect.ValueOf 包装为 reflect.Value，再将反射值对象的切片[]reflect.Value 作为函数的参数。
- 第 23 行，使用 funcValue 函数值对象的 Call()方法，传入参数列表 paramList 调用 add()函数。
- 第 26 行，调用成功后，通过 retList[0]取返回值的第一个参数，使用 Int 取返回值的整数值。

提示： 反射调用函数的过程需要构造大量的 reflect.Value 和中间变量，对函数参数值进行逐一检查，还需要将调用参数复制到调用函数的参数内存中。调用完毕后，还需要将返回值转换为 reflect.Value，用户还需要从中取出调用值。因此，反射调用函数的性能问题尤为突出，不建议大量使用反射函数调用。

10.3　示例：将结构体的数据保存为 JSON 格式的文本数据

JSON 格式是一种用途广泛的对象文本格式。在 Go 语言中，结构体可以通过系统提供的 json.Marshal()函数进行序列化。为了演示怎样通过反射获取结构体成员及各种值的过程，下面使用反射将结构体序列化为文本数据。

1. 数据结构及入口函数

将结构体序列化为 JSON 的步骤如下：

（1）准备数据结构体。

（2）准备要序列化的结构体数据。

（3）调用序列化函数。

参见下面的代码。

代码10-5　序列化JSON主流程（具体文件：…/chapter10/marshaljson/main.go）

```
01  func main() {
02
03      // 声明技能结构
04      type Skill struct {
05          Name  string
06          Level int
07      }
08
09      // 声明角色结构
10      type Actor struct {
11          Name string
12          Age  int
13
14          Skills []Skill
15      }
16
17      // 填充基本角色数据
18      a := Actor{
19          Name: "cow boy",
20          Age:  37,
21
22          Skills: []Skill{
23              {Name: "Roll and roll", Level: 1},
24              {Name: "Flash your dog eye", Level: 2},
25              {Name: "Time to have Lunch", Level: 3},
26          },
27      }
28
29      if result, err := MarshalJson(a); err == nil {
30          fmt.Println(result)
31      } else {
32          fmt.Println(err)
33      }
34  }
```

代码说明如下：

- 第 4～15 行声明了一些结构体，用于描述一个角色的信息。
- 第 18～27 行，实例化了 Actor 结构体，并且填充了一些基本的角色数据。
- 第 29 行，调用自己实现的 MarshalJson()函数，将 Actor 实例化的数据转换为 JSON 字符串。

- 第 30 行，如果操作成功将打印出数据。
- 第 32 行，如果操作有错误将打印错误。

完整代码输出如下：

```
{"Name":"cow boy","Age":37,"Skills":[{"Name":"Roll and roll","Level":1},
{"Name":"Flash your dog eye","Level":2},{"Name":"Time to have Lunch",
"Level":3}]}
```

2. 序列化主函数

MarshalJson()是序列化过程的主要函数入口，通过这个函数会调用不同类型的子序列化函数。MarshalJson()传入一个 interface{}的数据，并将这个数据转换为 JSON 字符串返回，如果发生错误，则返回错误信息。

代码10-6　序列化JSON主函数（具体文件：.../chapter10/marshaljson/marshal.go）

```
01  // 给外部使用序列化值为 JSON 的接口
02  func MarshalJson(v interface{}) (string, error) {
03      // 准备一个缓冲
04      var b bytes.Buffer
05
06      // 将任意值转换为 JSON 并输出到缓冲中
07      if err := writeAny(&b, reflect.ValueOf(v)); err == nil {
08          return b.String(), nil
09      } else {
10          return "", err
11      }
12  }
```

代码说明如下：

- 第 4 行，使用 bytes.Buffer 构建一个缓冲，这个对象类似于其他语言中的 StringBuilder，在大量字符串连接时，推荐使用这个结构。
- 第 7 行，调用 writeAny()函数，将 bytes.Buffer 以指针的方式传入，以方便将各种类型的数据都写入这个 bytes.Buffer 中。同时，将 v 转换为反射值对象并传入。
- 第 8 行，如果没有错误发生时，将 bytes.Buffer 的内容转换为字符串并返回。
- 第 10 行，发生错误时，返回空字符串结果和错误。

MarshalJson()这个函数其实是对 writeAny()函数的一个封装，将外部的 interface{} 类型转换为内部的 reflect.Value 类型，同时构建输出缓冲，将一些复杂的操作简化，方便外部使用。

3. 任意值序列化

writeAny()函数传入一个字节缓冲和反射值对象，将反射值对象转换为 JSON 格式并写入字节缓冲中。参见下面的代码。

代码10-7　任意值序列化（具体文件：.../chapter10/marshaljson/any.go）

```
// 将任意值转换为 JSON 格式并输出到缓冲中
```

```
02 func writeAny(buff *bytes.Buffer, value reflect.Value) error {
03
04     switch value.Kind() {
05     case reflect.String:
06         // 写入带有双引号括起来的字符串
07         buff.WriteString(strconv.Quote(value.String()))
08     case reflect.Int:
09         // 将整型转换为字符串并写入缓冲中
10         buff.WriteString(strconv.FormatInt(value.Int(), 10))
11     case reflect.Slice:
12         return writeSlice(buff, value)
13     case reflect.Struct:
14         return writeStruct(buff, value)
15     default:
16         // 遇到不认识的种类，返回错误
17         return errors.New("unsupport kind: " + value.Kind().String())
18     }
19
20     return nil
21 }
```

代码说明如下：

- 第 4 行，根据传入反射值对象的种类进行判断，如字符串、整型、切片及结构体。
- 第 7 行，当传入值为字符串种类时，使用 reflect.Value 的 String 函数将传入值转换为字符串，再将字符串用双引号括起来，strconv.Quote()函数提供了比较正规的封装。最终使用 bytes.Buffer 的 WriteString()函数，将前面输出的字符串写入缓冲中。
- 第 10 行，当传入值为整型时，使用 reflect.Value 的 Int()函数，将传入值转换为整型，再将整型以十进制格式使用 strconv.FormatInt()函数格式化为字符串，最后写入缓冲中。
- 第 11 行，使用 writeSlice()函数把切片序列化为 JSON 操作。
- 第 14 行，使用 writeStruct()函数把切片序列化为 JSON 操作。
- 第 17 行，遇到不能识别的类型，函数返回错误。

writeAny()函数是整个序列化中非常重要的环节，可以通过扩充 switch 中的种类扩充序列化能识别的类型。

4．切片序列化

writeAny()函数中会调用 writeSlice()函数将切片类型转换为 JSON 格式的字符串并将数据写入缓冲中。参见下面的代码。

代码10-8　切片序列化（具体文件：…/chapter10/marshaljson/slice.go）

```
// 将切片转换为 JSON 格式并输出到缓冲中
func writeSlice(buff *bytes.Buffer, value reflect.Value) error {

    // 写入切片开始标记
    buff.WriteString("[")

    // 遍历每个切片元素
```

```
08      for s := 0; s < value.Len(); s++ {
09          sliceValue := value.Index(s)
10
11          // 写入每个切片元素
12          writeAny(buff, sliceValue)
13
14          //每个元素尾部写入逗号，最后一个字段不添加
15          if s < value.Len()-1 {
16              buff.WriteString(",")
17          }
18      }
19
20      // 写入切片结束标记
21      buff.WriteString("]")
22
23      return nil
24  }
```

代码说明如下：

- 第 5 行和第 21 行分别写入 JSON 数组的开始标识“[”和结束标识“]”。
- 第 8 行和第 9 行，使用 reflect.Value 的 Len()方法和 Index()方法遍历切片的所有元素。Len()方法返回切片的长度，Index()方法根据给定的索引找到对应的索引。
- 第 12 行，通过 reflect.Value 类型的 Index 方法获得 reflect.Value 类型的 sliceValue，再将 sliceValue 传入 writeAny()函数并继续对这个值进行递归序列化。
- 第 15～17 行，JSON 格式规定：每个数组成员由逗号分隔且最后一个元素后不加逗号，这里就是遵守这个规定。

由于 writeAny 的功能较为完善，因此序列化切片只需要添加头尾标识符及元素分隔符就可以了。

5．结构体序列化

在 JSON 格式中，切片是一系列值的序列，以方括号开头和结尾；结构体由键值对组成，以大括号开始和结束。两种结构的元素均以逗号分隔。序列化结构体的过程参见下面的代码。

代码10-9　结构体序列化（具体文件：…/chapter10/marshaljson/struct.go）

```
// 将结构体序列化为 JSON 格式并输出到缓冲中
func writeStruct(buff *bytes.Buffer, value reflect.Value) error {

    // 取值的类型对象
    valueType := value.Type()

    // 写入结构体左大括号
    buff.WriteString("{")

    // 遍历结构体的所有值
    for i := 0; i < value.NumField(); i++ {
```

```
12
13            // 获取每个字段的字段值(reflect.Value)
14            fieldValue := value.Field(i)
15
16            // 获取每个字段的类型(reflect.StructField)
17            fieldType := valueType.Field(i)
18
19            // 写入字段名左双引号
20            buff.WriteString("\"")
21
22            // 写入字段名
23            buff.WriteString(fieldType.Name)
24
25            // 写入字段名右双引号和冒号
26            buff.WriteString("\":")
27
28            // 写入每个字段值
29            writeAny(buff, fieldValue)
30
31            //每个字段尾部写入逗号，最后一个字段不添加
32            if i < value.NumField()-1 {
33                buff.WriteString(",")
34            }
35        }
36
37        // 写入结构体右大括号
38        buff.WriteString("}")
39
40        return nil
41    }
```

代码说明如下：

- 第 5 行，遍历结构体获取值时，习惯性取出反射类型对象。
- 第 8 行和第 38 行，分别写入结构体开头和结尾的标识符。
- 第 11 行，根据 reflect.Value 的 NumField()方法遍历结构体的成员值。
- 第 14 行，获取每一个结构体成员的反射值对象。
- 第 17 行，获取每一个结构体成员的反射类型对象，类型信息必须从类型对象中获取，反射值对象无法提供字段的类型信息，如果尝试从 fieldValue.Type()中获得类型对象，那么取到的是值本身的类型对象，而不是结构体成员类型信息。
- 第 20 行，写入字段左边的双引号，双引号本身需要使用“\”进行转义，从这里开始写入键值对。
- 第 23 行，根据结构体成员类型信息写入字段名。
- 第 26 行，写入字段名右边的双引号和冒号。
- 第 29 行，递归调用任意值序列化函数 writeAny()，将 fieldValue 继续序列化。
- 第 32 行，和切片一样，多个结构体字段间也是以逗号分隔，最后一个字段后面不接逗号。

6．总结

上面例子只支持整型、字符串、切片和结构体类型序列化为 JSON 格式。如果需要扩充类型，可以在 writeAny()函数中添加。程序功能和结构上还有一些不足，例如：

- 没有处理各种异常情况，切片或结构体为空时应该提前判断，否则会触发宕机。
- 可以支持结构体标签（Struct Tag），方便自定义 JSON 的键名及忽略某些字段的序列化过程，避免这些字段被序列化到 JSON 中。
- 支持缩进且可以自定义缩进字符，将 JSON 序列化后的内容格式化，方便查看。
- 默认应该序列化为[]byte 字节数组，外部自己转换为字符串。在大部分的使用中，JSON 一般以字节数组方式解析、存储、传输，很少以字符串方式解析，因此避免字节数组和字符串的转换可以提高一些性能。

上面程序中没有实现和不完善的地方，读者可以自行完善和实现，以增强对反射的认识。

第 11 章 编译与工具

Go 语言的工具链非常丰富，从获取源码、编译、文档、测试、性能分析，到源码格式化、源码提示、重构工具等应有尽有。在 Go 语言中可以使用测试框架编写单元测试，使用统一的命令行即可测试及输出测试报告的工作。基准测试提供可自定义的计时器和一套基准测试算法，能方便快速地分析一段代码可能存在的 CPU 耗用和内存分配问题。性能分析工具可以将程序的 CPU 耗用、内存分配、竞态问题以图形化方式展现出来。

11.1 编译（go build）

Go 语言的编译速度非常快。Go 1.9 版本后默认利用 Go 语言的并发特性进行函数粒度的并发编译。

Go 语言的程序编写基本以源码方式，无论是自己的代码还是第三方代码，并且以 GOPATH 作为工作目录和一套完整的工程目录规则。因此 Go 语言中日常编译时无须像 C++一样配置各种包含路径、链接库地址等。

Go 语言中使用 go build 指令将源码编译为可执行文件。go build 有很多种编译方法，如无参数编译、文件列表编译、指定包编译等，使用这些方法都可以输出可执行文件。

11.1.1 go build 无参数编译

本节需要用到的代码请参考代码 11-1。

代码11-1 多文件编译（具体目录：…/chapter11/gobuild）

相对于 GOPATH 的目录关系如下：

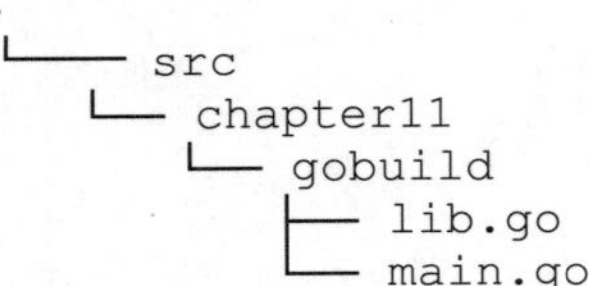

main.go 代码如下：

```
package main
```

```
import (
    "fmt"
)

func main() {

    // 同包的函数
    pkgFunc()

    fmt.Println("hello world")
}
```

lib.go 代码如下：

```
package main

import "fmt"

func pkgFunc() {
    fmt.Println("call pkgFunc")
}
```

如果源码中没有依赖 GOPATH 的包引用，那么这些源码可以使用无参数 go build。格式如下：

```
go build
```

在 code11-1 目录下使用 go build，代码如下：

```
01  $ cd src/chapter11/gobuild/
02  $ go build
03  $ ls
04  gobuild  lib.go  main.go
05  $ ./gobuild
06  call pkgFunc
07  hello world
```

命令行指令和输出说明如下：

- 第 1 行，转到本例源码目录下。
- 第 2 行，go build 在编译开始时，会搜索当前目录的 go 源码。这个例子中，go build 会找到 lib.go 和 main.go 两个文件。编译这两个文件后，生成当前目录名的可执行文件并放置于当前目录下，这里的可执行文件是 gobuild。
- 第 3 行和第 4 行，列出当前目录的文件，编译成功，输出 gobuild 可执行文件。
- 第 5 行，运行当前目录的可执行文件 gobuild。
- 第 6 行和第 7 行，执行 gobuild 后的输出内容。

11.1.2　go build+文件列表

编译同目录的多个源码文件时，可以在 go build 的后面提供多个文件名，go build 会编译这些源码，输出可执行文件，go build+文件列表的格式如下：

```
go build file1.go file2.go……
```

在代码 11-1 的目录中使用 go build，在 go build 后添加要编译的源码文件名，代码如下：

```
01  $ go build main.go lib.go
02  $ ls
03  lib.go  main  main.go
04  $ ./main
05  call pkgFunc
06  hello world
07  $ go build lib.go main.go
08  $ ls
09  lib  lib.go  main  main.go
```

命令行指令和输出说明如下：

- 第 1 行在 go build 后添加文件列表，选中需要编译的 Go 源码。
- 第 2 行和第 3 行列出完成编译后的当前目录的文件。这次的可执行文件名变成了 main。
- 第 4～6 行，执行 main 文件，得到期望输出。
- 第 7 行，尝试调整文件列表的顺序，将 lib.go 放在列表的首位。
- 第 8 行和第 9 行，编译结果中出现了 lib 可执行文件。

提示： 使用“go build+文件列表”方式编译时，可执行文件默认选择文件列表中第一个源码文件作为可执行文件名输出。

如果需要指定输出可执行文件名，可以使用-o 参数，参见下面的例子：

```
$ go build -o myexec main.go lib.go
$ ls
lib.go  main.go  myexec
$ ./myexec
call pkgFunc
hello world
```

上面代码中，在 go build 和文件列表之间插入了-o myexec 参数，表示指定输出文件名为 myexec。

注意： 使用“go build+文件列表”编译方式编译时，文件列表中的每个文件必须是同一个包的 Go 源码。也就是说，不能像 C++语言一样，将所有工程的 Go 源码使用文件列表方式进行编译。编译复杂工程时需要用“指定包编译”的方式。

“go build+文件列表”方式更适合使用 Go 语言编写的只有少量文件的工具。

11.1.3 go build +包

“go build+包”在设置 GOPATH 后，可以直接根据包名进行编译，即便包内文件被增（加）删（除）也不影响编译指令。

1. 代码位置及源码

代码11-2　包编译（具体目录：.../chapter11/goinstall）

相对于 GOPATH 的目录关系如下：

```
.
└── src
    └── chapter11
        └──goinstall
            ├── main.go
            └── mypkg
                └── mypkg.go
```

main.go 代码如下：

```
package main

import (
    "chapter11/goinstall/mypkg"
    "fmt"
)

func main() {

    mypkg.CustomPkgFunc()

    fmt.Println("hello world")
}
```

mypkg.go 代码如下：

```
package mypkg

import "fmt"

func CustomPkgFunc() {
    fmt.Println("call CustomPkgFunc")
}
```

2. 按包编译命令

执行以下命令将按包方式编译 goinstall 代码：

```
01  $ export GOPATH=/home/davy/golangbook/code
02  $ go build -o main chapter11/goinstall
03  $ ./goinstall
04  call CustomPkgFunc
05  hello world
```

代码说明如下：

- 第 1 行，设置环境变量 GOPATH，这里的路径是笔者的目录，可以根据实际目录来设置 GOPATH。
- 第 2 行，-o 执行指定输出文件为 main，后面接要编译的包名。包名是相对于 GOPATH

下的 src 目录开始的。

- 第 3～5 行，编译成功，执行 main 后获得期望的输出。

读者在参考这个例子编译代码时，需要将 GOPATH 更换为自己的目录。注意 GOPATH 下的目录结构，源码必须放在 GOPATH 下的 src 目录下。所有目录中不要包含中文。

11.1.4 go build 编译时的附加参数

go build 还有一些附加参数，可以显示更多的编译信息和更多的操作，详见表 11-1 所示。

表 11-1 go build编译时的附加参数

附加参数	备 注
-v	编译时显示包名
-p n	开启并发编译，默认情况下该值为CPU逻辑核数
-a	强制重新构建
-n	打印编译时会用到的所有命令，但不真正执行
-x	打印编译时会用到的所有命令
-race	开启竞态检测

表 11-1 中的附加参数按使用频率排列，读者可以根据需要选择使用。

11.2 编译后运行（go run）

Python 或者 Lua 语言可以在不输出二进制的情况下，将代码使用虚拟机直接执行。Go 语言虽然不使用虚拟机，但可使用 go run 指令达到同样的效果。

go run 命令会编译源码，并且直接执行源码的 main()函数，不会在当前目录留下可执行文件。

下面我们准备一个 main.go 的文件来观察 go run 的运行结果，源码如下：

```
package main

import (
    "fmt"
    "os"
)

func main() {

    fmt.Println("args:", os.Args)
}
```

这段代码的功能是将输入的参数打印出来。使用 go run 运行这个源码文件，命令如下：

```
$ go run main.go --filename xxx.go
args: [/tmp/go-build006874658/command-line-arguments/_obj/exe/main
--filename xxx.go]
```

go run 不会在运行目录下生成任何文件，可执行文件被放在临时文件中被执行，工作目录被设置为当前目录。在 go run 的后部可以添加参数，这部分参数会作为代码可以接受的命令行输入提供给程序。

go run 不能使用“go run + 包”的方式进行编译，如需快速编译运行包，需要使用如下步骤来代替：

（1）使用 go build 生成可执行文件。

（2）运行可执行文件。

11.3　编译并安装（go install）

go install 的功能和 go build 类似，附加参数绝大多数都可以与 go build 通用。go install 只是将编译的中间文件放在 GOPATH 的 pkg 目录下，以及固定地将编译结果放在 GOPATH 的 bin 目录下。

使用 go install 来执行代码 11-2，参考下面的 shell：

```
$ export GOPATH=/home/davy/golangbook/code
$ go install chapter11/goinstall
```

编译完成后的目录结构如下：

```
.
├── bin
│   └── goinstall
├── pkg
│   └── linux_amd64
│       └── chapter11
│           └── goinstall
│               └── mypkg.a
└── src
    └── chapter11
        ├── gobuild
        │   ├── lib.go
        │   └── main.go
        └── goinstall
            ├── main.go
            └── mypkg
                └── mypkg.go
```

go install 的编译过程有如下规律：

- go install 是建立在 GOPATH 上的，无法在独立的目录里使用 go install。
- GOPATH 下的 bin 目录放置的是使用 go install 生成的可执行文件，可执行文件的名称来自于编译时的包名。

- go install 输出目录始终为 GOPATH 下的 bin 目录，无法使用-o 附加参数进行自定义。
- GOPATH 下的 pkg 目录放置的是编译期间的中间文件。

11.4 一键获取代码、编译并安装（go get）

go get 可以借助代码管理工具通过远程拉取或更新代码包及其依赖包，并自动完成编译和安装。整个过程就像安装一个 App 一样简单。

使用 go get 前，需要安装与远程包匹配的代码管理工具，如 Git、SVN、HG 等，参数中需要提供一个包名。

11.4.1 远程包的路径格式

Go 语言的代码被托管于 Github.com 网站，该网站是基于 Git 代码管理工具的，很多有名的项目都在该网站托管代码。其他类似的托管网站还有 code.google.com、bitbucket.org 等。

这些网站的项目包路径都有一个共同的标准，参见图 11-1 所示。

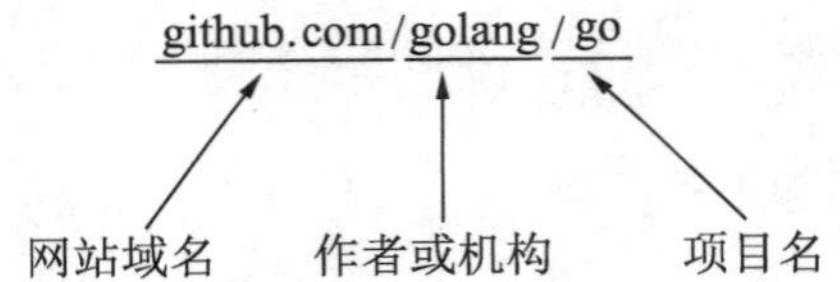

图 11-1 远程包路径格式

图 11-1 中的远程包路径是 Go 语言的源码，这个路径共由 3 个部分组成。

- 网站域名：表示代码托管的网站，类似于电子邮件@后面的服务器地址。
- 作者或机构：表明这个项目的归属，一般为网站的用户名，如果需要找到这个作者下的所有项目，可以直接在网站上通过搜索“域名/作者”进行查看。这部分类似于电子邮件@前面的部分。
- 项目名：每个网站下的作者或机构可能会同时拥有很多的项目，图 11-1 中标示的部分表示项目名称。

11.4.2 go get + 远程包

默认情况下，go get 可以直接使用。例如，想获取 go 的源码并编译，使用下面的命令行即可：

```
$ go get github.com/davyxu/cellnet
```

获取前，请确保 GOPATH 已经设置。Go 1.8 版本之后，GOPATH 默认在用户目录的 go 文件夹下。

cellnet 只是一个网络库，并没有可执行文件，因此在 go get 操作成功后 GOPATH 下的 bin 目录下不会有任何编译好的二进制文件。

需要测试获取并编译二进制的，可以尝试下面的这个命令。当获取完成后，就会自动在 GOPATH 的 bin 目录下生成编译好的二进制文件。

```
$ go get github.com/davyxu/tabtoy
```

11.4.3　go get 使用时的附加参数

使用 go get 时可以配合附加参数显示更多的信息及实现特殊的下载和安装操作，详见表 11-2 所示。

表 11-2　go get使用时的附加参数

附加参数	备　注
-v	显示操作流程的日志及信息，方便检查错误
-u	下载丢失的包，但不会更新已经存在的包
-d	只下载，不安装
-insecure	允许使用不安全的HTTP方式进行下载操作

11.5　测试（go test）

Go 语言拥有一套单元测试和性能测试系统，仅需要添加很少的代码就可以快速测试一段需求代码。

性能测试系统可以给出代码的性能数据，帮助测试者分析性能问题。

提示： 单元测试（unit testing），是指对软件中的最小可测试单元进行检查和验证。对于单元测试中单元的含义，一般要根据实际情况去判定其具体含义，如 C 语言中单元指一个函数，Java 里单元指一个类，图形化的软件中可以指一个窗口或一个菜单等。总的来说，单元就是人为规定的最小的被测功能模块。单元测试是在软件开发过程中要进行的最低级别的测试活动，软件的独立单元将在与程序的其他部分相隔离的情况下进行测试。

11.5.1　单元测试——测试和验证代码的框架

要开始一个单元测试，需要准备一个 go 源码文件，在命名文件时需要让文件必须以

_test 结尾。

单元测试源码文件可以由多个测试用例组成，每个测试用例函数需要以 Test 为前缀，例如：

```
func TestXXX( t *testing.T )
```

- 测试用例文件不会参与正常源码编译，不会被包含到可执行文件中。
- 测试用例文件使用 go test 指令来执行，没有也不需要 main()作为函数入口。所有在以_test 结尾的源码内以 Test 开头的函数会自动被执行。
- 测试用例可以不传入*testing.T 参数。

代码11-3　helloworld的测试代码（具体文件：.../chapter11/gotest/helloworld_test.go）

```
01  package code11_3
02
03  import "testing"
04
05  func TestHelloWorld(t *testing.T) {
06      t.Log("hello world")
07  }
```

代码说明如下：

- 第 5 行，单元测试文件(*_test.go)里的测试入口必须以 Test 开始，参数为*testing.T 的函数。一个单元测试文件可以有多个测试入口。
- 第 6 行，使用 testing 包的 T 结构提供的 Log()方法打印字符串。

1. 单元测试命令行

单元测试使用 go test 命令启动，例如：

```
01  $ go test helloworld_test.go
02  ok  command-line-arguments 0.003s
03  $ go test -v helloworld_test.go
04  === RUN   TestHelloWorld
05  --- PASS: TestHelloWorld (0.00s)
06      helloworld_test.go:8: hello world
07  PASS
08  ok  command-line-arguments 0.004s
```

代码说明如下：

- 第 1 行，在 go test 后跟 helloworld_test.go 文件，表示测试这个文件里的所有测试用例。
- 第 2 行，显示测试结果，ok 表示测试通过，command-line-arguments 是测试用例需要用到的一个包名，0.003s 表示测试花费的时间。
- 第 3 行，显示在附加参数中添加了-v，可以让测试时显示详细的流程。
- 第 4 行，表示开始运行名叫 TestHelloWorld 的测试用例。
- 第 5 行，表示已经运行完 TestHelloWorld 的测试用例，PASS 表示测试成功。
- 第 6 行打印字符串 hello world。

2. 运行指定单元测试用例

go test 指定文件时默认执行文件内的所有测试用例。可以使用-run 参数选择需要的测试用例单独执行，参考下面的代码。

代码11-4　一个文件包含多个测试用例（具体文件：.../chapter11/gotest/select_test.go）

```
package code11_3

import "testing"

func TestA(t *testing.T) {
    t.Log("A")
}

func TestAK(t *testing.T) {
    t.Log("AK")
}

func TestB(t *testing.T) {
    t.Log("B")
}

func TestC(t *testing.T) {
    t.Log("C")
}
```

这里指定 TestA 进行测试：

```
$ go test -v -run TestA select_test.go
=== RUN   TestA
--- PASS: TestA (0.00s)
    select_test.go:6: A
=== RUN   TestAK
--- PASS: TestAK (0.00s)
    select_test.go:10: AK
PASS
ok  command-line-arguments 0.003s
```

TestA 和 TestAK 的测试用例都被执行，原因是-run 跟随的测试用例的名称支持正则表达式，使用-run TestA$即可只执行 TestA 测试用例。

3. 标记单元测试结果

当需要终止当前测试用例时，可以使用 FailNow，参考下面的代码。

代码11-5　测试结果标记（具体目录：.../chapter11/gotest/fail_test.go）

```
func TestFailNow(t *testing.T) {
    t.FailNow()
}
```

还有一种只标记错误不终止测试的方法，代码如下：

```
func TestFail(t *testing.T) {
```

```
02
03      fmt.Println("before fail")
04
05      t.Fail()
06
07      fmt.Println("after fail")
08  }
```

测试结果如下：

```
=== RUN   TestFail
before fail
after fail
--- FAIL: TestFail (0.00s)
FAIL
exit status 1
FAIL    command-line-arguments 0.002s
```

从日志中看出，第 5 行调用 Fail()后测试结果标记为失败，但是第 7 行依然被程序执行了。

4. 单元测试日志

每个测试用例可能并发执行，使用 testing.T 提供的日志输出可以保证日志跟随这个测试上下文一起打印输出。testing.T 提供了几种日志输出方法，详见表 11-3 所示。

表 11-3 单元测试框架提供的日志方法

方　法	备　注
Log	打印日志，同时结束测试
Logf	格式化打印日志，同时结束测试
Error	打印错误日志，同时结束测试
Errorf	格式化打印错误日志，同时结束测试
Fatal	打印致命日志，同时结束测试
Fatalf	格式化打印致命日志，同时结束测试

开发者可以根据实际需要选择合适的日志。

11.5.2 基准测试——获得代码内存占用和运行效率的性能数据

基准测试可以测试一段程序的运行性能及耗费 CPU 的程度。Go 语言中提供了基准测试框架，使用方法类似于单元测试，使用者无须准备高精度的计时器和各种分析工具，基准测试本身即可以打印出非常标准的测试报告。

1. 基础测试基本使用

下面通过一个例子来了解基准测试的基本使用方法。

代码11-6　基准测试（具体文件：.../chapter11/gotest/benchmark_test.go）

```
01  package code11_3
02
03  import "testing"
04
05  func Benchmark_Add(b *testing.B) {
06      var n int
07      for i := 0; i < b.N; i++ {
08          n++
09      }
10  }
```

这段代码使用基准测试框架测试加法性能。第 7 行中的 b.N 由基准测试框架提供。测试代码需要保证函数可重入性及无状态，也就是说，测试代码不使用全局变量等带有记忆性质的数据结构。避免多次运行同一段代码时的环境不一致，不能假设 *N* 值范围。

使用如下命令行开启基准测试：

```
01  $ go test -v -bench=. benchmark_test.go
02  goos: linux
03  goarch: amd64
04  Benchmark_Add-4     2000000000          0.33 ns/op
05  PASS
06  ok  command-line-arguments 0.700s
```

代码说明如下：

- 第 1 行的-bench=.表示运行 benchmark_test.go 文件里的所有基准测试，和单元测试中的-run 类似。
- 第 4 行中显示基准测试名称，2000000000 表示测试的次数，也就是 testing.B 结构中提供给程序使用的 *N*。“0.33 ns/op”表示每一个操作耗费多少时间（纳秒）。

注意：Windows 下使用 go test 命令行时，-bench=.应写为-bench="."

2. 基准测试原理

基准测试框架对一个测试用例的默认测试时间是 1 秒。开始测试时，当以 Benchmark 开头的基准测试用例函数返回时还不到 1 秒，那么 testing.B 中的 *N* 值将按 1、2、5、10、20、50……递增，同时以递增后的值重新调用基准测试用例函数。

3. 自定义测试时间

通过-benchtime 参数可以自定义测试时间，例如：

```
$ go test -v -bench=. -benchtime=5s benchmark_test.go
goos: linux
goarch: amd64
Benchmark_Add-4     10000000000          0.33 ns/op
PASS
ok  command-line-arguments 3.380s
```

4．测试内存

基准测试可以对一段代码可能存在的内存分配进行统计，下面是一段使用字符串格式化的函数，内部会进行一些分配操作。

```
func Benchmark_Alloc(b *testing.B) {

    for i := 0; i < b.N; i++ {
        fmt.Sprintf("%d", i)
    }
}
```

在命令行中添加-benchmem 参数以显示内存分配情况，参见下面的指令：

```
01  $ go test -v -bench=Alloc -benchmem benchmark_test.go
02  goos: linux
03  goarch: amd64
04  Benchmark_Alloc-4 20000000 109 ns/op 16 B/op 2 allocs/op
05  PASS
06  ok  command-line-arguments 2.311s
```

代码说明如下：

- 第 1 行的代码中-bench 后添加了 Alloc，指定只测试 Benchmark_Alloc()函数。
- 第 4 行代码的“16 B/op”表示每一次调用需要分配 16 个字节，“2 allocs/op”表示每一次调用有两次分配。

开发者根据这些信息可以迅速找到可能的分配点，进行优化和调整。

5．控制计时器

有些测试需要一定的启动和初始化时间，如果从 Benchmark()函数开始计时会很大程度上影响测试结果的精准性。testing.B 提供了一系列的方法可以方便地控制计时器，从而让计时器只在需要的区间进行测试。我们通过下面的代码来了解计时器的控制。

代码11-7　基准测试中的计时器控制（具体目录：.../chapter11/gotest/benchmark_test.go）

```
func Benchmark_Add_TimerControl(b *testing.B) {

    // 重置计时器
    b.ResetTimer()

    // 停止计时器
    b.StopTimer()

    // 开始计时器
    b.StartTimer()

    var n int
    for i := 0; i < b.N; i++ {
        n++
    }
}
```

从 Benchmark()函数开始，Timer 就开始计数。StopTimer()可以停止这个计数过程，做一些耗时的操作，通过 StartTimer()重新开始计时。ResetTimer()可以重置计数器的数据。

计数器内部不仅包含耗时数据，还包括内存分配的数据。

11.6　性能分析（go pprof）——发现代码性能问题的调用位置

Go 语言工具链中的 go pprof 可以帮助开发者快速分析及定位各种性能问题，如 CPU 消耗、内存分配及阻塞分析。

性能分析首先需要使用 runtime.pprof 包嵌入到待分析程序的入口和结束处。runtime.pprof 包在运行时对程序进行每秒 100 次的采样，最少采样 1 秒。然后将生成的数据输出，让开发者写入文件或者其他媒介上进行分析。

go pprof 工具链配合 Graphviz 图形化工具可以将 runtime.pprof 包生成的数据转换为 PDF 格式，以图片的方式展示程序的性能分析结果。

11.6.1　安装第三方图形化显式分析数据工具（Graphviz）

Graphviz 是一套通过文本描述的方法生成图形的工具包。描述文本的语言叫做 DOT。

在 www.graphviz.org 网站可以获取到最新的 Graphviz 各平台的安装包。

CentOS 下，可以使用 yum 指令直接安装：

```
$ yum install graphiviz
```

11.6.2　安装第三方性能分析来分析代码包

runtime.pprof 提供基础的运行时分析的驱动，但是这套接口使用起来还不是太方便，例如：

- 输出数据使用 io.Writer 接口，虽然扩展性很强，但是对于实际使用不够方便，不支持写入文件。
- 默认配置项较为复杂。

很多第三方的包在系统包 runtime.pprof 的技术上进行便利性封装，让整个测试过程更为方便。这里使用 github.com/pkg/profile 包进行例子展示，使用下面代码安装这个包：

```
$ go get github.com/pkg/profile
```

11.6.3　性能分析代码

下面代码故意制造了一个性能问题，同时使用 github.com/pkg/profile 包进行性能分析。

cpu.go 中的代码如下：

代码11-8　基准测试（具体文件：.../chapter11/profile/cpu.go）

```
01  package main
02
03  import (
04      "github.com/pkg/profile"
05      "time"
06  )
07
08  func joinSlice() []string {
09
10      var arr []string
11
12      for i := 0; i < 100000; i++ {
13          // 故意造成多次的切片添加（append）操作，由于每次操作可能会有内存重新分配和移动，性能较低
14          arr = append(arr, "arr")
15      }
16
17      return arr
18  }
19
20  func main() {
21      // 开始性能分析，返回一个停止接口
22      stopper := profile.Start(profile.CPUProfile, profile.ProfilePath("."))
23
24      // 在 main()结束时停止性能分析
25      defer stopper.Stop()
26
27      // 分析的核心逻辑
28      joinSlice()
29
30      // 让程序至少运行 1 秒
31      time.Sleep(time.Second)
32  }
```

代码说明如下：

- 第 4 行，引用 github.com/pkg/profile 第三方包封装。
- 第 14 行，为了进行性能分析，这里在已知元素大小的情况下，还是使用 append() 函数不断地添加切片。性能较低，在实际中应该避免，这里为了性能分析，故意这样写。
- 第 22 行，使用 profile.Start 调用 github.com/pkg/profile 包的开启性能分析接口。这个 Start 函数的参数都是可选项，这里需要指定的分析项目是 profile.CPUProfile，也就是 CPU 耗用。profile.ProfilePath(" . ")指定输出的分析文件路径，这里指定为当前文件夹。profile.Start()函数会返回一个 Stop 接口，方便在程序结束时结束性能分析。
- 第 25 行，使用 defer，将性能分析在 main()函数结束时停止。

- 第 28 行，开始执行分析的核心。
- 第 31 行，为了保证性能分析数据的合理性，分析的最短时间是 1 秒，使用 time.Sleep() 在程序结束前等待 1 秒。如果你的程序默认可以运行 1 秒以上，这个等待可以去掉。

性能分析需要可执行配合才能生成分析结果，因此使用命令行对程序进行编译，代码如下：

```
01  $ go build -o cpu cpu.go
02  $ ./cpu
03  $ go tool pprof --pdf cpu cpu.pprof > cpu.pdf
```

代码说明如下：

- 第 1 行将 cpu.go 编译为可执行文件 cpu。
- 第 2 行运行可执行文件，在当前目录输出 cpu.pprof 文件。
- 第 3 行，使用 go tool 工具链输入 cpu.pprof 和 cpu 可执行文件，生成 PDF 格式的输出文件，将输出文件重定向为 cpu.pdf 文件。这个过程中会调用 Graphviz 工具，Windows 下需将 Graphviz 的可执行目录添加到环境变量 PATH 中。

最终生成 cpu.pdf 文件，使用 PDF 查看器打开文件，观察后发现图 11-2 所示的某个地方可能存在瓶颈。

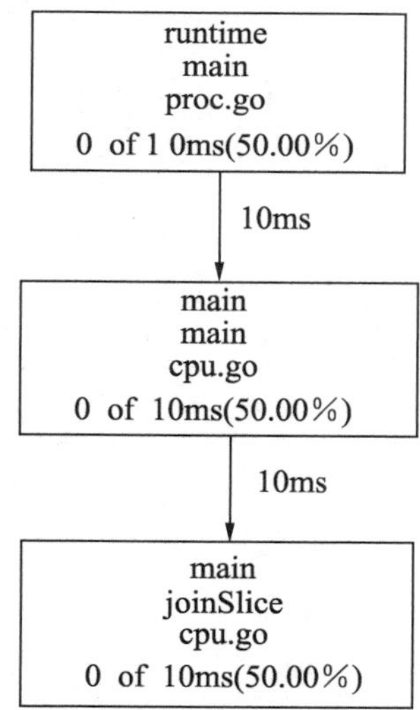

图 11-2　性能分析

图 11-2 中的每一个框为一个函数调用的路径，第 3 个方框中 joinSlice 函数耗费了 50% 的 CPU 时间，存在性能瓶颈。重新优化代码，在已知切片元素数量的情况下直接分配内存，代码如下：

```
func joinSlice() []string {

    const count = 100000

```

```
05      var arr []string = make([]string, count)
06
07      for i := 0; i < count; i++ {
08          arr[i] = "arr"
09      }
10
11      return arr
12  }
```

代码说明如下：

- 第 5 行，将切片预分配 count 个数量，避免之前使用 append()函数的多次分配。
- 第 8 行，预分配后，直接对每个元素进行直接赋值。

重新运行上面的代码进行性能分析，最终得到的 cpu.pdf 中将不会再有耗时部分。

第 12 章 “避坑”与技巧

任何编程语言都不是完美的，Go 语言也是如此。Go 语言的某些特性在使用时如果不注意，也会造成一些错误，我们习惯上将这些造成错误的设计称为“坑”。

Go 语言的一些设计也具有与其他编程语言不一样的特性，能优雅、简单、高效地解决一些其他语言难以解决的问题。

本章将会对 Go 语言设计上可能发生错误的地方及 Go 语言本身的使用技巧进行总结和归纳。

12.1 合理地使用并发特性

Go 语言原生支持并发是被众人津津乐道的特性。goroutine 早期是 Inferno 操作系统的一个试验性特性，而现在这个特性与操作系统一起，将开发变得越来越简单。

很多刚开始使用 Go 语言开发的人都很喜欢使用并发特性，而没有考虑并发是否真正能解决他们的问题。

12.1.1 了解 goroutine 的生命期时再创建 goroutine

在 Go 语言中，开发者习惯将并发内容与 goroutine 一一对应地创建 goroutine。开发者很少会考虑 goroutine 在什么时候能退出和控制 goroutine 生命期，这就会造成 goroutine 失控的情况。下面来看一段代码。

代码12-1 失控的goroutine（具体文件：…/chapter12/overcreatechan/overcreatechan.go）

```
package main

import (
    "fmt"
    "runtime"
)

// 一段耗时的计算函数
func consumer(ch chan int) {

    // 无限获取数据的循环
```

```
12      for {
13
14          // 从通道获取数据
15          data := <-ch
16
17          // 打印数据
18          fmt.Println(data)
19      }
20
21  }
22
23  func main() {
24
25      // 创建一个传递数据用的通道
26      ch := make(chan int)
27
28      for {
29
30          // 空变量，什么也不做
31          var dummy string
32
33          // 获取输入，模拟进程持续运行
34          fmt.Scan(&dummy)
35
36          // 启动并发执行 consumer()函数
37          go consumer(ch)
38
39          // 输出现在的 goroutine 数量
40          fmt.Println("goroutines:", runtime.NumGoroutine())
41      }
42
43  }
```

代码说明如下：

- 第 9 行，consumer()函数模拟平时业务中放到 goroutine 中执行的耗时操作。该函数从其他 goroutine 中获取和接收数据或者指令，处理后返回结果。
- 第 12 行，需要通过无限循环不停地获取数据。
- 第 15 行，每次从通道中获取数据。
- 第 18 行，模拟处理完数据后的返回数据。
- 第 26 行，创建一个整型通道。
- 第 34 行，使用 fmt.Scan()函数接收数据时，需要提供变量地址。如果输入匹配的变量类型，将会成功赋值给变量。
- 第 37 行，启动并发执行 consumer()函数，并传入 ch 通道。
- 第 40 行，每启动一个 goroutine，使用 runtime.NumGoroutine 检查进程创建的 goroutine 数量总数。

运行程序，每输入一个字符串+回车，将会创建一个 goroutine，结果如下：

```
a
```

```
goroutines: 2
b
goroutines: 3
c
goroutines: 4
```

注意，结果中 a、b、c 为通过键盘输入的字符，其他为打印字符。

这个程序实际在模拟一个进程根据需要创建 goroutine 的情况。运行后，问题已经被暴露出来：随着输入的字符串越来越多，goroutine 将会无限制地被创建，但并不会结束。这种情况如果发生在生产环境中，将会造成内存大量分配，最终使进程崩溃。现实的情况也许比这段代码更加隐蔽：也许你设置了一个退出的条件，但是条件永远不会被满足或者触发。

为了避免这种情况，在这个例子中，需要为 consumer()函数添加合理的退出条件，修改代码后如下：

```
package main

import (
    "fmt"
    "runtime"
)

// 一段耗时的计算函数
func consumer(ch chan int) {

    // 无限获取数据的循环
    for {

        // 从通道获取数据
        data := <-ch

        if data == 0 {
            break
        }

        // 打印数据
        fmt.Println(data)
    }

    fmt.Println("goroutine exit")
}

func main() {

    // 传递数据用的通道
    ch := make(chan int)

    for {

        // 空变量，什么也不做
        var dummy string
```

```
37
38          // 获取输入，模拟进程持续运行
39          fmt.Scan(&dummy)
40
41          if dummy == "quit" {
42
43              for i := 0; i < runtime.NumGoroutine()-1; i++ {
44                  ch <- 0
45              }
46
47              continue
48          }
49
50          // 启动并发执行 consumer()函数
51          go consumer(ch)
52
53          // 输出现在的 goroutine 数量
54          fmt.Println("goroutines:", runtime.NumGoroutine())
55      }
56  }
```

代码中加粗部分是新添加的代码，具体说明如下：

- 第 17 行，为无限循环设置退出条件，这里设置 0 为退出。
- 第 41 行，当命令行输入 quit 时，进入退出处理的流程。
- 第 43 行，runtime.NumGoroutine 返回一个进程的所有 goroutine 数，main()的 goroutine 也被算在里面。因此需要扣除 main()的 goroutine 数。剩下的 goroutine 为实际创建的 goroutine 数，对这些 goroutine 进行遍历。
- 第 44 行，并发开启的 goroutine 都在竞争获取通道中的数据，因此只要知道有多少个 goroutine 需要退出，就给通道里发多少个 0。

修改程序并运行，结果如下：

```
a
goroutines: 2
b
goroutines: 3
quit
goroutine exit
goroutine exit
c
goroutines: 2
```

12.1.2 避免在不必要的地方使用通道

通道（channel）和 map、切片一样，也是由 Go 源码编写而成。为了保证两个 goroutine 并发访问的安全性，通道也需要做一些锁操作，因此通道其实并不比锁高效。

下面的例子展示套接字的接收和并发管理。对于 TCP 来说，一般是接收过程创建 goroutine 并发处理。当套接字结束时，就要正常退出这些 goroutine。

本节完整例子参见以下代码示例。

代码12-2 退出通知（具体文件：.../chapter12/exitnotify/exitnotify.go）

1．套接字接收部分

套接字在连接后，就需要不停地接收数据，代码如下：

```
01 // 套接字接收过程
02 func socketRecv(conn net.Conn, exitChan chan string) {
03
04      // 创建一个接收的缓冲
05      buff := make([]byte, 1024)
06
07      // 不停地接收数据
08      for {
09
10          // 从套接字中读取数据
11          _, err := conn.Read(buff)
12
13          // 需要结束接收，退出循环
14          if err != nil {
15              break
16          }
17
18      }
19
20      // 函数已经结束，发送通知
21      exitChan <- "recv exit"
22 }
```

代码说明如下：

- 第 2 行传入的 net.Conn 是套接字的接口，exitChan 为退出发送同步通道。
- 第 5 行为套接字的接收数据创建一个缓冲。
- 第 8 行构建一个接收的循环，不停地接收数据。
- 第 11 行，从套接字中取出数据。这个例子中，不关注具体接收到的数据，只是关注错误，这里将接收到的字节数做匿名处理。
- 第 14 行，当套接字调用了 Close 方法时，会触发错误，这时需要结束接收循环。
- 第 21 行，结束函数时，与函数绑定的 goroutine 会同时结束，此时需要通知 main() 的 goroutine。

2．连接、关闭、同步goroutine主流程部分

下面代码中尝试使用套接字的 TCP 协议连接一个网址，连接上后，进行数据接收，等待一段时间后主动关闭套接字，等待套接字所在的 goroutine 自然结束，代码如下：

```
func main() {

    // 连接一个地址
```

```
04      conn, err := net.Dial("tcp", "www.163.com:80")
05
06      // 发生错误时打印错误退出
07      if err != nil {
08          fmt.Println(err)
09          return
10      }
11
12      // 创建退出通道
13      exit := make(chan string)
14
15      // 并发执行套接字接收
16      go socketRecv(conn, exit)
17
18      // 在接收时，等待 1 秒
19      time.Sleep(time.Second)
20
21      // 主动关闭套接字
22      conn.Close()
23
24      // 等待 goroutine 退出完毕
25      fmt.Println(<-exit)
26  }
```

代码说明如下：

- 第 4 行，使用 net.Dial 发起 TCP 协议的连接，调用函数就会发送阻塞直到连接超时或者连接完成。
- 第 7 行，如果连接发生错误，将会打印错误并退出。
- 第 13 行，创建一个通道用于退出信号同步，这个通道会在接收用的 goroutine 中使用。
- 第 16 行，并发执行接收函数，传入套接字和用于退出通知的通道。
- 第 19 行，接收需要一个过程，使用 time.Sleep()等待一段时间。
- 第 22 行，主动关闭套接字，此时会触发套接字接收错误。
- 第 25 行，从 exit 通道接收退出数据，也就是等待接收 goroutine 结束。

在这个例子中，goroutine 退出使用通道来通知，这种做法可以解决问题，但是实际上通道中的数据并没有完全使用。

3. 优化：使用等待组替代通道简化同步

通道的内部实现代码在 Go 语言开发包的 src/runtime/chan.go 中，经过分析后大概了解到通道也是用常见的互斥量等进行同步。因此通道虽然是一个语言级特性，但也不是被神化的特性，通道的运行和使用都要比传统互斥量、等待组（sync.WaitGroup）有一定的消耗。

所以在这个例子中，更建议使用等待组来实现同步，调整后的代码如下：

```
package main

import (
    "fmt"
```

```
    "net"
    "sync"
    "time"
)

// 套接字接收过程
func socketRecv(conn net.Conn, wg *sync.WaitGroup) {

    // 创建一个接收的缓冲
    buff := make([]byte, 1024)

    // 不停地接收数据
    for {

        // 从套接字中读取数据
        _, err := conn.Read(buff)

        // 需要结束接收，退出循环
        if err != nil {
            break
        }

    }

    // 函数已经结束，发送通知
    wg.Done()
}

func main() {

    // 连接一个地址
    conn, err := net.Dial("tcp", "www.163.com:80")

    // 发生错误时打印错误退出
    if err != nil {
        fmt.Println(err)
        return
    }

    // 退出通道
    var wg sync.WaitGroup

    // 添加一个任务
    wg.Add(1)

    // 并发执行接收套接字
    go socketRecv(conn, &wg)

    // 在接收时，等待 1 秒
    time.Sleep(time.Second)

    // 主动关闭套接字
    conn.Close()
```

```
58
59      // 等待 goroutine 退出完毕
60      wg.Wait()
61      fmt.Println("recv done")
62  }
```

调整后的代码说明如下：

- 第 45 行，声明退出同步用的等待组。
- 第 48 行，为等待组的计数器加 1，表示需要完成一个任务。
- 第 51 行，将等待组的指针传入接收函数。
- 第 60 行，等待等待组的完成，完成后打印提示。
- 第 30 行，接收完成后，使用 wg.Done()方法将等待组计数器减一。

12.2 反射：性能和灵活性的双刃剑

现在的一些流行设计思想需要建立在反射基础上，如控制反转（Inversion Of Control，IOC）和依赖注入（Dependency Injection，DI）。Go 语言中非常有名的 Web 框架 martini（https://github.com/go-martini/martini）就是通过依赖注入技术进行中间件的实现，例如使用 martini 框架搭建的 http 的服务器如下：

```
01  package main
02
03  import "github.com/go-martini/martini"
04
05  func main() {
06      m := martini.Classic()
07      m.Get("/", func() string {
08          return "Hello world!"
09      })
10      m.Run()
11  }
```

第 7 行，响应路径“/”的代码使用一个闭包实现。如果希望获得 Go 语言中提供的请求和响应接口，可以直接修改为：

```
m.Get("/", func(res http.ResponseWriter, req *http.Request) string {
    // 响应处理代码……
})
```

martini 的底层会自动通过识别 Get 获得的闭包参数情况，通过动态反射调用这个函数并传入需要的参数。martini 的设计广受好评，但同时也有人指出，其运行效率较低。其中最主要的因素是大量使用了反射。

虽然一般情况下，I/O 的延迟远远大于反射代码所造成的延迟。但是，更低的响应速度和更低的 CPU 占用依然是 Web 服务器追求的目标。因此，反射在带来灵活性的同时，也带上了性能低下的桎梏。

要用好反射这把双刃剑，就需要详细了解反射的性能。下面的一些基准测试从多方面对比了原生调用和反射调用的区别。

1．结构体成员赋值对比

反射经常被使用在结构体上，因此结构体的成员访问性能就成为了关注的重点。下面例子中使用一个被实例化的结构体，访问它的成员，然后使用 Go 语言的基准化测试可以迅速测试出结果。

代码12-3　反射性能测试（具体文件：.../chapter12/reflecttest/reflect_test.go）

```
01 // 声明一个结构体，拥有一个字段
02 type data struct {
03     Hp int
04 }
05
06 func BenchmarkNativeAssign(b *testing.B) {
07
08     // 实例化结构体
09     v := data{Hp: 2}
10
11     // 停止基准测试的计时器
12     b.StopTimer()
13     // 重置基准测试计时器数据
14     b.ResetTimer()
15
16     // 重新启动基准测试计时器
17     b.StartTimer()
18
19     // 根据基准测试数据进行循环测试
20     for i := 0; i < b.N; i++ {
21
22         // 结构体成员赋值测试
23         v.Hp = 3
24     }
25
26 }
```

代码说明如下：

- 第 2 行，声明一个普通结构体，拥有一个成员变量。
- 第 6 行，使用基准化测试的入口。
- 第 9 行，实例化 data 结构体，并给 Hp 成员赋值。
- 第 12～17 行，由于测试的重点必须放在赋值上，因此需要极大程度地降低其他代码的干扰，于是在赋值完成后，将基准测试的计时器复位并重新开始。
- 第 20 行，将基准测试提供的测试数量用于循环中。
- 第 23 行，测试的核心代码：结构体赋值。

上面代码展示的是原生结构体的赋值过程，下面的代码分析使用反射访问结构体成员

并赋值的过程。

```
01  func BenchmarkReflectAssign(b *testing.B) {
02
03      v := data{Hp: 2}
04
05      // 取出结构体指针的反射值对象并取其元素
06      vv := reflect.ValueOf(&v).Elem()
07
08      // 根据名字取结构体成员
09      f := vv.FieldByName("Hp")
10
11      b.StopTimer()
12      b.ResetTimer()
13      b.StartTimer()
14
15      for i := 0; i < b.N; i++ {
16
17          // 反射测试设置成员值性能
18          f.SetInt(3)
19      }
20  }
```

代码说明如下：

- 第 6 行，取 v 的地址并转为反射值对象。此时值对象里的类型为*data，使用值的 Elem()方法取元素，获得 data 的反射值对象。
- 第 9 行，使用 FieldByName()根据名字取出成员的反射值对象。
- 第 11～13 行，重置基准测试计时器。
- 第 18 行，使用反射值对象的 SetInt()方法，给 data 结构的“Hp”字段设置数值 3。

这段代码中使用了反射值对象的 SetInt()方法，这个方法的源码如下：

```
func (v Value) SetInt(x int64) {
    v.mustBeAssignable()
    switch k := v.kind(); k {
    default:
        panic(&ValueError{"reflect.Value.SetInt", v.kind()})
    case Int:
        *(*int)(v.ptr) = int(x)
    case Int8:
        *(*int8)(v.ptr) = int8(x)
    case Int16:
        *(*int16)(v.ptr) = int16(x)
    case Int32:
        *(*int32)(v.ptr) = int32(x)
    case Int64:
        *(*int64)(v.ptr) = x
    }
}
```

可以发现，整个设置过程都是指针转换及赋值，没有遍历及内存操作等相对耗时的算法。

2. 结构体成员搜索并赋值对比

```
func BenchmarkReflectFindFieldAndAssign(b *testing.B) {
    v := data{Hp: 2}
    vv := reflect.ValueOf(&v).Elem()
    b.StopTimer()
    b.ResetTimer()
    b.StartTimer()
    for i := 0; i < b.N; i++ {
        // 测试结构体成员的查找和设置成员的性能
        vv.FieldByName("Hp").SetInt(3)
    }
}
```

这段代码将反射值对象的 FieldByName()方法与 SetInt()方法放在循环里进行检测，主要对比测试 FieldByName()方法对性能的影响。FieldByName()方法源码如下：

```
01 func (v Value) FieldByName(name string) Value {
02     v.mustBe(Struct)
03     if f, ok := v.typ.FieldByName(name); ok {
04         return v.FieldByIndex(f.Index)
05     }
06     return Value{}
07 }
```

底层代码说明如下：

- 第 3 行，通过名字查询类型对象，这里有一次遍历过程。
- 第 4 行，找到类型对象后，使用 FieldByIndex()继续在值中查找，这里又是一次遍历。

经过底层代码分析得出，随着结构体字段数量和相对位置的变化，FieldByName()方法比较严重的低效率问题。

3. 调用函数对比

反射的函数调用，也是使用反射中容易忽视的性能点，下面展示对普通函数的调用过程。

```
// 一个普通函数
func foo(v int) {
}
func BenchmarkNativeCall(b *testing.B) {
    for i := 0; i < b.N; i++ {
        // 原生函数调用
```

```
10            foo(0)
11        }
12    }
13
14    func BenchmarkReflectCall(b *testing.B) {
15
16        // 取函数的反射值对象
17        v := reflect.ValueOf(foo)
18
19        b.StopTimer()
20        b.ResetTimer()
21        b.StartTimer()
22
23        for i := 0; i < b.N; i++ {
24            // 反射调用函数
25            v.Call([]reflect.Value{reflect.ValueOf(2)})
26        }
27    }
```

代码说明如下：

- 第 2 行，一个普通的只有一个参数的函数。
- 第 10 行，对原生函数调用的性能测试。
- 第 17 行，根据函数名取出反射值对象。
- 第 25 行，使用 reflect.ValueOf(2)将 2 构造为反射值对象，因为反射函数调用的参数必须全是反射值对象，再使用[]reflect.Value 构造多个参数列表传给反射值对象的 Call()方法进行调用。

反射函数调用的参数构造过程非常复杂，构建很多对象会造成很大的内存回收负担。Call()方法内部就更为复杂，需要将参数列表的每个值从 reflect.Value 类型转换为内存。调用完毕后，还要将函数返回值重新转换为 reflect.Value 类型返回。因此，反射调用函数的性能堪忧。

4．基准测试结果对比

测试结果如下：

```
01  $ go test -v -bench=.
02  goos: linux
03  goarch: amd64
04  BenchmarkNativeAssign-4                 2000000000          0.32 ns/op
05  BenchmarkReflectAssign-4                300000000           4.42 ns/op
06  BenchmarkReflectFindFieldAndAssign-4    20000000            91.6 ns/op
07  BenchmarkNativeCall-4                   2000000000          0.33 ns/op
08  BenchmarkReflectCall-4                  10000000            163 ns/op
09  PASS
```

结果分析如下：

- 第 4 行，原生的结构体成员赋值，每一步操作耗时 0.32 纳秒，这是参考基准。
- 第 5 行，使用反射的结构体成员赋值，操作耗时 4.42 纳秒，比原生赋值多消耗 13 倍的性能。

- 第 6 行，反射查找结构体成员且反射赋值，操作耗时 91.6 纳秒，扣除反射结构体成员赋值的 4.42 纳秒还富余，性能大概是原生的 272 倍。这个测试结果与代码分析结果很接近。SetInt 的性能可以接受，但 FieldByName()的性能就非常低。
- 第 7 行，原生函数调用，性能与原生访问结构体成员接近。
- 第 8 行，反射函数调用，性能差到“爆棚”，花费了 163 纳秒，操作耗时比原生多消耗 494 倍。

经过基准测试结果的数值分析及对比，最终得出以下结论：

- 能使用原生代码时，尽量避免反射操作。
- 提前缓冲反射值对象，对性能有很大的帮助。
- 避免反射函数调用，实在需要调用时，先提前缓冲函数参数列表，并且尽量少地使用返回值。

12.3 接口的 nil 判断

nil 在 Go 语言中只能被赋值给指针和接口。接口在底层的实现有两个部分：type 和 data。在源码中，显式地将 nil 赋值给接口时，接口的 type 和 data 都将为 nil。此时，接口与 nil 值判断是相等的。但如果将一个带有类型的 nil 赋值给接口时，只有 data 为 nil，而 type 为 nil，此时，接口与 nil 判断将不相等。

1. 接口与nil不相等

下面代码使用 MyImplement()实现 fmt 包中的 Stringer 接口，这个接口的定义如下：

```
type Stringer interface {
    String() string
}
```

在 GetStringer()函数中将返回这个接口。通过*MyImplement 指针变量置为 nil 提供 GetStringer 的返回值。在 main()中，判断 GetStringer 与 nil 是否相等，代码如下：

```
package main

import "fmt"

// 定义一个结构体
type MyImplement struct{}

// 实现 fmt.Stringer 的 String 方法
func (m *MyImplement) String() string {

    return "hi"
}

// 在函数中返回 fmt.Stringer 接口
```

```
15  func GetStringer() fmt.Stringer {
16
17      // 赋 nil
18      var s *MyImplement = nil
19
20      // 返回变量
21      return s
22  }
23
24  func main() {
25
26      // 判断返回值是否为 nil
27      if GetStringer() == nil {
28          fmt.Println("GetStringer() == nil")
29      } else {
30          fmt.Println("GetStringer() != nil")
31      }
32
33  }
```

代码说明如下：

- 第 9 行，实现 fmt.Stringer 的 String()方法。
- 第 21 行，s 变量此时被 fmt.Stringer 接口包装后，实际类型为*MyImplement，值为 nil 的接口。
- 第 27 行，使用 GetStringer()的返回值与 nil 判断时，虽然接口里的 value 为 nil，但 type 带有*MyImplement 信息，使用==判断相等时，依然不为 nil。

2. 发现nil类型值返回时直接返回nil

为了避免这类误判的问题，可以在函数返回时，发现带有 nil 的指针时直接返回 nil，代码如下：

```
func GetStringer() fmt.Stringer {

    var s *MyImplement = nil

    if s == nil {
        return nil
    }

    return s
}
```

12.4 map 的多键索引——多个数值条件可以同时查询

在大多数的编程语言中，映射容器的键必须以单一值存在。这种映射方法经常被用在诸如信息检索上，如根据通讯簿的名字进行检索。但随着查询条件越来越复杂，检索也会变得越发困难。下面例子中涉及通讯簿的结构，结构如下：

```
// 人员档案
type Profile struct {
    Name    string              // 名字
    Age     int                 // 年龄
    Married bool                // 已婚
}
```

并且准备好了一堆原始数据，需要算法实现构建索引和查询的过程，代码如下：

```
func main() {

    list := []*Profile{
        {Name: "张三", Age: 30, Married: true},
        {Name: "李四", Age: 21},
        {Name: "王麻子", Age: 21},
    }

    buildIndex(list)

    queryData("张三", 30)
}
```

需要用算法实现 buildIndex()构建索引函数及 queryData()查询数据函数，查询到结果后将数据打印出来。

下面，分别基于传统的基于哈希值的多键索引和利用 map 特性的多键索引进行查询。

12.4.1 基于哈希值的多键索引及查询

传统的数据索引过程是将输入的数据做特征值。这种特征值有几种常见做法：

- 将特征使用某种算法转为整数，即哈希值，使用整型值做索引。
- 将特征转为字符串，使用字符串做索引。

数据都基于特征值构建好索引后，就可以进行查询。查询时，重复这个过程，将查询条件转为特征值，使用特征值进行查询得到结果。

本节代码请参考以下代码示例。

代码12-4 基于哈希的传统多键索引和查询（具体文件：.../chapter12/classic/classic.go）

1. 字符串转哈希值

本例中，查询键（classicQueryKey）的特征值需要将查询键中每一个字段转换为整型，字符串也需要转换为整型值，这里使用一种简单算法将字符串转换为需要的哈希值，代码如下：

```
func simpleHash(str string) (ret int) {

    // 遍历字符串中的每一个 ASCII 字符
    for i := 0; i < len(str); i++ {
        // 取出字符
        c := str[i]

        // 将字符的 ASCII 码相加
```

```
09          ret += int(c)
10      }
11
12      return
13  }
```

代码说明如下：

- 第 1 行传入需要计算哈希值的字符串。
- 第 4 行，根据字符串的长度，遍历这个字符串的每一个字符，以 ASCII 码为单位。
- 第 9 行，c 变量的类型为 uint8，将其转为 int 类型并累加。

哈希算法有很多，这里只是选用一种大家便于理解的算法。哈希算法的选用的标准是尽量减少重复键的发生，俗称“哈希冲撞”，即同样两个字符串的哈希值重复率降到最低。

2. 查询键

有了哈希算法函数后，将哈希函数用在查询键结构中。查询键结构如下：

```
01  // 查询键
02  type classicQueryKey struct {
03      Name string                          // 要查询的名字
04      Age  int                             // 要查询的年龄
05  }
06
07  // 计算查询键的哈希值
08  func (c *classicQueryKey) hash() int {
09      // 将名字的 Hash 和年龄哈希合并
10      return simpleHash(c.Name) + c.Age*1000000
11  }
```

代码说明如下：

- 第 2 行，声明查询键的结构，查询键包含需要索引和查询的字段。
- 第 8 行，查询键的成员方法哈希，通过调用这个方法获得整个查询键的哈希值。
- 第 10 行，查询键哈希的计算方法：使用 simpleHash()函数根据给定的名字字符串获得其哈希值。同时将年龄乘以 1000000 与名字哈希值相加。

哈希值构建过程如图 12-1 所示

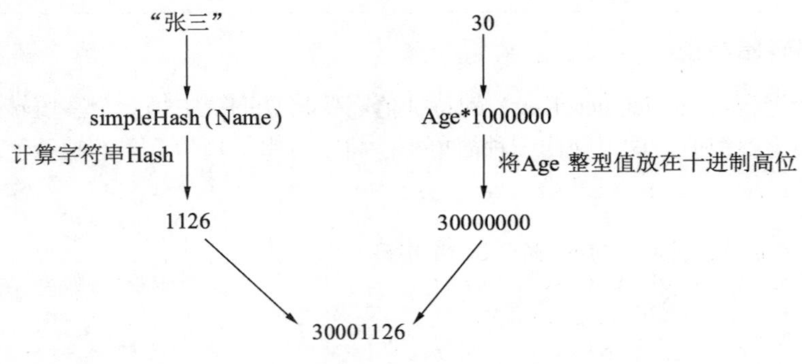

图 12-1　哈希值构建过程

3．构建索引

本例需要快速查询，因此需要提前对已有的数据构建索引。前面已经准备好了数据查询键，使用查询键获得哈希即可对数据进行快速索引，参考下面的代码：

```
01  // 创建哈希值到数据的索引关系
02  var mapper = make(map[int][]*Profile)
03
04  // 构建数据索引
05  func buildIndex(list []*Profile) {
06
07      // 遍历所有的数据
08      for _, profile := range list {
09
10          // 构建数据的查询索引
11          key := classicQueryKey{profile.Name, profile.Age}
12
13          // 计算数据的哈希值，取出已经存在的记录
14          existValue := mapper[key.hash()]
15
16          // 将当前数据添加到已经存在的记录切片中
17          existValue = append(existValue, profile)
18
19          // 将切片重新设置到映射中
20          mapper[key.hash()] = existValue
21      }
22  }
```

代码说明如下：

- 第 2 行，实例化一个 map，键类型为整型，保存哈希值；值类型为*Profile，为通讯簿的数据格式。
- 第 5 行，构建索引函数入口，传入数据切片。
- 第 8 行，遍历数据切片的所有数据元素。
- 第 11 行，使用查询键（classicQueryKey）来辅助计算哈希值，查询键需要填充两个字段，将数据中的名字和年龄赋值到查询键中进行保存。
- 第 14 行，使用查询键的哈希方法计算查询键的哈希值。通过这个值在 mapper 索引中查找相同哈希值的数据切片集合。因为哈希函数不能保证不同数据的哈希值一定完全不同，因此要考虑在发生哈希值重复时的处理办法。
- 第 17 行，将当前数据添加到可能存在的切片中。
- 第 20 行，将新添加好的数据切片重新赋值到相同哈希的 mapper 中。

具体哈希结构如图 12-2 所示。

这种多键的算法就是哈希算法。map 的多个元素对应哈希的“桶”。哈希函数的选择决定桶的映射好坏，如果哈希冲撞很厉害，那么就需要将发生冲撞的相同哈希值的元素使用切片保存起来。

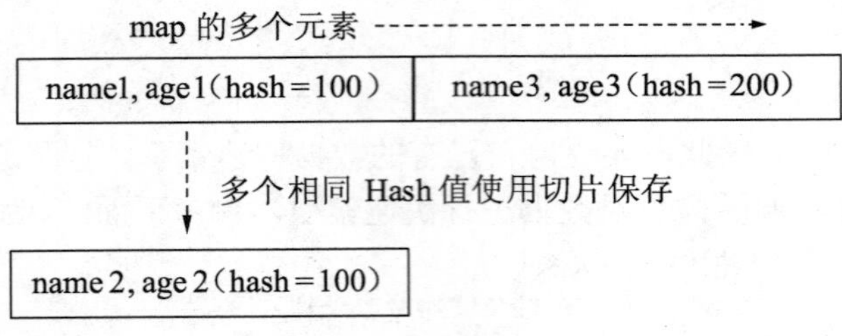

图 12-2　哈希结构

4．查询逻辑

从已经构建好索引的数据中查询需要的数据流程如下：

（1）给定查询条件（名字、年龄）。

（2）根据查询条件构建查询键。

（3）查询键生成哈希值。

（4）根据哈希值在索引中查找数据集合。

（5）遍历数据集合逐个与条件比对。

（6）获得结果。

```
01  func queryData(name string, age int) {
02
03      // 根据给定查询条件构建查询键
04      keyToQuery := classicQueryKey{name, age}
05
06      // 计算查询键的哈希值并查询，获得相同哈希值的所有结果集合
07      resultList := mapper[keyToQuery.hash()]
08
09      // 遍历结果集合
10      for _, result := range resultList {
11
12          // 与查询结果比对，确认找到打印结果
13          if result.Name == name && result.Age == age {
14              fmt.Println(result)
15              return
16          }
17      }
18
19      // 没有查询到时，打印结果
20      fmt.Println("no found")
21
22  }
```

代码说明如下：

- 第 1 行，查询条件（名字、年龄）。
- 第 4 行，根据查询条件构建查询键。

- 第 7 行，使用查询键计算哈希值，使用哈希值查询相同哈希值的所有数据集合。
- 第 10 行，遍历所有相同哈希值的数据集合。
- 第 13 行，将每个数据与查询条件进行比对，如果一致，表示已经找到结果，打印并返回。
- 第 20 行，没有找到记录时，打印 no found。

12.4.2 利用 map 特性的多键索引及查询

使用结构体进行多键索引和查询比传统的写法更为简单，最主要的区别是无须准备哈希函数及相应的字段无须做哈希合并。看下面的实现流程。

代码12-5 利用map特性的多键索引和查询（具体文件：…/chapter12/multikey/ multikey.go）

1．构建索引

代码如下：

```
01 // 查询键
02 type queryKey struct {
03     Name string
04     Age  int
05 }
06
07 // 创建查询键到数据的映射
08 var mapper = make(map[queryKey]*Profile)
09
10 // 构建查询索引
11 func buildIndex(list []*Profile) {
12
13     // 遍历所有数据
14     for _, profile := range list {
15
16         // 构建查询键
17         key := queryKey{
18             Name: profile.Name,
19             Age:  profile.Age,
20         }
21
22         // 保存查询键
23         mapper[key] = profile
24     }
25 }
```

代码说明如下：

- 第 2 行，与基于哈希值的查询键的结构相同。
- 第 8 行，在 map 的键类型上，直接使用了查询键结构体。注意，这里不使用查询键的指针。同时，结果只有*Profile 类型，而不是*Profile 切片，表示查到的结果唯一。
- 第 17 行，类似的，使用遍历到的数据的名字和年龄构建查询键。

- 第 23 行，更简单的，直接将查询键保存对应的数据。

2. 查询逻辑

```
01 // 根据条件查询数据
02 func queryData(name string, age int) {
03
04     // 根据查询条件构建查询键
05     key := queryKey{name, age}
06
07     // 根据键值查询数据
08     result, ok := mapper[key]
09
10     // 找到数据打印出来
11     if ok {
12         fmt.Println(result)
13     } else {
14         fmt.Println("no found")
15     }
16 }
```

代码说明如下：

- 第 5 行，根据查询条件（名字、年龄）构建查询键。
- 第 8 行，直接使用查询键在 map 中查询结果。
- 第 12 行，找到结果直接打印。
- 第 14 行，没有找到结果打印 no found。

12.4.3 总结

基于哈希值的多键索引查询和利用 map 特性的多键索引查询的代码复杂程度显而易见。聪明的程序员都会利用 Go 语言的特性进行快速的多键索引查询。

其实，利用 map 特性的例子中的 map 类型即便修改为下面的格式，也一样可以获得同样的结果：

```
var mapper = make(map[interface{}]*Profile)
```

代码量大大减少的关键是：Go 语言的底层会为 map 的键自动构建哈希值。能够构建哈希值的类型必须是非动态类型、非指针、函数、闭包。

- 非动态类型：可用数组，不能用切片。
- 非指针：每个指针数值都不同，失去哈希意义。
- 函数、闭包不能作为 map 的键。

12.5 优雅地处理 TCP 粘包

TCP 协议是一种面向连接的、可靠的、基于字节流的传输通信协议。简单地说，TCP

的特性是不丢包，并且保证按顺序到达。

TCP 数据在发送和接收时会形成粘包，也就是没有按照预期的大小得到数据，数据包不完整。这个问题不是设计问题，也不是代码隐患。封包在发送时，为了提高发送效率，无论是用户自己的设计网络库还是操作系统层都会对封包进行“拼包”，将小包凑成大的包，在 TCP 层可以节约包头的大小损耗，I/O 层的调用损耗也可以有所降低。这个过程好比批发比零售价格便宜一样，如图 12-3 所示。

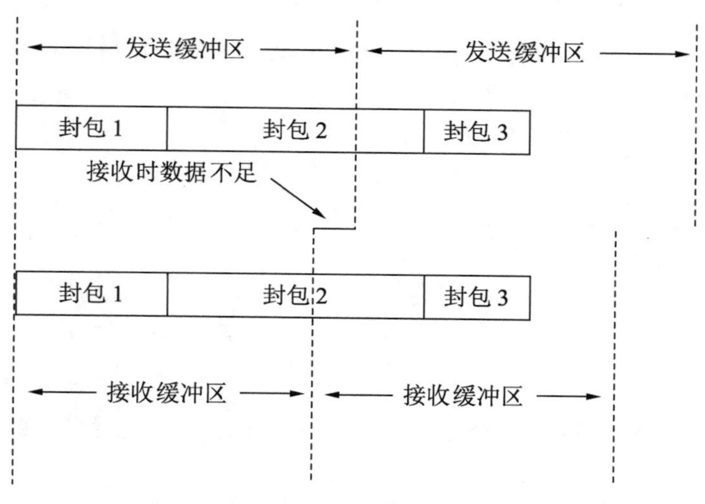

图 12-3 TCP 粘包原因

接收 TCP 封包时，接收缓冲区的大小与发送过来的 TCP 传输单元大小不等。因此就造成两种情况：

- 接收的数据大于等于接收缓冲区大小时，此时需要将数据复制到用户缓冲，接着读取后面的封包。
- 接收的数据小于接收缓冲区大小时，此时需要继续等待后续的 TCP 封包。

这个处理过程，在 Go 语言中，使用 io 包中的 ReadAtLeast()函数进行封装，代码如下：

```
func ReadAtLeast(r Reader, buf []byte, min int) (n int, err error) {
    if len(buf) < min {
        return 0, ErrShortBuffer
    }
    for n < min && err == nil {
        var nn int
        nn, err = r.Read(buf[n:])
        n += nn
    }
    if n >= min {
        err = nil
    } else if n > 0 && err == EOF {
        err = ErrUnexpectedEOF
    }
    return
```

```
16  }
```

代码说明如下：

- 第 1 行，函数实现：从 Reader 中读取数据，填充到已经分配空间的接收缓冲区 buf 中，min 为读取的大小。简单地说，这个函数的含义是：持续读取直到 buf 获取到 min 大小字节为止。
- 第 5 行，n 表示当前已经读取的字节。如果已经读取的字节小于期望字节 min 时，持续循环。
- 第 6 行，nn 表示本次读取到的字节。buf[n:]表示将已经读取过的数据后面的切片提供给 Reader 进行填充后续数据。
- 第 8 行，累加已经读取的数据。
- 第 10 行，表示已经读取足够的字节。
- 第 12 行，读取目标已经完结，但是已经读取一些数据，也就是说，没法完成读取任务，发生了不可期望的终结错误。

ReadAtLeast 还有一个更方便的封装：

```
func ReadFull(r Reader, buf []byte) (n int, err error) {
    return ReadAtLeast(r, buf, len(buf))
}
```

这个函数只需要提供 buf 接收缓冲区切片，就可以将这个已经分配的 buf 填充满。简单地说就是：给多大空间，填充多少字节，直到填满空间。

使用 ReadFull 可以优雅地完成对 TCP 粘包的处理。

1．封包发送

用户处理数据是以消息为单元。为此，就需要以消息为单元的基础上构建封包的概念。TCP 协议属于流式协议，数据是没有分界点的。而封包可以形成消息的分界，这里分界的关键就是封包格式。

二进制封包的常见格式如表 12-1 所示。

表 12-1　封包格式

封包字段	备　注
大小（Size）	Size代表Size后面包体的大小
包体（Body）	承载消息的二进制数据

下面代表描述封包的结构体定义和发送方法。发送封包时，需要将封包的 Size 字段从无符号十六位整型转换为字节数组，这里需要用到 binary 包的 Write()函数，该函数可以根据数据的格式和需要的大小端，将数据写入 io.Writer 接口。

大小端也是发送和接收时需要处理的细节。大小端是数据按二进制存储时，高低位的存储顺序。如现在的英特尔的 80x86 芯片及兼容芯片都是使用小端格式。手机里的 ARM 芯片默认采用小端。而 Java 由于平台无关，默认都是大端。网络传输的数据普遍采用大端，但网络传输只是底层协议，与用户层无关。

bytes.Buffer 是一个自动增长的缓冲，实现了 io.Writer 接口，因此 binary.Write()函数可以将数据直接写入 bytes.Buffer。下面代码将需要发送的 Packet 的所有字段写入 bytes.Buffer 后，再一次性将 bytes.Buffer 的数据写入 Socket 对应的 dataWriter。

代码12-6　封包格式及发送（具体文件：…/chapter12/tcppkt/packet.go）

```
01  package main
02
03  import (
04      "bytes"
05      "encoding/binary"
06      "io"
07  )
08
09  // 二进制封包格式
10  type Packet struct {
11      Size uint16                      // 包体大小
12      Body []byte                      // 包体数据
13  }
14
15  // 将数据写入 dataWriter
16  func writePacket(dataWriter io.Writer, data []byte) error {
17
18      // 准备一个字节数组缓冲
19      var buffer bytes.Buffer
20
21      // 将 Size 写入缓冲
22      if err := binary.Write(&buffer, binary.LittleEndian, uint16(len(data))); err != nil {
23          return err
24      }
25
26      // 写入包体数据
27      if _, err := buffer.Write(data); err != nil {
28          return err
29      }
30
31      // 获得写入的完整数据
32      out := buffer.Bytes()
33
34      // 写入 dataWriter
35      if _, err := dataWriter.Write(out); err != nil {
36          return err
37      }
38
39      return nil
40  }
```

代码说明如下：

- 第 10 行，定义封包的结构，包含 Size 和 Body 两个字段。

- 第 16 行，声明将数据以封包的形式写入 dataWriter，如果发生错误则返回错误。
- 第 19 行，声明一个 bytes.Buffer 类型的变量 buffer，缓冲用于存储写入的数据。
- 第 22 行，使用 binary.Write，将以 uint16 格式传入的切片大小，以小端方式写入 bytes.Buffer 中。
- 第 27 行，将包体内存写入到 bytes.Buffer 中。
- 第 32 行，将 buffer 中刚才写入的数据取出，保存到 out 中。
- 第 35 行，将 out 中的数据写入 dataWriter 接口对应的 Socket 中。

2. 连接器

连接器可以通过给定的地址和发送次数，不断地通过 Socket 给地址对应的连接发送封包。本例中，将通过循环构造的转为字符串的数字形成封包。由于速度快，包量大，因此能有效地造成粘包，代码如下：

代码12-7　连接器（具体文件：.../chapter12/tcppkt/connector.go）

```go
package main

import (
    "fmt"
    "net"
    "strconv"
)

// 连接器，传入连接地址和发送封包次数
func Connector(address string, sendTimes int) {

    // 尝试用 Socket 连接地址
    conn, err := net.Dial("tcp", address)

    // 发生错误时退出
    if err != nil {
        fmt.Println(err)
        return
    }

    // 循环指定次数
    for i := 0; i < sendTimes; i++ {

        // 将循环序号转为字符串
        str := strconv.Itoa(i)

        // 发送封包
        if err := writePacket(conn, []byte(str)); err != nil {
            fmt.Println(err)
            break
        }
    }

}
```

代码说明如下：

- 第 10 行，通过连接器函数传入地址和发送次数。
- 第 13 行，使用 TCP 协议连接地址，返回一个连接对象，如果连接发生错误将以 err 返回。
- 第 22 行，构造指定次数的循环。
- 第 25 行，strconv.Itoa()函数可以做到将循环的数值转换为字符串。
- 第 28 行，调用代码 12-6 中写好的 writePacket()函数传入连接对象，并将字符串转为字节数组[]byte。如果写入过程发生错误，打印错误并退出发送循环。

3．接受器

连接器（Connector）只能发起到接受器（Acceptor）的连接，一个接受器能接受多个来源连接。

接受器中侦听的过程被放到一个独立的 goroutine 中，保证侦听的过程不会阻塞其他逻辑的执行。在侦听器停止时，需要使用 sync.WaitGroup 进行同步，确认侦听过程正常结束。接受器不停的接受连接，当获取到连接时，为连接创建一个并发的会话处理的 goroutine（handleSession 函数）。

接受器开始侦听后，使用 Wait()方法等待侦听结束。当处理粘包的任务完成时，Acceptor 的 Stop()方法会被调用，结束侦听，同时退出整个程序。接受器的实现过程如下。

代码12-8　接受器（具体文件：…/chapter12/tcppkt/acceptor.go）

```
package main

import (
    "fmt"
    "net"
    "sync"
)

// 接受器
type Acceptor struct {

    // 保存侦听器
    l net.Listener

    // 侦听器的停止同步
    wg sync.WaitGroup

    // 连接的数据回调
    OnSessionData func(net.Conn, []byte) bool
}

// 异步开始侦听
func (a *Acceptor) Start(address string) {

    go a.listen(address)
}
```

```
27
28  func (a *Acceptor) listen(address string) {
29
30      // 侦听开始，添加一个任务
31      a.wg.Add(1)
32
33      // 在退出函数时，结束侦听任务
34      defer a.wg.Done()
35
36      var err error
37      // 根据给定地址进行侦听
38      a.l, err = net.Listen("tcp", address)
39
40      // 如果侦听发生错误，打印错误并退出
41      if err != nil {
42          fmt.Println(err.Error())
43          return
44      }
45
46      // 侦听循环
47      for {
48
49          // 新连接没有到来时，Accept 是阻塞的
50          conn, err := a.l.Accept()
51
52          // 如发生任何侦听错误，打印错误并退出服务器
53          if err != nil {
54              break
55          }
56
57          // 根据连接开启会话，这个过程需要并行执行
58          go handleSession(conn, a.OnSessionData)
59      }
60  }
61
62  // 停止侦听器
63  func (a *Acceptor) Stop() {
64      a.l.Close()
65  }
66
67  // 等待侦听完全停止
68  func (a *Acceptor) Wait() {
69      a.wg.Wait()
70  }
71
72  // 实例化一个侦听器
73  func NewAcceptor() *Acceptor {
74      return &Acceptor{}
75  }
```

代码说明如下：

- 第 10 行，定义接受器。

- 第 13 行，保存侦听器，方便通过 Stop()在任意位置调用。
- 第 16 行，侦听过程结束时，wg 这个同步组将调用 sync.WaitGroup 的 Done 方法。
- 第 19 行，接收到会话发来的封包数据时，将实际发送的数据解开，并通过回调通知。
- 第 23 行，接受器的启动方法，侦听过程将以并发方式在 goroutine 中运行。
- 第 28 行，侦听主循环。
- 第 31～34 行，为同步组添加一个任务，并延迟到侦听以任何方式结束时调用 sync.WaitGroup 的 Done 方法。
- 第 38 行，以 TCP 协议和指定的地址进行侦听，开始接受 TCP 连接。
- 第 47 行，构造侦听循环，不停地接受 TCP 循环。
- 第 50 行，接受一个新的连接。
- 第 58 行，并发开启一个会话处理函数，传入连接和回调。
- 第 63 行，关闭接受器时，调用 Stop()即可终止接受外部连接。
- 第 68 行，关闭接受器后，调用 Wait()可以持续阻塞等待侦听器结束。

4. 封包读取

封包的读取是处理 TCP 封包中最重要的环节。前面已经介绍通过 io.ReadFull()方法可以根据给定缓冲大小按需获取指定字节的数据，即便数据不足以充满缓冲，函数也会持续阻塞直到数据来临。由于 TCP 不掉包及按顺序到达的特性，读取完包含 Size 的 Packet 字段后，下面到达的必定是 Body 字段的包体内容。

本例中的 readPacket()函数可以从 dataReader 中读取封包数据，并且将封包的 Size 和 Body 部分分离并返回 Packet 结构。

代码12-9 封包读取（具体文件：.../chapter12/tcppkt/packet.go）

```
// 从 dataReader 中读取封包
func readPacket(dataReader io.Reader) (pkt Packet, err error) {

    // Size 为 uint16 类型，占 2 个字节
    var sizeBuffer = make([]byte, 2)

    // 持续读取 Size 直到读到为止
    _, err = io.ReadFull(dataReader, sizeBuffer)

    // 发生错误时返回
    if err != nil {
        return
    }

    // 使用 bytes.Reader 读取 sizeBuffer 中的数据
    sizeReader := bytes.NewReader(sizeBuffer)

    // 读取小端的 uint16 作为 size
    err = binary.Read(sizeReader, binary.LittleEndian, &pkt.Size)

```

```
21      if err != nil {
22          return
23      }
24
25      // 分配包体大小
26      pkt.Body = make([]byte, pkt.Size)
27
28      // 读取包体数据
29      _, err = io.ReadFull(dataReader, pkt.Body)
30
31      return
32  }
```

代码说明如下：

- 第 2 行，从 dataReader 中读取数据，并且返回分离好的 Packet 数据和可能发生的错误。
- 第 5 行，构造 2 字节的切片，用于接收 Packet 中的 Size 字段信息。只有读取到这个字段，才能有效分离 Body 部分并且知道如何读取下一个封包。这里无须将切片放在成员或者全局中以降低垃圾回收压力，由于 Go 语言中的变量逃逸分析，sizeBuffer 变量不会逃离 readerPacket()，函数的作用域编译器会默认将 sizeBuffer 分配在栈上，以提高分配效率。
- 第 8 行，使用 io.ReadFull()函数读取 2 字节的 Size 字段，数据不足时会持续阻塞。
- 第 16 行，使用 bytes.NewReader()构造的 Reader 可以方便地读取字节数组。
- 第 19 行，bytes.Reader()只提供了简单的几个函数。常见类型的数据可以使用 binary.Read()函数读取。
- 第 26 行，在获取到包体大小 pkt.Size 后，为包体分配内存。
- 第 29 行，包体也是一块指定大小的缓冲，使用 io.ReadFull()函数继续读取。

这段 TCP 粘包代码逻辑使用 goroutine+同步系统调用的方式编写。处理逻辑比使用异步+回调的方式更加清晰易读。

5．服务器连接会话

服务器在接受一个连接后就会进入会话（Session）处理。会话处理是一个循环，不停地从 Socket 中接收数据并通过 readPacket()函数将数据转换为封包。会话处理会传入一个处理数据的回调，处理好的数据会通过这个回调传送到用户的逻辑回调函数（callback），代码如下。

代码12-10　会话处理（具体文件：…/chapter12/tcppkt/session.go）

```
package main

import (
    "bufio"
    "net"
)

// 连接的会话逻辑
```

```
09  func handleSession(conn net.Conn, callback func(net.Conn,[]byte) bool){
10
11      // 创建一个 Socket 的读取器
12      dataReader := bufio.NewReader(conn)
13
14      // 接收数据的循环
15      for {
16
17          // 从连接读取封包
18          pkt, err := readPacket(dataReader)
19
20          // 回调外部
21          if err != nil || !callback(conn, pkt.Body) {
22
23              // 回调要求退出
24              conn.Close()
25              break
26          }
27      }
28  }
```

代码说明如下：

- 第 9 行，声明连接会话函数，传入 Socket 连接（net.Conn），读取封包后通过用户回调函数（callback）提供给用户逻辑处理返回用户原本发送数据的回调。
- 第 12 行，使用 bufio.NewReader 对 Socket 连接 conn 创建一个数据读取器 dataReader，用于对接后面读取的代码。
- 第 15 行，会话连接后，需要不停地接收封包直到连接断开或者发生错误，这是一个接收循环。
- 第 18 行，从 dataReader 通过 readPacket()读取封包，读取到的封包和可能发生的错误会通过 readPacket()函数返回。
- 第 21 行，如果数据读取中发生错误，会关闭连接并返回。没有错误时，会通过 callback()函数，将 pkt 的 Body 字段，也就是用户发送的原始数据返回给用户，用户处理数据后，callback()的返回值返回 false 时，表示关闭 Socket 并退出接收循环。

6. 测试粘包处理

本节将构建一个不断发送不等长封包的环境来测试 TCP 的封包处理是否成功。测试环境需要将 Acceptor 实例化并启动，并设置 Acceptor 会话处理的回调函数（OnSessionData()）。然后由连接器（Connector）以指定的测试次数，发送次数数值对应的字符串封包给 Acceptor 的 OnSessionData()处理函数进行处理。

如果接收方按顺序保证接收到的数据是完整的，表示封包处理没有问题，完整代码如下。

代码12-11　粘包测试流程（具体文件：…/chapter12/tcppkt/main.go）

```
package main
```

```
import (
    "net"
    "strconv"
)

func main() {

    // 测试次数
    const TestCount = 100000

    // 测试地址，如果发生侦听冲突，请调整端口
    const address = "127.0.0.1:8010"

    // 接收到的计数器
    var recvCounter int

    // 实例化一个侦听器
    acceptor := NewAcceptor()

    // 开启侦听
    acceptor.Start(address)

    // 响应封包数据
    acceptor.OnSessionData = func(conn net.Conn, data []byte) bool {

        // 转换为字符串
        str := string(data)

        // 转换为数字
        n, err := strconv.Atoi(str)

        // 任何错误或者接收错位时，报错
        if err != nil || recvCounter != n {
            panic("failed")
        }

        // 计数器增加
        recvCounter++

        // 完成计数，关闭侦听器
        if recvCounter >= TestCount {
            acceptor.Stop()
            return false
        }

        return true
    }

    // 连接器不断发送数据
    Connector(address, TestCount)

    // 等待侦听器结束
```

```
55      acceptor.Wait()
56  }
```

代码说明如下：

- 第 11 行，指定测试次数，该次数决定连接器发送字符串的次数及接收器验证的次数。可以根据 CPU 性能高低调整这个数值的大小，数值越大，耗时越多。
- 第 14 行，设定 Socket 的地址，Acceptor 和 Connector 都需要地址来建立侦听和发起连接。
- 第 17 行，接收方需要一个计数器表示接收了多少次封包。
- 第 26 行，使用闭包响应封包处理数据。
- 第 29 行，接收到的数据是以字符串存储的数值，需要从[]byte 转换到 string 类型。
- 第 32 行，将字符串通过 strconv.Atoi()函数转为数值。
- 第 35 行，如果转换的过程错误，代表封包破损或者接收计数器与接收到的数值不相等时，说明封包接收顺序不一致，此时手动触发 panic()函数停止测试。
- 第 43 行，完成计数时，关闭侦听器，闭包返回 false 将触发连接断开。
- 第 55 行，测试未结束时，acceptor.Wait 会持续阻塞直到 Acceptor 被调用方法停止。

第 13 章　实战演练——剖析 cellnet 网络库设计并实现 Socket 聊天功能

cellnet（网址为 https://github.com/davyxu/cellnet）是笔者设计和开发的一款开源网络库，自 2016 年 12 月发布 1.0 版本以来，受到广大 Go 语言初学者、服务器开发人员及开源爱好者的大力支持。截止 2017 年底，3.0 版本累计获得了 1431 个 Star 及 351 次 Fork。在此感谢来自知乎、OSChina 及 cppblog.com 的 cellnet 代码贡献者及开发者的支持和关注，同时还要感谢 Go 开源服务器框架 leaf（网址为 https://github.com/name5566/leaf）的 name5566 和编写 gonet 游戏服务器框架（网址为 https://github.com/xtaci/gonet）的 xtaci 对早期 cellnet 设计做出的贡献。

cellnet 融合了笔者多年的开发经验和设计思路。cellnet 的设计理念是：高性能、简单、方便、开箱即用，希望开发者能使用 cellnet 迅速开展业务开发，而无须为底层性能调优及架构扩展而担忧。

本章将对 cellnet 的几个重要特性进行深入剖析，如 Socket 连接管理及会话收发流程、事件队列、封包处理及响应、编码及消息元信息等，让读者在洞悉 cellnet 内部运作机制的基础上，更进一步地了解 cellnet 的使用方法，这无论是在 cellnet 上进行二次开发，还是自己研发上都将受益匪浅。

13.1　了解 cellet 网络库特性、流程及架构

cellnet 由很多组件组成，这些组件可以被开发者自由使用和组合实现更为复杂的功能。同时，cellnet 拥有一套高扩展性的框架，以适应各种复杂的定制需求。

13.1.1　cellnet 网络库的特性

1. 自由定制封包收发流程

cellnet 支持游戏服务器中常见的变长封包。也可以通过自由定制，支持 HTTP、WebSocket 和 UDP 等封包。

2. 混合消息编码系统

cellnet 在收发消息时，可以根据每一个消息的编码设定，使用不同的编码进行处理。开发者可以结合不同编码的特性和优缺点来组织消息的编码方式，以提高性能及降低带宽消耗。例如：

- 如果服务器需要与其他的开发语言进行对接，那么 Google 的 Protobuf 编码是首选，Protobuf 支持几乎所有语言的数据统一编码。同时由于 Protobuf 编码的封包非常小，适合流量敏感的业务。
- 假如在 Unity3D 中使用了 Lua 语言，那么云风设计的 sproto（https://github.com/cloudwu/sproto）编码格式更为简单、精巧，更适合整合到 Lua 中对封包或数据进行编码。
- 有一部分的 MOBA 类的竞技游戏在客户端与服务器之间使用帧同步技术，这类游戏对带宽和性能要求都非常高。此时，使用自己设计的内存流方式的编码就能很好地处理这个需求。
- 在一些对流量和性能要求不高，但要求协议格式更为透明和简单的服务器中，适合使用 cellnet 内建支持的 JSON 编码格式。

开发人员只需要将消息的元信息（MessageMeta）注册到 cellnet 中，消息就会自动地在处理流程中被编码和解码。

3. 支持多线程和单线程设计架构

cellnet 在业务处理时，可以选用事件队列（EventQueue）顺序处理消息、事件。开发者可以根据需求和架构的实际线程使用情况，灵活地使用消息队列。全局使用一个事件队列可以构建一个单线程服务器的处理流程；不使用事件队列处理消息时，用户处理回调将在 I/O 线程被并发调用。例如，测试机器人的程序中，一个进程拥有多个测试机器人实例，每个机器人互相之间完全没有交互，因此为了提高每个机器人的处理效率，可以为每一个机器人对象使用一个队列，以提高数据和 I/O 吞吐的处理效率。

4. 自由定制收发封包处理流程

cellnet 在特殊事件（如收发包、错误等）到来时都会使用事件系统派发事件，用户可以通过设置回调接收这些事件。例如，为了给网关特定的消息定制功能，可以在收发包的流程中添加封包加密、封包统计等功能。

5. 支持远程过程调用（RPC）

cellnet 支持同步和异步两种方式的远程过程调用（RPC）。同步远程过程调用能够让 Web 服务器在并发环境中更方便地从其他服务器获取数据并生成网页内容。异步远程过程调用方式常用于单线程服务器的异步通信。

想了解远程过程调用的源码实现过程，请获取开源版本的 cellnet 源码（网址为 https://github.com/davyxu/cellnet）。

13.1.2 cellnet 网络库的流程及架构

cellnet 的主要处理流程和组件由下面几个部分组成。

- Socket 连接管理：cellnet 网络库使用连接器和接受器（Connector、Acceptor）管理 Socket 连接。
- 会话（Session）：客户端和服务器连接使用会话（Session）处理收发包流程。收发包的流程将事件通过事件回调（cellnet.EventFunc）派发。
- 包处理（packet）：cellnet 中的 packet 包处理会话收发流程派发的事件，实现变长封包的解析、处理和收发。
- 编码器：用户的封包使用编码器（Codec）负责原始封包的字节数组和用户消息间的转换。
- 消息队列：可以将收到的消息按顺序排队并提供给用户进行处理。
- 消息元信息（MessageMeta）：为所有的系统提供静态的消息扩展信息，如消息的 ID、编码器、创建方法等。

完整的流程及架构请参考图 13-1 所示。

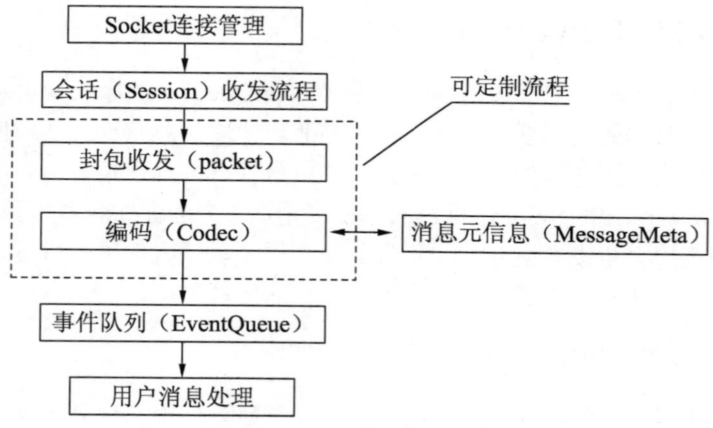

图 13-1　Cellnet 的流程及架构示意图

13.2 管理 TCP Socket 连接

TCP 协议是一种面向连接的流式协议，客户端使用连接器（Connector）连接服务器，服务器使用接受器（Acceptor）接受多个客户端连接。客户端和服务器的连接成功后，客户端和服务器都会各自生成一个会话（Session）用于处理数据的收发流程。

连接器和接受器有很多共同的属性，例如，连接器和接受器都需要一个地址发起连接和侦听网络任务。连接器和接受器还会将它们内部发生的事件使用事件函数回调派发给用户进行处理，例如，侦听成功、连接成功、需要读取数据等。

cellnet 里将连接器和接受器统称为通信端（Peer），只有连接器可以主动创建一个连接到接受器的连接。而连接器和连接器之间，接受器与接受器之间不能互联。

提示： 传统的网络库，常使用类似 ClientSocket、ServerSocket 来表示发起连接的一方和接受连接的一方。这样的命名有一些问题，例如，在编写服务器程序时，服务器之间也需要有连接，那么一个 GameSever 连到 AgentServer 的连接应该如何命名呢？叫做 GameServerClientSocket？那么这个 Socket 到底是 Client 还是 Server？而 cellnet 使用 Connector 和 Acceptor 区分连接发起端和连接接受端的命名方式就可以很好地处理概念混乱的问题。

有些网络库在 ClientSocket 和 ServerSocket 的代码设计上是不共享的，消息处理流程也不对等。ServerSocket 通常处理的逻辑比 ClientSocket 复杂，功能较为完善，性能也较高。但在 cellnet 中，无论 Connector 还是 Acceptor 都属于 Peer，会话（Session）收发过程的代码都是共享的，连接器与接受器的性能也能保持一致。

13.2.1　理解 Socket 的事件类型

通信端和会话在自己发生某些状况时，会主动派发事件。例如，接受器（Acceptor）在侦听到一个新连接时派发接受事件（AcceptedEvent）。每一个事件一个结构体，这些结构体中可能包含本地的会话（Session）接口和事件附带的错误（Error）或消息等。

1．收发事件

在 Socket 需要接收数据和发送数据时，会话（Session）会派发以下事件，请参考代码 13-1。

代码13-1　事件类型（具体文件：.../chapter13/chatbycellnet/cellnet/socket/event.go）

```
// 会话开始接收数据事件
type RecvEvent struct {
    Ses cellnet.Session
}

// 会话开始发送数据事件
type SendEvent struct {
    Ses cellnet.Session
    Msg interface{} // 用户需要发送的消息
```

```
}
```

Ses 表示事件发生时相关的会话，Msg 表示用户要发送的消息，内部保存消息的指针。

当接收到 RecvEvent 事件时，表示需要从 Socket 接收数据，处理后派发给逻辑；当接收到 SendEvent 事件时，表示需要使用 Socket 把编码后的数据发送出去。

如果在处理数据时发生错误， RecvErrorEvent 或 SendErrorEvent 事件会被派发，这两个消息的定义代码如下：

```
// 会话接收数据时发生错误的事件
type RecvErrorEvent struct {
    Ses   cellnet.Session
    Error error
}

// 会话发送数据时发生错误的事件
type SendErrorEvent struct {
    Ses   cellnet.Session
    Error error
    Msg   interface{}
}
```

收到上面的两种事件时，表示用户需要检查收发包流程是否存在问题，以及打印错误日志。

2. 连接器事件

用户收到 SessionStartEvent 事件时，表示有新的连接被创建。如果用户此时使用连接器（Connector）发起连接，在收到 SessionStartEvent 事件时表示已经连接到服务器，如下面代码所示：

```
// 会话开始事件
type SessionStartEvent struct {
    Ses cellnet.Session
}

// 已连接上远方服务器事件
type ConnectedEvent = SessionStartEvent
```

代码中使用类型别名（Type Alias），将 SessionStartEvent 起了一个别名叫 ConnectedEvent。开发中，SessionStartEvent 和 ConnectedEvent 两种名称都表示同一个事件含义。

当用户收到 ConnectErrorEvent 事件时，表示连接的过程发生错误，如无法连接、地址错误等，定义如下面代码所示：

```
// 连接错误事件
type ConnectErrorEvent struct {
    Ses   cellnet.Session
    Error error
}
```

Error 表示 Socket 返回的错误。

3. 接受器事件

当用户收到一个 AcceptedEvent 事件，如果此时正在使用接受器时，表示有服务器接受了一个来自客户端的连接。接受器（Acceptor）与连接器类似，在会话开始时，定义了 SessionStartEvent 事件的别名 AcceptedEvent，代码如下：

```
// 已接受一个连接事件
type AcceptedEvent = SessionStartEvent
```

4. 连接关闭事件

当用户收到 SessionClosedEvent 事件时，表示会话由于 Socket 的关闭或者错误而断开，SessionClosedEvent 定义代码如下：

```
// 会话连接关闭事件
type SessionClosedEvent struct {
    Ses   cellnet.Session
    Error error
}
```

13.2.2 管理事件回调

socketPeer 结构负责保存事件回调和所有事件的派发，请参考代码 13-2 的 socket/peer.go 文件。

1. 事件回调的保存

通信端（Peer）的事件被记录在结构体中，在连接器、接受器、会话中可以通过 socketPeer 结构派发消息，socketPeer 中定义事件回调的代码如代码 13-2 所示。

代码13-2 通信端共享数据（具体文件：.../chapter13/chatbycellnet/cellnet/socket/peer.go）

```
// 通信端共享的数据
type socketPeer struct {
    // 事件处理函数回调
    eventFunc cellnet.EventFunc

    …… // 其他成员实现
}
```

连接器和接受器都包含有 socketPeer 结构，因此两种通信端都可以注册和响应事件。使用 eventFunc 变量保存类型为 cellnet.EventFunc 的回调。

cellnet.EventFunc 的定义如下：

```
type EventFunc func(param interface{}) interface{}
```

这个回调的含义是：事件触发时，传入事件的参数 param。事件处理后，将可能发生的错误、数据使用 interface{}类型返回。

2. 事件回调的设置

socketPeer 的 SetEvent()方法可以设置消息处理回调，当事件发生时，这个回调会被调用。

```
// 设置通信端事件回调
func (s *socketPeer) SetEvent(f cellnet.EventFunc) {
    s.eventFunc = f
}
```

SetEvent 实现了 Peer 接口中的 SetEvent()方法，下面代码中标黑的部分就是通信端（Peer）中的 SetEvent()方法，因此，调用 Peer 的接口就可以调用 SetEvent()方法，如代码 13-3 所示。

代码13-3　通信端接口（具体文件：…/chapter13/chatbycellnet/cellnet/peer.go）

```
type Peer interface {

    // 开启端，传入地址
    Start(address string) Peer

    // 停止通讯端
    Stop()

    // 获取队列
    Queue() EventQueue

    // 设置事件回调函数
    SetEvent(f EventFunc)

    // 通信端名称
    Name() string

    // 设置通讯端名称
    SetName(string)

    SessionAccessor
}
```

连接器和接受器要求在创建时提供事件回调，NewConnector()函数会创建一个连接器，它的参数包含 EventFunc 事件回调函数，如下代码：

```
    queue := cellnet.NewEventQueue()

    peer := socket.NewConnector(func(raw interface{}) {

        switch ev := raw.(type) {
        case socket.ConnectedEvent:          // 响应 Socket 连接上的事件
            fmt.Println("client connected")
        case socket.SessionClosedEvent:      // 响应会话关闭的事件
            fmt.Println("client error: ", ev.Error)
        }

    }, queue)
```

代码说明如下：

- 第 1 行，创建一个队列，这是 Connector 创建时必须有的参数之一。
- 第 3 行，创建一个连接器，参数中需要传入事件处理函数，使用匿名函数 func(raw interface{}) {}进行处理。
- 第 5 行，根据传入的事件类型来判断当前的事件是哪种类型。

3．派发事件

会话和通信端都可以使用 socketPeer 的 fireEvent()方法派发消息，这个方法只供 socket 包内部使用，代码如下：

```
// Socket 包内部派发事件
func (s *socketPeer) fireEvent(ev interface{}) interface{} {

    // 在没有消息处理回调时，不做任何动作
    if s.eventFunc == nil {
        return nil
    }

    // 调用消息处理回调
    return s.eventFunc(ev)
}
```

连接器在连接发生错误时，使用 fireEvent()方法派发一个连接失败的事件，代码如下：

```
// 尝试用 Socket 连接地址
conn, err := net.Dial("tcp", address)

// 发生错误时退出
if err != nil {
    c.fireEvent(ConnectErrorEvent{ses, err})
    return
}
```

加粗的部分就是派发连接错误事件的示例。

13.2.3　连接器（Connector）

连接器（Connector）是通信端（Peer）的一种，Connector 使用一个网络地址发起一个 Socket 连接。cellnet 中，使用 socketConnector 结构实现 Connector 的功能及 Peer 的接口方法。

1．定义socketConnector

socketConnector 由 socketPeer 和 internal.SessionManager 组成。internal.SessionManager 是 internal 内部包中的一个会话管理器，负责多个会话的管理、遍历和获取操作。socketConnector 还包含一个 ses cellnet.Session 成员，保存当前连接对应的会话，

socketConnector 的定义如代码 13-4 所示。

代码13-4 连接器实现（具体文件：…/chapter13/chatbycellnet/cellnet/socket/connector.go）

```
type socketConnector struct {
    socketPeer
    internal.SessionManager

    ses cellnet.Session
}
```

2. 使用socketPeer实现Peer的接口

socketConnector 中包含有 socketPeer，socketPeer 实现连接器和接受器的共享数据，如名称、地址、队列及事件管理等。socketPeer 也实现了 Peer 的接口方法，如下面代码所示：

```
// 发起和接受连接的通信端
type Peer interface {

    // 开启端，传入地址
    Start(address string) Peer

    // 停止通信端
    Stop()

    // 获取队列
    Queue() EventQueue

    // 设置事件回调函数
    SetEvent(f EventFunc)

    // 通信端名称
    Name() string

    // 设置通信端名称
    SetName(string)

    SessionAccessor
}
```

3. 启动socketConnector

socketConnector 实现通信端（Peer）接口的 Start()方法，这个方法是发起连接的关键入口，代码如下：

```
func (c *socketConnector) Start(address string) cellnet.Peer {

    c.address = address

    go c.connect(address)

    return c
}
```

在 Start()方法中调用 connect()方法，connect()是一个会发生阻塞的方法。为了让连接器能同时发起连接，需要使用 goroutine 并发执行 connect()方法。

4．使用connect()方法发起Socket连接

connect()方法需要传入一个地址来发起 Socket 连接，此时，connect()会创建一个新的会话用于收发处理。如果连接发生错误，connect()方法会派发 ConnectErrorEvent 事件。正常连接上服务器时，调用会话的 start()方法，开启会话的处理流程，见代码 13-5。

代码13-5　连接器发起连接（具体文件：…/chapter13/chatbycellnet/cellnet/socket/connector.go）

```
01  // 连接器，传入连接地址和发送封包次数
02  func (c *socketConnector) connect(address string) {
03
04      // 尝试用 Socket 连接地址
05      conn, err := net.Dial("tcp", address)
06
07      // 创建新的会话，传入 Socket 连接和 Peer
08      ses := newSession(conn, &c.socketPeer)
09      c.ses = ses
10
11      // 发生错误时退出
12      if err != nil {
13          c.fireEvent(ConnectErrorEvent{ses, err})
14          return
15      }
16
17      log.Infof("#connected(%s) %s", c.Name(), c.address)
18
19      ses.start()
20
21  }
```

第 17 行在连接成功时，使用日志系统输出日志，告知连接上的地址及 Peer 对应的名称。

13.2.4　会话管理（SessionManager）

通信端（Peer）在创建新连接后，会话管理器会管理和维护会话。在使用接受器（Acceptor）时，会话管理器（SessionManager）能方便地对多个连接或者客户端广播消息。

1．会话管理器的接口定义

会话管理器的接口根据访问权限的不同可以分为两个部分：对外获取和对内的添加删除。SessionAccessor 接口负责提供连接的获取、遍历、关闭等功能，定义如代码 13-5 所示。

代码13-6　会话管理器接口（具体文件：…/chapter13/chatbycellnet/cellnet/peer.go）

```
// 会话访问
```

```
type SessionAccessor interface {

    // 获取一个连接
    GetSession(int64) Session

    // 遍历连接
    VisitSession(func(Session) bool)

    // 连接数量
    SessionCount() int

    // 关闭所有连接
    CloseAllSession()
}
```

另外，在 internal 包中还有一个会话管理器的完整功能接口 SessionManager，这个接口在 SessionAccessor 的基础上增加 Add 和 Remove 接口，负责会话的添加和移除，Session Manager 的定义如代码 13-7 所示。

代码13-7　会话管理器实现（具体文件：.../chapter13/chatbycellnet/cellnet/internal/sesmgr.go）

```
type SessionManager interface {
    cellnet.SessionAccessor

    Add(cellnet.Session)
    Remove(cellnet.Session)
}
```

SessionManager 接口只能在 cellnet 的内部使用。用户只能通过 SessionAccessor 接口访问 Peer 的会话。

2．安全地添加会话并生成ID

每个会话都需要有一个“身份证 ID”，表示这个会话在通信端中是独一无二的。会话被添加到会话管理器时会被分配一个唯一的 ID。通过这个 ID 可以找到 ID 对应的会话。

会话管理器的具体逻辑由 internal 包的 sesMgr 结构实现，其定义如下：

```
type sesMgr struct {
    sesById sync.Map                    // 使用 ID 关联会话

    sesIDGen int64                      // 记录已经生成的会话 ID 流水号

    count int64                         // 记录当前在使用的会话数量
}
```

由于会话管理器会暴露在并发环境中，因此需要保证所有添加和删除会话的过程不会发生竞态问题。sesMgr 使用 sync.Map 保存会话和 ID 的关联关系，以提高并发环境下的处理性能。

sesMgr 的 Add()方法为每一个需要添加的会话分配一个 ID，这个 ID 相对于会话管理器来说是唯一的。sesMgr 使用不断自增的序列号生成会话的 ID，实现过程如下：

```
01  func (self *sesMgr) Add(ses cellnet.Session) {
02
03      // 生成会话 ID
04      id := atomic.AddInt64(&self.sesIDGen, 1)
05
06      // 增加会话数量
07      self.count = atomic.AddInt64(&self.count, 1)
08
09      // 临时构建一个接口，用于调用会话的 SetID 接口
10      ses.(interface {
11          SetID(int64)
12      }).SetID(id)
13
14      // 建立 ID 与会话的关联
15      self.sesById.Store(id, ses)
16  }
```

代码说明如下：

- 第 4 行，使用原子操作 atomic.AddInt64()函数生成一个新的 ID 值，self.sesIDGen 的初始值为 0，每次新连接自增 1，所以会话的 ID 都是从 1 开始，不会出现 0 的情况。
- 第 7 行，由于 sync.Map 没有类似 map 中使用 len 统计元素数量的方法，在 sesMgr 添加和删除会话时，需要使用变量来同步会话的实际数量。
- 第 10 行中，将 cellnet.Session 接口临时转换为带有 SetID(int64)方法的接口，并且使用这个接口调用 SetID()方法，将 ID 设置给 Session。
- 第 15 行，使用 sesById 的 Store()方法，建立 ID 与会话的关联。

3．用会话管理器实现广播

使用会话管理器的 VisitSession()方法可以遍历每一个会话，这样就可以将消息发送给每个连接，也就是“消息广播”，参考下面的代码：

```
01  // 广播给所有连接
02  func broadcast(peer cellnet.Peer, msg interface{}) {
03      peer.VisitSession(func(ses cellnet.Session) bool {
04
05          ses.Send(msg)
06
07          return true
08      })
09  }
```

代码说明如下：

- 第 2 行，声明广播函数，传入通信端（Peer）和要广播的消息。
- 第 3 行，使用 Peer 的 VisitSession()方法遍历所有通信端下的会话。
- 第 5 行，使用每个会话的 Send()函数发送消息。
- 第 7 行，如果需要暂停广播过程，可以在此行返回 false。

13.2.5 接受器（Acceptor）

接受器（Acceptor）接受多个来自客户端的连接，并为每一个连接创建一个会话。接受器使用地址开始侦听和等待连接，使用 socketAcceptor 完成侦听和等待连接的过程。

1．定义socketAcceptor

socketAcceptor 由 socketPeer 和 SessionManager 组成，同时在成员中保存有侦听器和控制流程的同步组，见代码 13-8。

代码13-8 接受器实现（具体文件：.../chapter13/chatbycellnet/cellnet/socket/acceptor.go）

```
// 接受器
type socketAcceptor struct {
    socketPeer                    // 保存 Peer 共享数据，实现 Peer 的一部分接口
    internal.SessionManager       // 多个会话管理

    // 保存侦听器
    l net.Listener

    // 侦听器的停止同步
    wg sync.WaitGroup
}
```

2．启动接受器

接受器同样实现了 Peer 的 Start()方法，传入一个地址以开启接受器，代码如下：

```
func (a *socketAcceptor) Start(address string) cellnet.Peer {

    a.address = address

    go a.listen(address)

    return a
}
```

socketAcceptor 的 Start()方法并发启动 listen()方法开始侦听新的连接。

3．等待连接循环

socketAcceptor 的 listen()方法是一个同步方法，直接调用会发生阻塞。侦听成功后，使用一个无限循环，不断地等待新的连接，并调用 Socket 的 Accept()方法接受新的连接连入，代码如下：

```
func (a *socketAcceptor) listen(address string) {

    var err error
    // 根据给定地址进行侦听
```

```
    a.l, err = net.Listen("tcp", address)

    // 如果侦听发生错误，打印错误并退出
    if err != nil {
        fmt.Println(err.Error())
        return
    }

    log.Infof("#listen(%s) %s", a.Name(), a.address)

    // 侦听循环
    for {

        // 新连接没有到来时，Accept 是阻塞的
        conn, err := a.l.Accept()

        // 发生任何的侦听错误，打印错误并退出服务器
        if err != nil {
            break
        }

        // 创建新的会话，开始会话处理
        go a.onNewSession(conn)
    }
}
```

13.3　组织接收和发送数据流程的 Socket 会话（Session）

Socket 会话（Session）负责管理 Socket 接收和发送数据的流程。Socket 会话的处理过程使用 socketSession 结构实现。socketSession 中会创建 3 个 goroutine，这 3 个 goroutine 分别负责接收数据、发送数据、同步等待接收和发送流程结束，它们的关系如图 13-2 所示。

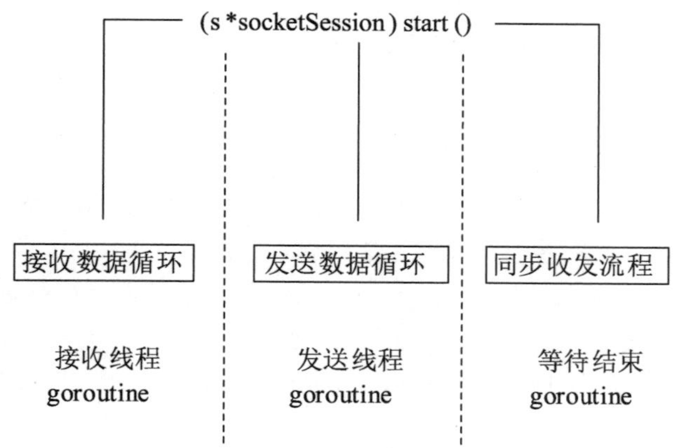

图 13-2　socketSession 中的 3 个 goroutine

13.3.1　在会话开始时启动 goroutine 和派发事件

socketSession 的 start()方法负责启动 3 个处理 goroutine，派发 SessionStartEvent 和 SessionExitEvent 事件，以及调用会话管理器的 Add()方法和 Remove()方法，请参考代码 13-9。

代码13-9　会话启动（具体文件：.../chapter13/chatbycellnet/cellnet/socket/session.go）

```
01  // 启动会话的各种资源
02  func (s *socketSession) start() {
03
04      // 将会话添加到管理器
05      s.Peer().(internal.SessionManager).Add(s)
06
07      // 会话开始工作
08      s.peer.fireEvent(SessionStartEvent{s})
09
10      // 需要接收和发送线程同时完成时才算真正地完成
11      s.exitSync.Add(2)
12
13      go func() {
14
15          // 等待接收和发送任务结束
16          s.exitSync.Wait()
17
18          // 派发会话结束的事件
19          s.peer.fireEvent(SessionExitEvent{s})
20
21          // 将会话从管理器中移除
22          s.Peer().(internal.SessionManager).Remove(s)
23      }()
24
25      // 启动并发接收 goroutine
26      go s.recvLoop()
27
28      // 启动并发送 goroutine
29      go s.sendLoop()
30  }
```

代码说明如下：

- 第 5 行，在会话启动时，将会话添加到会话管理器（SessionManager）中，方便后期的遍历和访问，此时也会生成会话的 ID。
- 第 8 行，socketSession 派发 SessionStartEvent，在连接器（Connector）中表示已经连接上服务器，在接受器（Acceptor）中表示接受一个连接。
- 第 11 行，使用同步组创建两个任务，当接收和发送都完成时，在第 16 行的同步组才会结束阻塞。
- 第 13 行，让等待接收和发送循环结束的过程在一个单独的 goroutine 中完成。

- 第 22 行，socketSession 的接收和发送流程都结束时，将会话从管理器中移除，外部不能再通过管理器访问到会话。
- 第 26 和 29 行，并发开启接收和发送循环。

13.3.2 会话中的接收数据循环

socketSession 在接收循环中不断地派发 RecvEvent 事件，用户在接收到 RecvEvent 事件后，需要作出如下处理：

- 没有错误发生，继续接收数据。
- 数据读取完毕，派发 SessionClosedEvent 事件。
- 接收流程发生错误，派发 RecvErrorEvent 事件。

socketSession 的接收循环详细实现过程，请参考代码 13-10。

代码13-10 会话接收循环（具体文件：.../chapter13/chatbycellnet/cellnet/socket/session.go）

```
01  // 接收循环
02  func (s *socketSession) recvLoop() {
03
04      for {
05
06          // 发送接收消息，会话需要读取数据
07          err := s.peer.fireEvent(RecvEvent{s})
08
09          // 连接断开
10          if err == io.EOF {
11              s.peer.fireEvent(SessionClosedEvent{s, err.(error)})
12              break
13
14          // 如果依然有错误，而且此时连接仍然存在时，可能发生接收错误
15          } else if err != nil && s.conn != nil {
16              s.peer.fireEvent(RecvErrorEvent{s, err.(error)})
17              break
18          }
19      }
20
21      s.cleanup()
22  }
```

代码说明如下：

- 第 7 行，没有错误发生时，socketSession 将会不断地派发 RecvEvent 事件，用户接收 RecvEvent 事件后，使用 socketSession 中的 Socket 接收数据。
- 第 12 和 17 行，在接收过程发生错误后，接收循环就被终止了。
- 第 21 行，退出接收循环后，socketSession 的 cleanup()方法将被调用，清理 socket 资源及处理 goroutine 同步等问题。

13.3.3 会话中的发送数据循环

在传统的 Socket 程序中，习惯在逻辑线程将数据编码并发送。cellnet 为了提高 CPU 的利用率和降低逻辑线程的 CPU 占用，将要发送的数据通过发送队列缓存后，在发送循环中编码并发送。

用户发送数据有如下几步：

- 将数据放到发送队列中。
- 在发送循环中将数据取出并派发 SendEvent 事件。
- 在接收到 SendEvent 事件后，把数据编码后，使用 socketSession 的 Socket()方法把数据发送出去。

发送流程可参考图 13-3 所示。

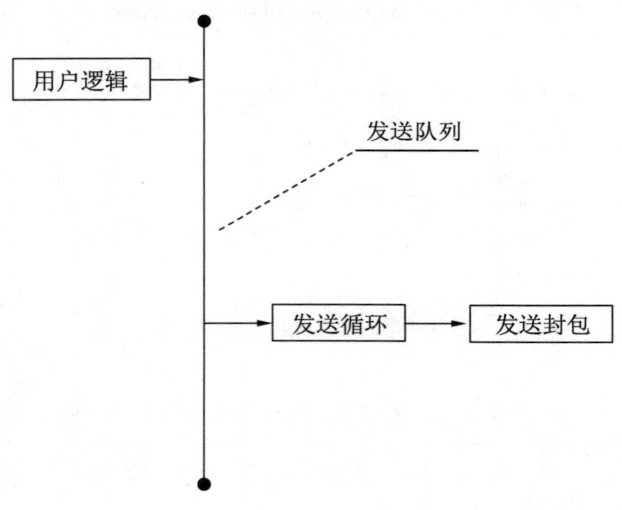

图 13-3　消息的发送流程

1. 构建socketSession的发送队列

socketSession 中的发送队列（sendChan）使用 interface{}类型的通道实现，其定义代码如下：

```
// Socket 会话
type socketSession struct {

    …… //其他的成员

    // 发送队列
    sendChan chan interface{}
}
```

sendChan 在 socketSession 创建时被初始化为带有缓冲的通道，代码如下：

```
// 默认 10 个长度的发送队列
const SendQueueLen = 10

func newSession(conn net.Conn, peer *socketPeer) *socketSession {
    return &socketSession{
        conn:    conn,
        peer:    peer,
        sendChan: make(chan interface{}, SendQueueLen),
    }
}
```

2. 用户将数据放到发送队列中

使用通道，实现了 Session 接口的 Send()方法，如下代码：

```
// 发送封包
func (s *socketSession) Send(msg interface{}) {
    s.sendChan <- msg
}
```

在关闭会话时，使用发送队列传入 nil。

```
func (s *socketSession) Close() {
    s.sendChan <- nil
}
```

由于 sendChan 是一个带有缓冲的通道，在通道被装满前，Send()和 Closev()方法不会发生阻塞。

3. 从发送队列中取出数据后派发SendEvent事件

在发送循环中，每次从发送队列中取出消息，派发 SendEvent 事件对数据编码后再发送出去。如果从发送队列中取出的消息为 nil 时，则退出发送循环，关闭 Socket，此时会导致接收循环中的 Socket 退出接收循环，关闭发送队列，请参考代码 13-11。

代码13-11　会话发送循环（具体文件：.../chapter13/chatbycellnet/cellnet/socket/session.go）

```
// 发送循环
func (s *socketSession) sendLoop() {

    // 遍历要发送的数据
    for msg := range s.sendChan {

        // nil 表示需要退出会话通信
        if msg == nil {
            break
        }

        // 要求发送数据
        err := s.peer.fireEvent(SendEvent{s, msg})

```

```
15              // 发送错误时派发事件
16              if err != nil {
17                  s.peer.fireEvent(SendErrorEvent{s, err.(error), msg})
18                  break
19              }
20
21          }
22
23          s.cleanup()
24      }
```

代码说明如下：

- 第 5 行，从发送队列中接收消息。
- 第 8 行，使用 Session 的 Close()方法时，Session 会放入一个 nil 到发送队列中。当消息为 nil 时，表示需要退出发送循环和关闭 Session 会话。
- 第 13 行，不断地将消息派发为事件，通过 Socket 派发出去。
- 第 17 行，当发送流程发生错误时报错。

13.4 排队处理事件的事件队列（EventQueue）

在 cellnet 中，事件队列将来自不同通信端（Peer），不同会话（Session）及不同 goroutine 的事件回调函数放在一个 goroutine 中排队处理。事件队列能方便地实现单队列、多队列、无队列等不同方式的事件处理方法。

13.4.1 实现事件队列

cellnet 中，使用 eventQueue 结构实现事件队列（EventQueue）接口。

1. 定义事件队列

eventQueue 结构有 3 个成员：一个元素类型为 func()的管道实现事件处理队列，一个 exitSignal 实现队列退出的 goroutine 同步及一个 capturePanic 标识是否在处理事件时捕获崩溃。eventQueue 的定义见代码 13-12 所示。

代码13-12 事件队列实现（具体文件：…/chapter13/chatbycellnet/cellnet/queue.go）

```
type eventQueue struct {
    queue chan func()                     // 事件处理队列

    exitSignal chan int                   // 退出信号

    capturePanic bool                     // 是否捕获处理中的异常
}
```

eventQueue 有两个创建函数，一个按给定长度创建队列，代码如下：

```
// 创建指定长度的队列
func NewEventQueueByLen(l int) EventQueue {
    self := &eventQueue{
        queue:      make(chan func(), l),
        exitSignal: make(chan int),
    }

    return self
}
```

还有一个设定默认 100 元素的队列长度，代码如下：

```
const DefaultQueueSize = 100

// 创建默认长度的队列
func NewEventQueue() EventQueue {

    return NewEventQueueByLen(DefaultQueueSize)
}
```

默认情况下，使用 NewEventQueue()函数即可。如果需要定制队列长度，可以再使用 NewEventQueueByLen()函数。

2．投递一个事件处理回调到事件队列

eventQueue 使用 Post()方法将一个函数回调派发到队列中，Post()方法的实现代码如下：

```
// 派发事件处理回调到队列中
func (q *eventQueue) Post(callback func()) {

    if callback == nil {
        return
    }

    q.queue <- callback
}
```

callback 为空时，是不能投递到队列中的。

3．从队列中取出事件并处理

使用 NewEventQueue()函数创建事件队列后，调用 eventQueue 的 StartLoop()方法，在 goroutine 中开启事件处理循环，代码如下：

```
// 开启事件循环
func (q *eventQueue) StartLoop() {

    go func() {
        for callback := range q.queue {
            q.protectedCall(callback)
        }
    }()
}
```

第 5 行，从 q.queue 队列中接收回调后，通过 protectedCall()方法进行处理。

4．防止事件处理过程发生崩溃

在 eventQueue 的 EnableCapturePanic()方法被调用时，传入 true 启动防止处理事件崩溃的功能，代码如下：

```
// 启动崩溃捕获
func (q *eventQueue) EnableCapturePanic(v bool) {
    q.capturePanic = v
}
```

在 eventQueue 的 protectedCall()方法中处理事件回调，在处理中防止代码崩溃导致服务退出，请参考代码 13-13。

代码13-13　会话发送循环（具体文件：.../chapter13/chatbycellnet/cellnet/queue.go）

```
01  // 保护调用用户函数
02  func (q *eventQueue) protectedCall(callback func()) {
03
04      if callback == nil {
05          return
06      }
07
08      if q.capturePanic {
09          defer func() {
10
11              // 捕获错误
12              if err := recover(); err != nil {
13
14                  debug.PrintStack()
15              }
16
17          }()
18      }
19
20      // 调用用户回调，处理事件
21      callback()
22  }
```

代码说明如下：

- 第 9 行，创建一个延迟函数，发生崩溃时这个函数会被触发。
- 第 12 行，捕获发生的 error 对象。
- 第 14 行，打印错误堆栈，告知用户发生错误的位置。

13.4.2　使用不同的事件队列模式处理数据

使用 cellnet 应用中的事件队列数量可以决定数据处理的模式。例如，在应用中不使用队列与使用一个队列的不同就分别对应多线程与单线程逻辑的不同处理模式。

另外，对象与队列的对应关系，也会形成新的处理模式。

cellnet 中 SetEvent 事件回调调用时，可能发生在不同的 goroutine 中，因此需要处理并发问题。

1. 不使用事件队列，I/O goroutine直接处理数据——接收数据与处理间无缓冲

cellnet 中，在 NewConnector()和 NewAcceptor()函数创建 Peer 时，将 EventQueue 类型的参数设置为 nil 时，逻辑将运行在 I/O 线程，示例如下：

```
// 连接器 A
socket.NewConnector(packet.NewMessageCallback(userProc), nil)

// 接受器 B
socket.NewAcceptor(packet.NewMessageCallback(userProc), nil)
```

这种模式下，Socket 接收到数据后，只能等待处理函数处理完毕后才能继续接收下一个消息，如图 13-4 所示。

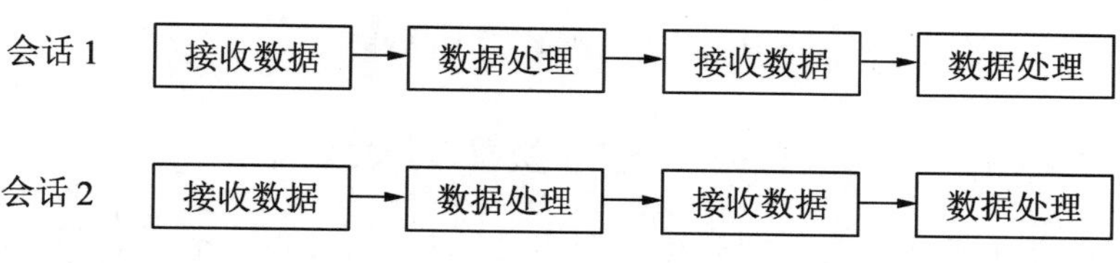

图 13-4　使用 I/O goroutine 处理数据

不使用事件队列时，Socket 间的收发延迟不会互相干扰，并发处理性能较高。

2. 多个通信端（Peer）共享一个事件队列——单线程模型

多个 Peeer 共享同一个队列时，事件在处理时将被放到队列中排队处理。cellnet 中使用单线程模型的例子如下：

```
queue := cellnet.NewEventQueue()

// 连接器 A
socket.NewConnector(packet.NewMessageCallback(userProc), queue)

// 接受器 B
socket.NewAcceptor(packet.NewMessageCallback(userProc), queue)
```

单线程模式中，数据放入队列的顺序就是最终数据被处理的顺序，所有数据都要被依次排队处理，如图 13-5 所示。

单线程模式适合逻辑压力不大且有很强交互性的逻辑。例如，MMORPG 类型的游戏服务器经常需要处理玩家间频繁交互问题，这种情况就非常适合使用单线程模型。另外，著名的内存数据库 Redis，也是使用单线程模型。

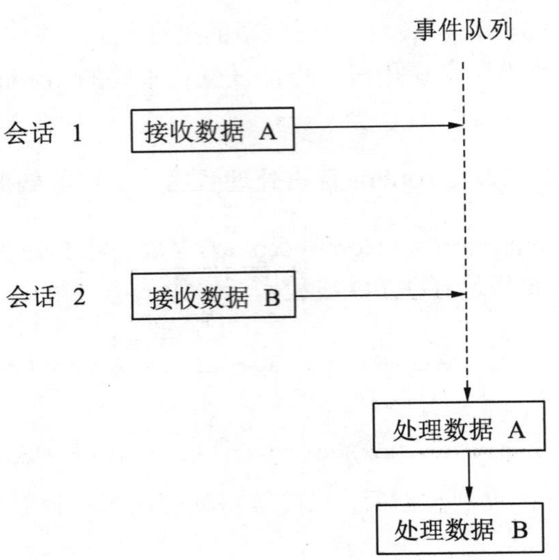

图 13-5　单线程处理模式

3. 每个对象对应一个事件队列——多个机器人并发处理

这种模式需要手动为每个对象建立一个事件队列（EventQueue），然后将消息放到这个队列上，并使用对象的消息处理函数处理数据，代码如下：

```
01      socket.NewAcceptor(packet.NewMessageCallback(func(ses cellnet.Session, raw interface{}) {
02
03          obj := getObjectBySession(ses)
04
05          obj.Queue.Post(func() {
06              ObjectMessageProcFunc(obj, raw)
07          })
08
09      }), nil)
```

代码说明如下：

- 第 3 行，getObjectBySession()是一个由用户实现的，可以根据 ses 找到其对应对象的映射函数，使用这个函数找出对象。
- 第 5 行，对象中保存有自己的队列，使用队列将消息封装到闭包中，提供给 ObjectMessageProcFunc()函数调用。
- 第 6 行，ObjectMessageProcFunc()将在对象自己的队列（obj.Queue）所处的 goroutine 中被调用。

每个对象都拥有事件队列的模型下，对象之间的处理是完全独立的。事件队列在处理中充当了缓冲的角色，如果接收速度大于处理速度时，队列可以将多余的消息缓冲下来，等待数据处理速度恢复时再处理，如图 13-6 所示。

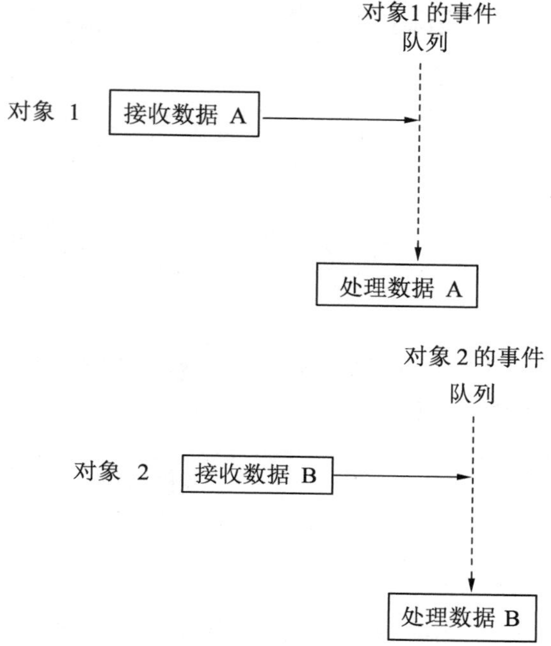

图 13-6　每个对象一个事件队列的模式图示

13.5　消息编码（codec）——让 cellnet 支持消息的多种编码格式

cellnet 使用 codec 编码支持多种编码格式，可以在一个服务器进程中，混合使用 Protobuf、sproto、二进制内存流等编码格式。

cellnet 在 codec.go 文件中定义有 Codec 接口，任何编码只要实现了 Codec 接口，并使用 RegisterCodec 函数注册你的 Codec 编码接口，即可在网络库中使用新的编码格式。

1. 定义Codec接口

Codec 接口由 3 个方法组成，功能分别是对数据编码、从数据解码为消息及返回编码器名字，Codec 接口定义如代码 13-14 所示。

代码13-14　编码接口（具体文件：.../chapter13/chatbycellnet/cellnet/codec.go）

```
type Codec interface {
    // 将数据转换为字节数组
```

```
    Encode(interface{}) ([]byte, error)

    // 将字节数组转换为数据
    Decode([]byte, interface{}) error

    // 返回编码器的名字
    Name() string
}
```

Codec 中带有 interface{}类型的参数要求传入一个结构体的指针，表示一个消息数据。

2. 注册新的编码格式

RegisterCodec()函数可以将一个 Codec 接口注册到编码器系统中，代码如下：

```
func RegisterCodec(c Codec) {

    if _, ok := codecByName[c.Name()]; ok {
        panic("duplicate codec: " + c.Name())
    }

    codecByName[c.Name()] = c
}
```

编码器由名字区分，同名编码器注册时会报错。

3. 获取新的编码格式

在注册编码器后，可以通过编码器的名称重新获取编码器，代码如下：

```
func FetchCodec(name string) Codec {

    return codecByName[name]
}
```

4. 示例：为cellnet添加JSON编码支持

cellnet 在 codec 包中支持各种内建支持的编码格式，本节以 JSON 格式为例，展示如何为 cellnet 添加 JSON 格式的编码支持。

（1）定义 jsonCodec 结构实现 Codec 接口的 Name 方法。

定义一个 jsonCodec 结构，并实现 Name 方法，返回一个字符串“json”，表示当前实现的是 JSON 格式的编码，见代码 13-15。

代码13-15 编码接口（具体文件：.../chapter13/chatbycellnet/cellnet/codec/json/json.go）

```
type jsonCodec struct {
}

// 编码器的名称
func (self *jsonCodec) Name() string {
    return "json"
}
```

（2）对接 JSON 序列化接口。

Go 语言自带的 json 包的 json.Marshal()函数可以将一个结构体序列化为字节数组（[]byte）,json.Unmarshal()函数可以将字节数组反序列化为结构体，将这两个函数使用 jsonCodec 的 Encode()和 Decode()方法封装起来，这样就实现了 Codec 接口的 Encode()和 Decode()方法，代码如下：

```
// 将结构体编码为 JSON 格式的字节数组
func (self *jsonCodec) Encode(msgObj interface{}) ([]byte, error) {
    // 将消息序列化为字节数组
    return json.Marshal(msgObj)
}

// 将 JSON 的字节数组解码为结构体
func (self *jsonCodec) Decode(data []byte, msgObj interface{}) error {
    // 使用字节数组的数据设置消息的数据
    return json.Unmarshal(data, msgObj)
}
```

（3）注册 JSON 编码器。

使用 Go 的 init()函数，在“codec/json”包被引用时自动的将 jsonCodec 实现的 JSON 编码器注册到 cellnet 中，代码如下：

```
func init() {

    // 注册编码器
    cellnet.RegisterCodec(new(jsonCodec))
}
```

（4）使用 JSON 编码器。

jsonCodec 结构实现 JSON 编码器没有导出的函数或者变量。如果需要使用这个编码器时，只需要在 import 列表中使用匿名方式导入“codec/json”包即可，代码如下：

```
import(
_ "chapter13/chatbycellnet/cellnet/codec/json"
)
```

13.6　消息元信息（MessageMeta）——消息 ID、消息名称和消息类型的关联关系

在高性能服务器（如 PC 游戏服务器、手机游戏服务器）中，为了提高服务器传输性能，降低传输带宽及避免封包被破解，一般避免在消息中使用消息名标识消息的类型，转而使用消息 ID 实现。这就需要在发送消息时，将要发送的消息类型转换为消息 ID；在接收时，从封包的消息 ID 中获得消息类型，根据消息类型创建消息并填充消息内容。

另外，需要将消息类型与消息名称建立一个关联，这样能方便地将封包中的消息名称和数据提取出来并打印到日志中，方便查看和调试。

cellnet 使用消息元信息（MessageMeta）注册并处理消息 ID、消息名称和类型之间的关联关系。

13.6.1 理解消息元信息

消息元信息（MessageMeta）由消息名称、消息类型和消息 ID 及消息编码组成，其定义如代码 13-16 所示。

代码13-16 消息元信息（具体文件：.../chapter13/chatbycellnet/cellnet/meta.go）

```
// 消息元信息
type MessageMeta struct {
    Type  reflect.Type                    // 消息类型
    Name  string                          // 消息名称
    ID    uint32                          // 消息 ID
    Codec Codec                           // 消息用到的编码
}
```

用户通过 RegisterMessageMeta()方法，将消息的类型、名称、ID 及使用的编码注册到 cellnet 中之后，就可以通过消息元（MessageMeta）中的类型、名称、ID 重新获得完整的消息元信息。

13.6.2 注册消息元信息

为了展示消息元的注册过程，我们将 TestEchoACK 结构体作为消息，把它的消息元信息注册到 cellnet 中。TestEchoACK 的定义如下：

```
type TestEchoACK struct {
    Msg   string
    Value int32
}
```

Msg 和 Value 表示消息要传输的内容。现在使用 RegisterMessageMeta()函数将这个消息注册到 cellnet 中。RegisterMessageMeta()函数调用时需要很多消息的信息，列举如下：

- 消息的编码格式为 JSON，使用 json 名称，对应 codec 包中注册好的 JSON 编码格式，cellnet 中要求每个消息必须对应一种编码器。
- 消息的名称为 test.TestEchoACK，在类型名前添加消息结构体所在的包名，cellnet 中的消息名称必须唯一。
- 消息类型需要使用反射包获取，将 nil 转为指定的消息类型（(*TestEchoACK)(nil)），再使用 reflect.TypeOf 即可获取*TestEchoACK 的反射类型。
- 消息 ID 可以根据需要自行编排，但必须保证 cellnet 中的消息 ID 唯一。

```
cellnet.RegisterMessageMeta("json",                     // 消息的编码格式
    "test.TestEchoACK",                                 // 消息名
    reflect.TypeOf((*TestEchoACK)(nil)).Elem(),         // 消息的反射类型
    1, // 消息 ID
)
```

提示：为了避免错误并提高开发效率，可以使用工具自动生成消息元信息的注册代码。笔者编写了多个开源的 cellnet 消息元信息代码生成工具，读者可以自行下载源码，使用、分析和研究。

（1）使用 Protobuf 的协议编译器（protoc）配合 protoc-gen-msg 插件的 cellnet 消息元信息代码生成器。（网址为 https://github.com/davyxu/cellnet/tree/master/protoc-gen-msg），使用方法可以参考网址为 https://github.com/davyxu/cellnet/blob/master/proto/pb/ gen_pb.bat。

（2）sproto 的协议解析及 cellnet 消息元信息代码生成器，网址为 https://github.com/ davyxu/gosproto 中的 sprotogen 包。

（3）基于 Go 语言 AST 语法树源码分析的 cellnet 消息元信息代码生成器，网址为 https://github.com/davyxu/cellnet/tree/master/objprotogen。

13.6.3 示例：使用消息元信息

使用 RegisterMessageMeta()函数把消息元信息（MessageMeta）注册到 cellnet 后，就可以使用 MessageMetaByID()、MessageMetaByType()和 MessageMetaByName()等函数获取消息元信息，详细使用代码如下：

```
01  // 注册消息
02  cellnet.RegisterMessageMeta("json",                     // 消息的编码格式
03      "test.TestEchoACK",                                 // 消息名
04      reflect.TypeOf((*TestEchoACK)(nil)).Elem(),         // 消息的反射类型
05      1,                                                  // 消息 ID
06  )
07
08  // 打印消息名
09  fmt.Println(cellnet.MessageMetaByID(1).Name)
10
11  // 通过消息反射类型查询 ID
12  fmt.Println(cellnet.MessageMetaByType(reflect.TypeOf(&TestEchoACK
    {}).Elem()).ID)
13
14  // 使用消息名获取消息类型
15  fmt.Println(cellnet.MessageMetaByName("test.TestEchoACK").Type.
    Name())
```

代码说明如下：

- 第 2 行，注册消息的消息元（MessageMeta）信息。

- 第 9 行，使用消息 ID 查找消息元信息并打印消息元的名称，这个过程一般发生在接收封包时，从封包获取消息 ID 后，查找消息元信息，使用消息元的消息类型创建消息。
- 第 12 行，使用反射获取消息的反射类型然后查找消息元信息，打印消息元信息中的消息 ID。这个过程往往发生在消息发送时，根据用户的消息获知消息的 ID，再将消息 ID 写入封包中并发送出去。
- 第 15 行，根据消息名获取消息元信息。

运行程序，输出如下：

```
test.TestEchoACK
1
TestEchoACK
```

13.6.4 实现消息的编码（EncodeMessage()）和解码（DecodeMessage()）函数

发送消息时，使用编码器（Codec）可以让消息转换为字节数组（[]byte），但前提是必须知道这种消息使用哪种编码器；接收消息时，知道消息 ID 便能知道使用哪种编码器将字节数组转为消息，但前提是需要知道消息的具体类型。消息元（MessageMeta）在消息 ID 和消息类型之间建立了关联，使用消息元和编码器可以方便地进行消息的编码和解码。

1. 将消息编码为字节数组和消息ID

使用 EncodeMessage()函数，可以将消息编码为字节数组和消息 ID。首先通过反射获取消息类型，使用 MessageMetaByType()函数传入消息类型，获取消息的元信息。如果消息没有元信息，表示消息未注册。然后，通过消息元信息就知道消息应该使用哪种编码器进行编码，请参考代码 13-17。

代码13-17　将消息编码（具体文件：.../chapter13/chatbycellnet/cellnet/codec.go）

```
func EncodeMessage(msg interface{}) (data []byte, msgid uint32, err error) {

    // 获取消息元信息
    meta := MessageMetaByType(reflect.TypeOf(msg))
    if meta != nil {
        msgid = meta.ID
    } else {
        return nil, 0, ErrMessageNotFound
        // 消息元信息没有找到，可能消息没有注册
    }

    // 将消息编码为字节数组
    data, err = meta.Codec.Encode(msg)

    return data, msgid, err
}
```

代码说明如下：

- 第 4 行，根据消息类型获取消息的元信息，msg 的类型要求为结构体的指针。
- 第 8 行，如果消息元信息没有找到，则表示 msg 并非是一个有效的消息结构体，或者该消息未通过 RegisterMessageMeta()函数注册。
- 第 12 行，从消息元信息中获取到编码器后，将消息编码为字节数组。

2. 将字节数组和消息ID解码为消息

使用 DecodeMessage()函数可以将消息 ID、字节数组解码为消息结构体指针并返回。首先通过消息 ID 获取消息元信息，如果找不到消息元信息，表示消息未注册。然后使用消息元信息中的类型信息，使用反射创建消息实例，再通过解码器将字节数组反序列化到消息实例上，如代码 13-18 所示。

代码13-18　将消息解码（具体文件：.../chapter13/chatbycellnet/cellnet/codec.go）

```
01  func DecodeMessage(msgid uint32, data []byte) (interface{}, error) {
02
03      // 获取消息元信息
04      meta := MessageMetaByID(msgid)
05
06      // 消息没有注册
07      if meta == nil {
08          return nil, ErrMessageNotFound
09      }
10
11      // 使用反射创建消息
12      msg := reflect.New(meta.Type).Interface()
13
14      // 使用编码器从字节数组转换为消息
15      err := meta.Codec.Decode(data, msg)
16      if err != nil {
17          return nil, err
18      }
19
20      return msg, nil
21  }
```

代码说明如下：

- 第 12 行，使用反射创建出的消息实例 msg 的类型为结构体指针。
- 第 15 行，将字节数组反序列化为消息结构。

13.7　接收和发送封包（packet）

TCP 协议不会丢包，应用层发送的封包在传输时，封包与封包间的分隔不会被操作系统或者路由器识别。这就好比你的快递在发出时，店家和买主并不关注包裹使用多大的车辆装载，也不在乎一个车厢能装载多少货物。在物品到达分拣点时，快递员就需要根据包裹上的标签分离、分类封包并重新投递。在接收网络封包时，也需要有一个明显标志可以区分封包间的边界，这个标志就是封包的长度。

13.7.1 接收可变长度封包

变长封包由两部分组成：包体长度和包体数据。包体长度的类型为无符号 16 位整型，这个长度数值决定后面跟随的包体数据的长度，如图 13-7 所示。

在 12 章中已经讲解过如何处理 TCP 封包的粘包问题。这里我们将使用 io.ReadFull() 函数，配合 bytes.Reader() 及 binary.Read()函数从 Socket 中读取可变长度封包，在 cellnet 中，使用 RecvVariableLengthPacket()函数从 Socket 中读取变长封包。

包体长度	类型：uint16
包体数据	类型：[] byte

图 13-7 可变长度封包的格式

1．读取包体长度

包体长度占用两个字节，类型是无符号 16 位整型。要读取包体长度，就需要先分配拥有两个元素的字节切片，请参考代码 13-19。

代码13-19 接收变长封包（具体文件：.../chapter13/chatbycellnet/cellnet/packet/packet.go）

```
const LengthSize = 2

// Size 为 uint16，占 2 字节
var sizeBuffer = make([]byte, LengthSize)
```

使用 io.ReadFull()函数，从 inputStream（Socket）中把数据读取到 sizeBuffer 切片中，代码如下：

```
// 持续读取 Size 直到读到为止
_, err = io.ReadFull(inputStream, sizeBuffer)
```

此时，描述包体数据大小的整型数据被保存在 sizeBuffer 中，使用 binary.LittleEndian 的 uint16 方法读取小端格式的 uint16 类型的包体数据大小，代码如下：

```
// 用小端格式读取 Size
size := binary.LittleEndian.Uint16(sizeBuffer)
```

2．读取包体数据

获取包体数据的大小后，就可以根据包体数据大小读取包体数据。首先需要分配包体数据的切片空间，然后使用 io.ReadFull()函数继续读取包体数据，代码如下：

```
// 分配包体大小
body := make([]byte, size)

// 读取包体数据
```

```
_, err = io.ReadFull(inputStream, body)

// 初始化封包读取器
pktReader.Init(body)
```

封包包体数据（body）读取完成后，将数据通过 pktReader 的 Init()方法传入，初始化 pktReader。

pktReader 是 RecvVariableLengthPacket()函数的返回值，使用 pktReader 可以方便地读取封包数据，RecvVariableLengthPacket()函数的定义如下：

```
func RecvVariableLengthPacket(inputStream io.Reader) (pktReader
PacketReader, err error)
```

RecvVariableLengthPacket()函数的传入参数 inputStream 的类型为 io.Reader，由于 Socket 的 net.Conn 接口实现了 io.Reader，因此可以用 RecvVariableLengthPacket()函数读取 Socket 的数据。

13.7.2　了解封包数据读取器（PacketReader）

封包数据以字节数组（[]byte）的方式保存，这些数据无法直接使用，需要转换为各种类型的变量或消息对象。在 Go 语言中，使用 binary.Read 配合 bytes.Reader 可以方便地将字节数组转换为需要的数据类型，PacketReader 结构将这个过程封装了起来。

1．PacketReader的构成

PacketReader 由一个字节数组（raw []byte）和一个 bytes.Reader 构成，前者负责保存要读取的数据，后者负责读取数据，同时保存已经读取数据的位置。PacketReader 的定义如代码 13-20 所示。

代码13-20　封包读取器（具体文件：…/chapter13/chatbycellnet/cellnet/packet/pktreader.go）

```
type PacketReader struct {
    raw []byte

    reader *bytes.Reader
}
```

2．使用字节数组初始化PacketReader

PacketReader 在 Init()方法中，使用字节数组初始化，初始化时其成员*bytes.Reader 会被设置为 nil，在下次需要读取时重新指向 raw 读取数据。Init()方法定义如下：

```
// 初始化缓冲，清空读取器
func (p *PacketReader) Init(raw []byte) {
    p.raw = raw
    p.reader = nil
}
```

3．读取常见变量类型

使用 PacketReader 的 ReadValue()方法，传入需要读取变量的指针，即可从 PacketReader 内的字节缓冲内读出数据。在读取前，ReadValue()方法会调用 prepareReader()方法，此时 PacketReader 的 reader 成员才会被初始化，代码如下：

```
// 准备读取器
func (p *PacketReader) prepareReader() {

    if p.reader == nil {
        p.reader = bytes.NewReader(p.raw)
    }

}

// 读取值，使用参数 v 作为返回值返回
func (p *PacketReader) ReadValue(v interface{}) error {

    p.prepareReader()

    return binary.Read(p.reader, binary.LittleEndian, v)
}
```

每次使用 ReadValue()方法读取时，p.reader 都会从上一次读取完的位置开始读取，直到将数据读取完毕。

4．读取字符串

PacketReader 中还有一个 ReadString()方法，这个方法使用 ReadValue 分别读取字符串的长度和数据并转换为字符串，代码如下：

```
func (p *PacketReader) ReadString(str *string) error {
    // 读取字符串长度
    var size uint16
    if err := p.ReadValue(&size); err != nil {
        return err
    }

    // 分配字符串空间
    body := make([]byte, size)

    // 读取字符串值
    if err := p.ReadValue(&body); err != nil {
        return err
    }

    // 返回字符串
    *str = string(body)

    return nil
}
```

ReadValue()方法不仅可以读取普通的类型变量，还可以读取切片等复杂类型的变量。

13.7.3　了解封包数据写入器（PacketWriter）

PacketWriter 结构处理封包写入的过程。使用 WriteValue()方法将数据写入 bytes.Buffer 中，通过 Raw()方法可以取出写入的字节数，如代码 13-21 所示。

代码13-21　封包写入器（具体文件：.../chapter13/chatbycellnet/cellnet/packet/pktwriter.go）

```
// 封包写入
type PacketWriter struct {
    buffer bytes.Buffer
}

// 写入的数据字节数
func (p *PacketWriter) Len() uint16 {
    return uint16(p.buffer.Len())
}

// 写入任意值
func (p *PacketWriter) WriteValue(v interface{}) error {
    return binary.Write(&p.buffer, binary.LittleEndian, v)
}

// 写入的字节数组
func (p *PacketWriter) Raw() []byte {
    return p.buffer.Bytes()
}
```

13.7.4　读取自定义封包及数据

在 Socket 中使用可变长度的封包格式可传输用户数据。要获得消息结构体，就需要在传输中加入标识消息类型的消息 ID。我们习惯上将可变长度封包中的封包长度、消息 ID 及消息数据体三者组成的封包格式称为 Length-Type-Value，简称 LTV 格式的封包。packet 包中的 onRecvLTVPacket()函数负责接收这种格式的封包。

1．接收变长封包

onRecvLTVPacket()函数在会话需要读取时被调用，可以从传入的会话（Session）中获取 Socket。使用 RecvVariableLengthPacket()函数可从 Socket 中读取变长封包，请参考代码 13-22。

代码13-22　接收LTV格式的封包（具体文件：.../chapter13/chatbycellnet/cellnet/packet/recv.go）

```
// 接收 Length-Type-Value 格式的封包流程
func onRecvLTVPacket(ses cellnet.Session, f SessionMessageFunc) error {

```

```
04        // 从会话获取 Socket 连接
05        conn, ok := ses.Raw().(net.Conn)
06
07        // 转换错误或者连接已经关闭时退出
08        if !ok || conn == nil {
09            return nil
10        }
11
12        // 接收长度界定的变长封包，返回封包读取器
13        pktReader, err := RecvVariableLengthPacket(conn)
14
15        if err != nil {
16            return err
17        }
18
19        ……// 后续读取代码
20    }
```

代码说明如下：

- 第 5 行，使用 Session 接口的 Raw()方法取出 Socket（类型 net.Conn）。
- 第 8 行，如果取出中发生错误或者连接关闭时 conn 为空，退出函数。

2. 读取消息ID

使用 RecvVariableLengthPacket()方法返回的 pktReader 的 ReadValue()方法读取 uint16 类型的消息 ID，代码如下：

```
// 读取消息 ID
var msgid uint16
if err := pktReader.ReadValue(&msgid); err != nil {
    return err
}
```

3. 从封包中解码消息

有了消息 ID 和 pktReader 的 RemainBytes()方法返回的还没被读取的封包字节数组，使用 DecodeMessage()就可以解码获得消息结构体的指针 msg，代码如下：

```
// 将字节数组和消息 ID 用户解出消息
msg, err := cellnet.DecodeMessage(uint32(msgid), pktReader.
RemainBytes())
if err != nil {
    return err
}
```

DecodeMessage()使用消息 ID 找到消息对应的消息元（MessageMeta）信息，使用消息元的消息类型创建消息实例，再用消息元中的 Codec 编码器信息使用编码器解出消息结构体。

4. 调用用户回调

为了让用户能区分解码后的消息事件，定义一个包含会话和消息 interface{}的 MsgEvent 事件，结构如代码 13-23 所示。

代码13-23　调用用户回调（具体文件：.../chapter13/chatbycellnet/cellnet/packet/setup.go）

```
type MsgEvent struct {
    Ses cellnet.Session
    Msg interface{}
}
```

调用 invokeMsgFunc()函数，将会话和解码完毕的消息结构体指针用 MsgEvent 结构体包装后作为参数，传递给用户进行处理：

```
// 调用用户回调
invokeMsgFunc(ses, f, MsgEvent{ses, msg})
```

invokeMsgFunc()函数的作用是根据会话（Sesssion）所在的 Peer 是否有事件队列（EventQueue），决定直接调用用户回调（SessionMessageFunc）还是通过 EventQueue 的 Post()方法，将用户回调在队列中排队处理，代码如下：

```
func invokeMsgFunc(ses cellnet.Session, f SessionMessageFunc, msg
interface{}) {
    q := ses.Peer().Queue()

    // Peer 有队列时，在队列线程调用用户处理函数
    if q != nil {
        q.Post(func() {

            f(ses, msg)
        })

    } else {

        // 在 I/O 线程调用用户处理函数
        f(ses, msg)
    }
}
```

13.7.5　写入自定义封包及数据

在 cellnet 中，用户需要发送消息时，cellnet 会调用 packet 包中的 onSendLTVPacket()函数，onSendLTVPacket()函数负责将封包编码、构造并使用 Socket 发送出去，参见代码 13-24。

代码13-24　发送LTV格式的封包（具体文件：.../chapter13/chatbycellnet/cellnet/packet/send.go）

```
// 发送 Length-Type-Value 格式的封包流程
func onSendLTVPacket(ses cellnet.Session, msg interface{}) error {
```

```
03
04      // 取 Socket 连接
05      conn, ok := ses.Raw().(net.Conn)
06
07      // 转换错误或者连接已经关闭时退出
08      if !ok || conn == nil {
09          return nil
10      }
11
12      // 将用户数据转换为字节数组和消息 ID
13      data, msgid, err := cellnet.EncodeMessage(msg)
14
15      if err != nil {
16          return err
17      }
18
19      // 创建封包写入器
20      var pktWriter PacketWriter
21
22      // 写入消息 ID
23      if err := pktWriter.WriteValue(uint16(msgid)); err != nil {
24          return err
25      }
26
27      // 写入序列化好的消息数据
28      if err := pktWriter.WriteValue(data); err != nil {
29          return err
30      }
31
32      // 发送长度定界的变长封包
33      return SendVariableLengthPacket(conn, pktWriter)
34  }
```

代码说明如下：

- 第 8 行，在连接已经被关闭时，会话中的 conn（Socket 对象）将被设置为 nil 发送过程被中断并返回。
- 第 13 行，EncodeMessage()根据 msg 类型查找其对应的消息元（Message），根据消息元中的编码器对 msg 编码，EncodeMessage 返回编码后的字节数组和消息 ID。
- 第 23 行，使用 pktWriter 将消息 ID（uint16）写入发送缓冲。
- 第 28 行，将从消息序列化好的 data（[]byte）写入发送缓冲。
- 第 33 行，将 pktWriter 内保存的发送缓冲通过 Socket 发送出去。

13.7.6 响应消息处理事件

在调用 socket.NewConnector()和 socket.NewAcceptor()函数时，需要传入一个用于响应事件的处理函数，类型为 cellnet.EventFunc，定义为：

```
func(raw interface{}) interface{}
```

raw 参数可能是 socket.RecvEvent、socket.SendEvent 等类型的事件。返回值代表数据或者 error 对象。

在 packet 包中有一个用户事件回调函数 SessionMessageFunc()类型，定义如下：

```
type SessionMessageFunc func(ses cellnet.Session, raw interface{})
```

ses 表示会话，raw 代表事件参数。

packet.NewMessageCallback()函数的功能是创建一个底层使用的 cellnet.EventFunc 闭包。这个闭包引用了 packet.NewMessageCallback()函数的 SessionMessageFunc 参数。cellnet.EventFunc 闭包中收到底层派发的事件，处理完事件后会继续调用 SessionMessageFunc()函数将消息传递下去，详细代码实现见代码 13-25。

代码13-25　响应消息处理事件（具体文件：.../chapter13/chatbycellnet/cellnet/packet/setup.go）

```
01 func NewMessageCallback(f SessionMessageFunc) cellnet.EventFunc {
02
03     return func(raw interface{}) interface{} {
04
05         switch ev := raw.(type) {
06         case socket.RecvEvent:                        // 接收数据事件
07             return onRecvLTVPacket(ev.Ses, f)
08         case socket.SendEvent:                        // 发送数据事件
09             return onSendLTVPacket(ev.Ses, ev.Msg)
10         case socket.ConnectErrorEvent:                // 连接错误事件
11             invokeMsgFunc(ev.Ses, f, raw)
12         case socket.SessionStartEvent: // 会话开始事件（连接上/接受连接）
13             invokeMsgFunc(ev.Ses, f, raw)
14         case socket.SessionClosedEvent:               // 会话关闭事件
15             invokeMsgFunc(ev.Ses, f, raw)
16         case socket.SessionExitEvent:                 // 会话退出事件
17             invokeMsgFunc(ev.Ses, f, raw)
18         case socket.RecvErrorEvent:                   // 接收错误事件
19             log.Errorf("<%s> socket.RecvErrorEvent: %s\n", ev.Ses.
               Peer().Name(), ev.Error)
20             invokeMsgFunc(ev.Ses, f, raw)
21         case socket.SendErrorEvent:                   // 发送错误事件
22             log.Errorf("<%s> socket.SendErrorEvent: %s, msg: %#v\n",
               ev.Ses.Peer().Name(), ev.Error, ev.Msg)
23             invokeMsgFunc(ev.Ses, f, raw)
24         }
25
26         return nil
27     }
28 }
```

代码说明如下：

- 第 1 行，传入类型为 SessionMessageFunc 的用户回调，这个回调被调用时将在 cellnet.EventFunc 事件的基础上添加 MsgEvent 事件，表示接收到一个处理完毕的消息结构体事件。
- 第 3 行，创建一个闭包，func(raw interface{}) interface{}对应 cellnet.EventFunc 类型，

在 NewConnector()和 NewAcceptor()创建时使用到 cellnet.EventFunc 类型。

- 第 6 行，在接收到数据时，使用 onRecvLTVPacket()函数接收封包并解码数据，然后在内部派发 MsgEvent 事件。
- 第 8 行，在用户发送消息时，使用 onSendLTVPacket()函数编码封包并发送封包。
- 第 10～23 行，响应各种事件后，通过 invokeMsgFunc()函数，将用户回调 f（SessionMessageFunc 类型）在队列中执行，或者直接执行。

NewMessageCallback()函数使用闭包，在不添加 cellnet.EventFunc 回调函数参数的前提下，实现了用户回调参数扩展和逻辑扩展。cellnet.EventFunc 中只有一个表示事件的参数（raw interface{}），而在 SessionMessageFunc 中被扩展为 ses cellnet.Session 和 raw interface{}。NewMessageCallback()创建的闭包还响应并处理了消息接收和发送的过程，并把事件放入事件队列（EventQueue）中执行或者使用用户回调执行。NewMessageCallback()函数创造了一个从 cellnet.EventFunc 到 SessionMessageFunc 的适配过程。

13.8　使用 cellnet 网络库实现聊天功能

在了解 cellnet 的设计架构及运作机制的基础上，我们就能使用 cellnet 轻松实现一个带有聊天功能的服务器和客户端命令行程序。

聊天服务器在运行时，会在指定地址和端口进行 Socket 侦听，接受来自聊天客户端的连接。

聊天客户端是一个命令行程序，在启动聊天客户端后，程序会自动连接一个固定地址的聊天服务器地址。在聊天客户端命令行中输入字符串时，聊天客户端会将字符串发送给服务器，聊天服务器会将消息广播给所有连接该聊天服务器的客户端。

客户端和服务器使用 packet 包封装的 Length-Type-Value 封包格式与 JSON 编码方式进行通信。

提示： 也许读者会问我，为什么实现一个聊天逻辑的联网程序需要绕那么大圈子去了解 cellnet，为什么不直接使用 Go 语言的 Socket 库实现聊天的客户端和服务器？

编写和设计 cellnet 的是为了让逻辑实现者建立在一个可以复用的、稳定的平台之上，使用非常直观的接口实现期望的逻辑，而不是在出现问题后，费尽周折地调试一个底层错误。这就好像操作系统的出现，让应用程序可以放心地在计算机、手机等平台运行，开发者不用考虑如何在不同的平台安全地分配内存一样。

cellnet 的出现，就是为了避免开发者如果每次在实现不同的逻辑时都要重新编写封包的接收、发送及消息的解码、编码过程。

cellnet 的概念等同于客户端中的游戏引擎。在各种手机游戏、PC 游戏和主机游戏盛行的时代，开发者一般会选用成熟的游戏引擎进行游戏开发，如 Unity3D 和虚幻引擎。这些引擎将不同的运行平台的细节统一起来，开发者只需要学会如何使用引擎，就可以顺利地将游戏发布到各大平台上。类似地，cellnet 让开发者快速实现通信逻辑，把更换通信协议、调整封包格式等操作，都交给 cellnet 底层来完成，为开发者节约了时间。

13.8.1　定义聊天协议

在实现联网程序前，需要先确定通信协议。通信协议决定两个联网的程序会发送和接收哪些消息，消息由哪些字段组成等。

聊天服务器与每一个聊天客户端连接，每个聊天客户端在发出聊天消息时，都会经过服务器转发给所有的人。本例中的聊天通信消息有两个：ChatREQ 和 ChatACK。使用 cellnet.RegisterMessageMeta()函数将这两个消息注册到 cellnet 中，在发送和接收消息时，cellnet 就会自动完成消息的编码和解码过程，消息定义如代码 13-26 所示。

代码13-26　聊天协议（具体文件：.../chapter13/chatbycellnet/chat/proto/chat.go）

```
29  package proto
30
31  import (
32      "chapter13/chatbycellnet/cellnet"
33      _ "chapter13/chatbycellnet/cellnet/codec/json"
34      "reflect"
35  )
36
37  // 请求发送聊天内容
38  type ChatREQ struct {
39      Content string                          // 发送的内容
40  }
41
42  // 服务器通知客户端有人发送聊天
43  type ChatACK struct {
44      Content string                          // 发送的内容
45      ID      int64                           // 发送者的 ID
46  }
47
48  func init() {
49
50      cellnet.RegisterMessageMeta("json", "proto.ChatREQ", reflect.
        TypeOf((*ChatREQ)(nil)).Elem(), 1)
51      cellnet.RegisterMessageMeta("json", "proto.ChatACK", reflect.
        TypeOf((*ChatACK)(nil)).Elem(), 2)
52  }
```

代码说明如下：

- 第 33 行，匿名引用 JSON 编码包，让这个包中的 JSON 编码器注册到 cellnet 中。
- 第 38 行，客户端向服务器请求一个包含聊天内容的聊天消息。REQ 在这里表示请求的意思。一个 REQ 消息必须与 ACK 消息对应，这是一个约定的命名方式，不是

cellnet 底层限制的规定。

- 第 43 行，当服务器接受到 ChatREQ 时，总是将 ChatREQ 中的 Content 发送内容复制到 ChatACK 中，并广播给所有客户端会话进行连接。
- 第 50 和 51 行，将 ChatREQ 和 ChatACK 使用 RegisterMessageMeta()函数注册到 cellnet 中，消息 ID 分别是 1 和 2，编码格式使用 JSON 格式。

13.8.2 实现客户端功能

聊天客户端功能分为三个部分：创建及初始化通信端（Peer）、从控制台读取输入的聊天内容及响应服务器发送的消息。

1. 创建和初始化通信端（Peer）

聊天客户端使用单线程模型处理服务器事件，因此在全局创建一个事件队列，这个队列会将从服务器发送过来的消息及底层的连接、断开事件排队处理。聊天客户端使用 packet 包提供的 Length-Type-Value 格式的封包及 JSON 格式的编码与服务器通信。客户端创建连接器（Connector）连接服务器的过程如代码 13-27 所示。

代码13-27 创建客户端网络环境（具体文件：.../chapter13/chatbycellnet/chat/client/main.go）

```
01      // 创建事件队列
02      queue := cellnet.NewEventQueue()
03
04      // 创建一个连接器，传入消息处理的响应函数和事件队列
05      peer := socket.NewConnector(packet.NewMessageCallback
        (onMessage), queue)
06
07      // 聊天客户端开始连接聊天服务器
08      peer.Start("127.0.0.1:8801")
09
10      // 设置 peer 的名称，以方便调试时显示
11      peer.SetName("client")
12
13      // 开启事件队列的循环
14      queue.StartLoop()
```

代码说明如下：

- 第 5 行，onMessage()函数是响应服务器发送消息的函数，packet.NewMessage Callback()函数内部会将系统底层的事件和消息经过事件队列（queue）排队后，调用 onMessage()函数。
- 第 14 行，开始事件队列的循环时，EventQueue 内部会创建一个 goroutine。

2. 从控制台读取输入的内容

ReadConsole()函数封装从控制台读取字符串的过程（控制台在 Go 语言中以 os.Stdin 文件方式提供）。bufio 是一个带缓冲的读取器，使用 bufio 的 ReadString()方法可以从

os.Stdin 文件中读取字符串，代码如下：

```
01 // 读取控制台指令，用回调返回
02 func ReadConsole(callback func(string)) {
03
04     for {
05
06         // 从键盘读取数据，直到读到换行为止
07         text, err := bufio.NewReader(os.Stdin).ReadString('\n')
08
09         if err != nil {
10             break
11         }
12
13         // 去掉空白字符
14         text = strings.TrimSpace(text)
15
16         // 将数据返回给调用者
17         callback(text)
18     }
19 }
```

代码说明如下：

- 第 4 行，使用无限循环实现从命令行中不断地读取字符串。
- 第 7 行，bufio.NewReader()函数创建一个带有缓冲的读取器，读取从 os.Stdin 文件中输入的数据，直到遇到换行符（'\n'）为止。
- 第 14 行，经过 ReadString()方法返回的字符串带有回车符和可能的空白符，使用 strings.TrimSpace()函数可以从字符串的两边去掉这些空白符。
- 第 17 行，返回处理好的数据。

3. 使用连接器（Connector）的默认会话向服务器发送聊天消息

在 main()函数中，使用 ReadConsole()函数从命令行中读取字符串，这些字符串就是要发送给服务器的聊天内容。连接器（Connector）只会创建一个与服务器通信的会话，将 peer 转换为 interface{Session() cellnet.Session}接口，再通过 Session 返回从连接器（Connector）中获得连接器的默认通信会话。proto.ChatREQ 是发送给服务器的消息结构，完整过程的代码如下：

```
// 从控制台读取字符串
ReadConsole(func(str string) {

    // 使用 peer 获取会话
    ses := peer.(interface {
        Session() cellnet.Session
    }).Session()

    // 发送通过回车输入的字符串
    ses.Send(&proto.ChatREQ{
        Content: str,
```

```
    })
})
```

4．响应服务器发送的消息

客户端在连接上服务器和发送消息后需要及时响应服务器的消息。onMessage()函数实现响应服务器的过程，代码如下：

```
01  // 响应底层事件
02  func onMessage(ses cellnet.Session, raw interface{}) {
03
04      switch ev := raw.(type) {
05      case socket.ConnectedEvent:                    // 连接上服务器的事件
06          fmt.Println("connected")
07      case packet.MsgEvent:                          // 响应解码后的消息
08
09          msg := ev.Msg.(*proto.ChatACK)
10
11          log.Infof("sid%d say: %s", msg.ID, msg.Content)
12
13      case socket.SessionClosedEvent:                // 会话关闭，连接断开
14          fmt.Println("disconnected ")
15      }
16
17  }
```

代码说明如下：

- 第 4 行，将传入的事件内容根据类型进行分支判断及处理。
- 第 5 行，连接到服务器后，响应 socket.ConnectedEvent 事件，并打印 connected 日志。
- 第 7 行，packet 包响应 RecvEvent 事件，经过处理及解码后，派发的 packet.MsgEvent 被 onMessage 响应并处理。
- 第 9 行，ev.Msg 的类型为 interface{}，使用类型断言取出消息。
- 第 13 行，与服务器的通信会话断开时，会收到 socket.SessionClosedEvent 事件，此时打印 disconnected 日志。

13.8.3 实现服务器功能

聊天服务器由两部分组成：创建通信端（Peer）和响应客户端消息与事件。聊天服务器主要负责客户端连接的管理和聊天消息的转发。

1．创建服务器通信端

服务器端使用单线程处理聊天逻辑，cellnet 的 I/O 收发层是并发多线程的，因此单线程完全足以处理聊天逻辑。服务器在创建后，所有侦听、收发过程都在并发的 goroutine 中，在 main()函数的 goroutine 中使用 EventQueue 的 Wait()方法阻塞，等待消息队列被调

用 StopLoop()函数时才会退出阻塞并退出服务器程序，请参考代码 13-28。

代码13-28　创建服务器网络环境（具体文件：.../chapter13/chatbycellnet/chat/server/main.go）

```
01 func main() {
02
03     // 创建事件队列
04     queue := cellnet.NewEventQueue()
05
06     // 创建接受器，使用 onMessage 处理消息和事件
07     peer := socket.NewAcceptor(packet.NewMessageCallback(onMessage),
       queue)
08
09     // 开启侦听
10     peer.Start("127.0.0.1:8801")
11
12     peer.SetName("server")
13
14     // 开启事件循环
15     queue.StartLoop()
16
17     // 等待循环退出
18     queue.Wait()
19
20     // 关闭侦听
21     peer.Stop()
22 }
```

代码说明如下：

- 第 7 行，onMessage()为聊天消息的处理函数，packet.NewMessageCallback()函数处理封包收发和解码过程，并将处理后的消息发送给聊天处理函数。
- 第 18 行，调用 Wait()函数时会发生阻塞直到 queue 的 StopLoop()方法调用时停止阻塞。
- 第 21 行，停止阻塞后，关闭 peer，停止侦听。

2．响应客户端消息和事件

聊天服务器响应客户端的聊天消息，并将聊天内容转发给其他所有连接的客户端，代码如下：

```
func onMessage(ses cellnet.Session, raw interface{}) {

    switch ev := raw.(type) {
    case socket.AcceptedEvent:                  // 新的客户端已连接
        log.Infoln("client accepted: ", ses.ID())
    case packet.MsgEvent:                       // 客户端发来消息

        msg := ev.Msg.(*proto.ChatREQ)

```

```
10              ack := proto.ChatACK{
11                  ID:      ses.ID(),
12                  Content: msg.Content,
13              }
14
15              // 遍历连接的所有客户端会话
16              ses.Peer().VisitSession(func(ses cellnet.Session) bool {
17
18                  // 给每一个客户端会话发送消息
19                  ses.Send(&ack)
20
21                  return true
22              })
23
24          case socket.SessionClosedEvent:        // 客户端与服务器的连接断开
25              fmt.Println("client disconnected: ", ses.ID())
26          }
27      }
```

代码说明如下：

- 第 1 行，onMessage()函数会在服务器接收到任何会话产生的任何事件时被调用。
- 第 4 行，响应客户端已经连接事件，打印日志及会话的 ID。
- 第 6 行，响应客户端发来的消息，packet 包在接收封包解码后派发 packet.MsgEvent 事件。
- 第 8 行，packet.MsgEvent 的成员 Msg 包含客户端发来的消息体，类型为*proto.ChatREQ。
- 第 16 行，遍历来源会话所在的 Peer 上的所有会话。

13.8.4 运行聊天服务器和客户端

在命令行运行服务器，命令行提示如下：

```
[INFO] socket 2017/12/05 20:34:40 #listen(server) 127.0.0.1:8801
```

表示服务器在 8801 端口进行侦听。

接着在命令行运行客户端，提示如下：

```
[INFO] socket 2017/12/05 20:36:12 #connected(client) 127.0.0.1:8801
connected
```

看到 connected 字样，表示聊天客户端已经连接服务器。在服务器端能看到客户端已经连接，提示如下：

```
[INFO] main 2017/12/05 20:36:12 client accepted:  1
```

此时在客户端输入一些字符，然后回车，命令行提示如下：

```
hello
[INFO] main 2017/12/05 20:38:05 sid1 say: hello
```

推荐阅读

人工智能极简编程入门
（基于Python）
张光华 贾庸 李岩 ◎ 著
图书+视频+GitHub+微信公众号+学习管理平台+群+专业助教
Learning by doing, Understanding by creating
机械工业出版社
China Machine Press

资深AI图像处理工程师力作
人脸识别与美颜算法实战
基于Python、机器学习与深度学习
方圆圆 ◎ 著
全彩印刷 + 60多个行业案例 + 案例源代码
机械工业出版社
China Machine Press

Python数据挖掘与机器学习实战
Python Data Mining and Machine Learning in Action
方巍 ◎ 编著
机械工业出版社
China Machine Press

神经网络与深度学习实战
Python+Keras+TensorFlow
Deep Learning and Neural Network in Action
陈屹 ◎ 编著
机械工业出版社
China Machine Press

深度学习之TensorFlow
入门、原理与进阶实战
Getting Started and Best Practices with TensorFlow for Deep Learning
李金洪 ◎ 编著
机械工业出版社
China Machine Press

机器学习算法框架实战
Java和Python实现
Constructing Machine Learning Framework by Java and Python
麦嘉铭 ◎ 编著
机械工业出版社
China Machine Press

深度学习之图像识别
核心技术与案例实战
Image Recognition by Deep Learning: Core Technologies and Practices
言有三 ◎ 著
机械工业出版社
China Machine Press

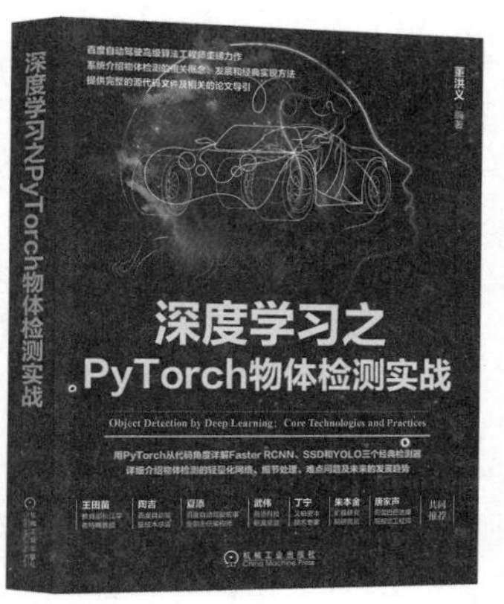
深度学习之PyTorch物体检测实战
Object Detection by Deep Learning: Core Technologies and Practices
董洪义 ◎ 编著
机械工业出版社
China Machine Press

深度学习之人脸图像处理
核心算法与案例实战
Face Image Processing by Deep Learning: Core Algorithms and Practices
言有三 ◎ 著
机械工业出版社
China Machine Press

推荐阅读

从零开始
自己动手写
区块链
裴尧尧 著

以太坊
智能合约开发实战

区块链与
金融大数据
整合实战
王静逸 编著

通证学

TypeScript
图形渲染实战
2D架构设计与实现
步磊峰 编著

TypeScript
图形渲染实战
基于WebGL的3D架构与实现
步磊峰 编著

Spring+Spring MVC
+MyBatis
整合开发实战
陈学明 编著

分布式中间件
技术实战
（Java版）
Introduction and Practice of Middleware Technology（Java Version）
钟林森 编著

深入解析
Java编译器
源码剖析与实例详解
马智 著